———— 国家社会科学基金资助 ————

南部非洲水史

张瑾 著

创于1897　商务印书馆
The Commercial Press

图书在版编目（CIP）数据

南部非洲水史/张瑾著. --北京：商务印书馆，
2025. --ISBN 978-7-100-25067-2

Ⅰ. TV-094

中国国家版本馆 CIP 数据核字第 20252HV745 号

本书为"区域国别研究系列"成果，由国家社会科学基金资助

南部非洲水史

张瑾 著

———————————————————————

商 务 印 书 馆 出 版
（北京王府井大街 36 号 邮政编码 100710）
商 务 印 书 馆 发 行
北京新华印刷有限公司印刷
ISBN 978 - 7 - 100 - 25067 - 2
审图号：GS京（2025）0559 号

———————————————————————

2025 年 4 月第 1 版　　　　开本 787×1092　1/16
2025 年 4 月北京第 1 次印刷　印张 16

定价：108.00 元

序　一

　　虽然本人不是从事非洲研究的专家，但是由于长期致力于全球水历史的研究，多次前往非洲进行水历史文化的调查研究，平日也会注意搜集非洲水相关问题的研究资料。诚如非洲拥有丰富的人文和自然资源一样，非洲水历史文化的研究资源同样也非常丰富。但平心而论，国内学术界对这一领域的关注和开发远远不够，研究成果也相对较少。因此，当看到张瑾教授即将出版的新书《南部非洲水史》的稿件时，本人感到非常欣慰，也十分乐意为这本即将问世的新书写一篇小序，不为班门弄斧，只为表达一些感想，以示支持。

　　非洲是一块神奇的大地，不仅仅在于它的地理环境和生物多样性，同样也在于其特殊的历史发展历程和社会文化多样性。和地球上的任何地方一样，水是这个区域万般生物生存发展的必要物质。因此，在非洲的发展历史上，水是一个从未缺位的重要要素，对于非洲社会发展史的构建作用不言而喻。然而，国内学界对于水和非洲历史发展过程的探索仍然处于起步阶段。今天的非洲处于一种水的困境中，这是一种普遍的公众认知，当然这也是一种现实。但要化解非洲的水困境，在设计有效路径的时候离不开对非洲水历史的认识。因为非洲的水困境不完全是自然的原因，也是历史发展的结果，正如作者在书中所表述的那样，在非洲干旱缺水的认知表象之下，是丰水的非洲。可见不了解非洲的水历史，很难正确认识到今天非洲水困境的原因所在。因此，在非洲史学术著作集阵中，我们需要一部非洲的水历史著作，需要更多对水和非洲社会历史发展关系的探索性成果。

　　对于非洲水历史，本人曾经提出过一个宏观框架，将其分为三个阶段和三种存在层次：第一个历史发展阶段是本土发展阶段，这一阶段可视为前殖民地时期人水互动的历史过程。从这个角度上来说，非洲存在着本土的水历史，包括非洲人与水相关的认知、价值、利用、制度、社会关系和文化等要素构成的本土水历史。第二个历史发展阶段是殖民时期，殖民者在非洲构建了一个由殖民者主导的水资源开发、水利工程建设、水资源管理制度建设的阶段。这一阶段对于非洲水历史来说是一个特殊的时期，构建了一种和非洲本土历史发展不同的水资源开发利用和管理体系。今天非洲很多地区水资源开发的工程建设和制度性安排都源于这一时期，例如尼罗河的水资源开发利用制度安排。第三个历史发展阶段是现代时期，可视为在后殖民地时期以及现代化发展过程中形成的人水关系、水资源开发模式、跨境河流管理、水利工程建设、水资源的城乡利用、水环境改造、水与社会经济的发展关系的形成等。非洲水历史的三个层次与上述三个历史发展阶段是相对应的，即非洲水历史的本土层次、殖民统治层次、后殖民时期层次。历史作为一种过程，不同过程中的层次包括了具体的要素，在三个发展阶段中，都形成了水资源开发利用的印记，包括水管理的制度、社会、文化和物质性建设结果等。这种印记既是历史的，也是现实的；既在一些地方单独存在，又相互交织。就本土发展的层次而言，非洲本土的水历史文化贯穿了非洲自古至今的整个历史过程，即便在经历了殖民过程的地区，也同样存在本土的水文化，并且在今天仍是非洲很多地区水资源管理的基础。例如，地处西撒哈拉沙漠的阿尔及利亚，沙漠地区年降水量不足 100 毫米，为了获取稀缺的水资源，当地历史上已经钻了约 28 万口井，挖了约 310 万千米的地下暗渠连接井与用水地点，并在棕榈林中建立了巨大的灌溉网络（坎儿井系统，当地称 "foggara"），形成了由水源、村庄（Ksar）和棕榈林组成的绿洲景观。这是一部典型的非洲本土水历史。就殖民时期非洲水管理体系构建而言，尼罗河的水资源管理是其中较为典型的案例，后殖民时期的水资源管理制度仍在这一基础上展开。南非瓦尔河的水资源大规模开发则是受刺激于金矿的开采及其引发的迅速城市化。今天，非洲各国都在依据自身国情开发利用水资源，过程中各种状况复杂交织，在此不一一举例。今天要化解非洲所面临的水问题，若不认识清楚非洲水问题的这些特殊的历史背景，就不能找到有效的解决路径。因此非洲的水问题是复杂的，这不仅源于非洲复杂的自然环境，也源于非洲特殊的历史发展过程。

可喜的是，张瑾教授在这本新书中对很多问题进行了深刻的探讨。就一般认知上的非洲"水危机"而言，这本书提示我们，非洲水问题的复杂性除了干旱、缺水等现实之外，实际上更复杂的是社会环境问题、技术问题、经济问题、后殖民地时期的水制度问题、丰水和缺水之间的矛盾等等，这些同样构成了非洲"水危机"的重要内容。我们秉持这样的深刻认识，才能有针对性地对非洲"水危机"规划出有效的化解路径。正如作者在书中所阐述的那样，非洲"水危机"的化解不完全取决于资金和技术，也不仅仅是自然环境的问题。非洲存在的水问题，其本质是治理缺失，而非自然禀赋不足的必然结果。书中还对目前存在的一些对非洲水问题的标签化认知进行了辩证，例如"非洲的水资源匮乏，非洲缺水""非洲需要靠灌溉农业解决饥饿和贫穷问题""利用公共水资金的最佳途径是大力补贴基础设施""大型国际援助将消除非洲缺水状况"等一般既有的公共认知，而作者对这些标签性的结论进行了辨析。尽管一些结论仍然有讨论的余地，但这些辨析与讨论刷新了我们一般的认知，是有新颖见解的。本人回想起前些年在对摩洛哥和阿尔及利亚传统坎儿井系统的调查研究中的发现，这个传统的体系只要遵循良好的传统管理体制运行，那么它基本上是能够满足当地社会对水的需求的，而对于现代技术和更多资金并没有多少依赖。坐在传统水管理这条船上，身处撒哈拉沙漠中的当地人并没有感觉到多少"水危机"。如果出现了"水危机"，那一定是水管理的这艘"沙漠之舟"出现了破损。

这本书在非洲水历史研究的理论上做出了新的贡献。在非洲大地上，水资源的一个特殊现象就是跨国河流众多和水资源的共享性强，这给非洲水资源管理带来了复杂性。针对这一现实，作者提出了"共享水体"的概念以及用此概念来构建非洲的水历史，通过这一概念联系起非洲的共同历史，把水历史纳入到认识非洲历史的范畴之中。尽管作者讨论的重点是南部非洲，但是本人认为这一观点同样适用于非洲其他地区，包括非洲中部的刚果河和北部的尼罗河也都是由多个国家共享的。共同的水域串联起了这些国家共同的诸多相关利益和社会经济文化联系。在此基础上，作者进一步展开了"再次共享"的可行性探讨，试图通过建立良好的"再次共享"来解决非洲的水问题。不仅是非洲，在世界其他地方也一样，如果不能建立起一种良好的水资源共享机制，那么跨区域、跨国的水资源冲突就难以得到化解。

这本书的又一个贡献在于对书写非洲本土的水历史进行了积极的探索。诚如我们在上面所提到的那样，非洲有着一部波澜壮阔的水历史，这其中有惨痛也有辉煌、有经验也有教训，值得书写。更重要的是，它是非洲本土历史重要的构成部分，是我们认识水和非洲社会发展历史关系的重要基础，也将为今天非洲的水资源管理提供经验教训。本书重点探讨了非洲南部的水历史，构建了一个基本框架，对其中相关联的很多问题进行了深入的探讨，尤其是民族、国家和社区的水资源管理。例如水与恩古尼（Nguni）运动、津巴布韦国家形成之间的关系，以及班图语社区的水资源管理等。本书既有文献的研究，也有田野调查，增加了研究的可信度。

本人认识张瑾教授已经多年，尽管她从年龄上来说还属于青年学者，但已经取得了丰硕的成果，现已出版了《津巴布韦史》《南非史话》等多部学术著作。她勤于思考，献身学术，近年来更是专注非洲的水问题研究，本人认为她选择了一条非常有前景的研究路径。期待她未来有更多关于非洲水历史的学术论著面世，为中国学术界在这个领域补上空白。

郑晓云

湖北大学特聘教授，水历史与水文明研究所所长

国际水历史学会原主席

2025 年 3 月于武汉沙湖精舍

序　二

一滴水里一个世界，非洲的水历史，正是这个世界的一个缩影。

在人类历史的长河中，水始终扮演着至关重要的角色。它不仅是我们赖以生存的基础资源，更是文明兴衰、社会变迁的核心驱动力。作为一位长期从事水历史研究的学者，我有幸与本书的作者张瑾成为学术知音。欣闻她的《南部非洲水史》即将付梓，我深知这本书不仅是张瑾多年辛勤研究的成果，更是非洲水历史研究领域的一座里程碑。

我的学术生涯起源于博士期间对中国最大的水利工程——三峡大坝的研究，后来陆续做了黄河与长江流域的水利工程史和航天史研究。我很早就听闻过张瑾，她是学术界一位颇有才华的从事非洲水利史研究的女性青年学者。对于非洲，我内心是非常向往的，但在当初，我对非洲水利史一无所知。2018 年年初，我和张瑾相识于广西兴安灵渠申遗前的中国水利史年会，二人一见如故。得知那年年底她将主办"中非水文明国际研讨会"，我便欣然同行了。

当我们徜徉在赞比西河上时，第一次到达非洲的我灵魂受到了深刻的震撼。在年代有点久远的观光船上望向宽阔的河面时，河马在水面若隐若现，大象以家族为单位在水边聚集，小象在自由俏皮地游泳……我们还在船上偶遇了一位能歌善舞的酋长继任者。他用自己的视角，向我们介绍了赞比西河的起源、走向，以及对津巴布韦当地经济社会发展的影响。后来，在张瑾的组织下，我们几个同行者去当地村庄里和那里的酋长、"话事人"等进行了访谈，这位南方女教师的干净飒爽、淳厚善良给我留下了深刻印象。在紧张的行程中，我们一起共游壮丽的维多利亚大瀑布，更深刻地体会到了南部非洲多元和壮阔的水景观。我意识到，南部非洲水资源的分布、利用与管理，对这片广袤多样土地的历史进程、文化形态及社会结构产生了深远影响。

科技哲学里常用的一个理论是"观察渗透理论"。本书研究视角独特,研究方法严谨,展现了作者关于非洲水史研究的全球视野和深入非洲本土的学术深度。毋庸置疑,我们都是带着一个快速工业化进程中的中国视角,对非洲水资源如何影响人的生活、区域发展进行观察的,从本书里,我们也可以体会到对非洲水资源的认识也在不同认知体系中的流动、交流与碰撞。

在这本《南部非洲水史》中,作者凭借独特的视角与深厚的学术功底,巧妙融合了水文地质学、后殖民理论及国际关系学说,全面剖析了水资源在非洲,特别是在南部非洲地区的发展脉络与管理实践,分析了不少水文档案与口述史料,构建了"水文明共生体"的理论框架。因此,本书不仅是关于水的单一叙事,更深刻揭示了水是如何成为理解人类历史进程、经济发展与文化交融复杂关系的钥匙。书中尤为重视传统部落水管理体系与现代水利工程之间的辩证互动,以启发性的视角引导读者深思水资源的配置与运用,及其在构建非洲政治版图、社会结构及文化记忆中所扮演的核心角色。

本书中,作者系统梳理了非洲水资源的分布与利用,特别是南部非洲的共享流域、湖泊与水利设施。她不仅着眼于水资源的物质层面,更深入探究了水文化景观的孕育与变迁过程。通过对非洲水神话、水崇拜、水仪式等的分析,作者揭示了水资源在非洲社会中的文化意义与象征功能。这种多维视角的研究方法,不仅丰富了非洲水历史的研究内容,也为全球水历史研究提供了新的范式。

本书的学术创新点之一在对非洲"水危机"的深入分析与重新解构。长期以来,非洲的"水危机"被简单化地归结为资源匮乏或管理不善,但事实上,这一危机的成因更为复杂,涉及气候变化、人口增长、城市化、基础设施落后、管理不善,以及水资源分配不均等多重因素。非洲的水资源问题不仅关乎资源的物理匮乏,更与社会经济结构、政治决策和全球气候变化紧密相连,这些因素共同作用导致了非洲水资源的紧张状况。然而,本书通过深入的历史考察与理论分析,揭示了"水危机"背后的多重维度:它不仅是一个资源问题,更是一个历史、文化、政治与社会的复合体。在书中,作者首先质疑了非洲"水危机"这一概念的合理性,指出其背后隐藏的西方中心主义视角。然后,作者细致梳理了非洲水历史,展现了非洲水资源的丰富多样,并深刻指出,"水危机"实则多为外部干预与内部结构性问题交织的产物。这一思维范式转换,不仅挑战了传统的"水危机"叙事,也为非洲水问题的解决提供了新的思路。

本书的学术创新点之二在于对"共享水体"概念的深入探讨。非洲的水资源分布具有显著的跨界特征,许多河流、湖泊与地下水系统跨越多个国家与地区。本书认为这种"共享水体"不仅是自然地理的奇观，更是非洲历史脉络、文化精髓与政治格局的关键要素。作者通过对南部非洲"共享水体"的详细分析，揭示了水资源在非洲历史中的核心地位。

本书的学术创新点之三在于对非洲水历史的"长时段"考察。作者通过对非洲水历史的编年梳理，揭示了水资源在非洲文明演进中的核心作用。她将非洲水历史划分为"共享水""掌控水""发现水""构建水"与"分享水"五个阶段，每个阶段都对应着不同的历史背景与社会结构。

作者不只满足于对南部非洲的历史观察，而是将非洲的水历史置于全球化的背景下进行考察，进一步探讨南部非洲从"航路探险"到"水电力时代"的过渡时期。作者通过对航路探险、殖民征服与水电力时代的分析，揭示了非洲水资源在全球历史中的复杂地位。她指出，非洲的水资源不仅是殖民者争夺的对象，更是非洲社会与全球体系链接的重要纽带。她着重阐述了本土知识与文化在水资源管理中所扮演的关键角色，并明确区分了殖民者的"平等视角"与"殖民主义视角"之间的根本差异。这一分析不仅揭示了非洲水历史的复杂性，也为全球水历史研究提供了新的视角。作者通过对南非联邦水体系的考察，揭示了南非的水资源管理问题，其本质超越了单纯的技术范畴，深入触及政治结构与社会关系的复杂层面。通过分析两次世界大战对南非水体系的影响，作者揭示了水资源在非洲国家构建中的重要作用。

在本书的最后一章，作者将目光投向了非洲水历史的未来。通过对开普敦"水危机"的分析，作者揭示了非洲水治理的复杂性与挑战。她指出，非洲水资源利益共享机制的构建，不仅需解决技术层面的难题，更需平衡政治力量的博弈与社会各界的利益诉求。通过对水与能源协调发展的分析，作者提出了非洲水治理的未来方向。

值得指出的是，作为女性学者，张瑾在该领域的贡献值得高度认可。我研究当代中国水利工程史，每每去考察，都深感舟车劳顿，动辄前往深山峡谷，还要跟水利工程师、技术人员、管理者和移民打交道，而且有时候还要克服方言的障碍。作者在研究非洲水史的过程中，在非洲多个国家进行田野考察时，所面临的挑战与困难恐怕要更为艰巨。这些努力反映了女性学者孜孜不倦的学术追求。

《南部非洲水史》作为一部融合历史审视与战略预判的水文研究专著，既实现了对非洲流域文明发展轨迹的系统梳理，更创新性地提出了水文生态协同发展的范式体系。本书推动了我国学术界关于水的历史研究，从传统的水利史向"水史"的研究发展，体现了这一研究领域正在从"技术分析范式"向"人文生态范式"转型。

当然，学术探索永无止境。在此，我向学术同行们也提出未来可深入思考的议题：

在学科交叉融合的视角下，是不是应该引入文明比较方法论，将美索不达米亚运河体系、中国坎儿井等古代水利遗产与非洲撒哈拉以南地区的水资源管理智慧展开深入对话？在全球化与气候变化双重挑战下，沿承本书作者已经构建的南部非洲流域文明分析模型，可否进一步深入探究大河文明与区域社会互构机制，通过文明互鉴为构建全球水治理新秩序提供跨学科研究范本与决策支持框架？

在人类对自身文明发展的深度反思之旅上，水不再仅仅是流动的液体，而是连接过去与未来、现实与梦想的纽带。在这个层面上，《南部非洲水史》不仅是一部关于非洲水历史的学术著作，更是一部关于非洲文明、社会与环境的宏大叙事。本书的学术价值与创新之处，不仅在于对非洲水历史的深刻重新审视与解构，更在于其对全球水历史研究领域所做出的独特贡献。作为一位长期从事水历史研究的学者，我深感本书的学术价值与创新意义，期待它可以唤起公众对水问题的深切关注，同时激发广泛而深入的思考与讨论，进而推动全球水资源实现可持续的管理与利用实践的深入发展。

张志会

中国科学院自然科学史研究所研究员，中国科学院大学兼职教授

技术史学会（SHOT）国际学者

2025 年 3 月于北京玉泉路

前言　一滴水里一个世界

　　当前的世界似乎正面临着一场有关水和能源的危机。纵观全球，大约有 11 亿人无法获得安全饮用水，其中大部分集中在非洲。同时，全世界有 260 余条国际河流，大多数也分布在非洲。

　　本书研究的起点是"南部国际河流及其水资源利用史"，但笔者在研究中不断发现，这个概念存在着明显的历史断裂性与认知局限性："国际河流"这一源于欧洲威斯特伐利亚体系的现代地缘政治术语，本质上是以主权国家边界切割自然水文单元的结果，"国际河流"的界定是一个很晚近的历史，既无法说明非洲的过去，也无法说清楚可能的未来，是一个非常"断代"且模糊的概念。

　　同样出现问题且充满历史感的词汇还有"南部非洲"。笔者按照现在非洲联盟（African Union，AU）和南部非洲发展共同体（Southern African Development Community，SADC）的指称所用的"南部非洲"，几乎包括了非洲赤道以南的所有区域。这个区域在历史上也被称为"黑暗的非洲"、中部非洲，其上演绎了中非联邦、南非联邦等多个政体。然而，无论是从族群的历史发展，还是从近现代的历史进程来看，这个区域的自然地理条件都大相径庭，民族区别度极大，但相互之间又因为很多"水"的因素彼此联结。因此，这个区域基本上可以视为一个统一的整体，代表着非洲相应的水历史。

　　自此，笔者决定从非洲最基本的水资源本体开始溯源，思索非洲自然、资源和人之间相互关联的历史，力图展现一个更加全面的非洲发展历程。

　　非洲是"干涸"的么？一直如此么？未来会怎样？

　　水资源包括经人类控制并直接可供灌溉、发电、给水、航运、养殖等用途的地表水、地下水，如江河、湖泊、井、泉、潮汐、港湾和养殖水域等，是发展国民经济不可缺少的重要自然资源。[1]然而，水资源在世界各地分布不均，很多地方的水需求与水供给存在很大缺口。近年来，许多研究发现地球的淡水资源正在枯竭。虽然超过70%的地球表面被水覆盖，含水量共计3.4万亿—4.6万亿立方米，但是淡水占比不到3%，且这些淡水资源的74%保存于冰川和极地冰雪中，25%保存于土壤中，除非消耗地下水，否则不能被使用。这样，只剩下1%的地球淡水可用于满足所有人类和动植物所需。[2]有学者进而推论，根据最近20年的发展，到2050年左右，淡水的需求将超过供给能力，尤其是那些降水稀少的地区，将根据推进的工农业项目所需来计划供水。

如何合理用水，需要采用长时段、宏观的视角深入审视。水历史研究因此提供了独特而关键的视角。

水是万物之基，其自然律动始终规训着人类社会的生存节律。至今，非洲大部分农村地区的水资源使用还是沿袭着这种"田园牧歌"式的传统，从雨季集水到圣泉祭祀，从社区汲水点的世代守护到灌溉仪式的集体记忆，这些汲水、储水、祭水的在地化实践，构成了人类学意义上的"活态传统"。其存在为非洲历史研究探究"本源"和传承提供了珍贵的素材，联结了传统与现代的对话。

非洲水历史在多大程度上反映了非洲历史、经济、文化和社会的进展？为何在非洲独立和"非洲复兴"运动多年后，很多世人眼里的非洲还是干旱、贫困和落后的代名词？"拥有丰富资源"的非洲，为何无法使用这些资源，只是在被不断地边缘化？在这些现实的迷雾中，我们不得不追问：是否存在着某种核心逻辑线索，维系着这片大陆水文明的内在连续性？

从长时段环境史的角度来看，非洲的"水-人"互动关系是整个书稿的核心线索。水资源不仅是造成非洲大陆剧变的背景因素，也是人们互相融合、交流与发展的重要交流领域。当我们回溯七千年前全球气候变暖的转折点——末次冰川消融引发的生态重组，撒哈拉区域从水草丰美之地逐渐变为大片荒漠，我们就很容易理解最早的史诗级迁徙："班图人"逐水而行与土著部族生存智慧的相互碰撞，人类交往的基因密码因此被重新编织了。

随着资本主义经济形态的兴起，新的生产模式随着探险家和传教士不自觉地带入

---

① 张瑾："非洲水治理的研究视角和特点"，《中国非洲学刊》，2022年第1期。

② Water Science School 2019. How much water is there on earth? https://www.usgs.gov/special-topics/water-science-school/science/how-much-water-there-earth.

非洲。与世界其他区域不同，探险家和传教士通过与酋长的"对话"，逐渐获取了水资源的使用权和调动权，非洲人也逐渐因为使用权被剥夺，不自觉地卷入"现代化"的边缘。

在当代非洲发展语境中，殖民时期遗留的所谓"先发优势"——包括水利设施与能源网络等基础设施遗产——正面临历史性拷问：这些刻着殖民烙印的"黑色光明"，能否通过水电等环境友好型经济模式，转化为"非洲复兴"的可持续动能？当全球化进程不断重构世界发展版图，非洲能否借助绿色转型机遇，突破后发劣势的循环，"赶上"世界的发展步伐？

水权有界，水域无限，水资源利用是民生的永恒主题。在非洲独立运动与建立民族国家之后，其政治权力结构似乎移交给黑人群体，但经济和社会形态的"白人"影响仍在惯性发展中。这里的"黑白"分野，并不局限于肤色对比，更像是流体力学中的层流（Laminar flow）与湍流（Turbulent flow）的对立，它既象征着独立非洲人民与前殖民宗主国等外部力量之间的张力，也形象地映射了执政党与在野党之间既稳定又充满变革动力的复杂关系。

值得引起注意的是，南部非洲的水历史不仅在环境史的构建上有积极意义，还串联了人类社会的第一次主动、大规模流动（班图迁徙），构建了殖民体系的政权分布，并且与近代世界前沿的科技（电力）、最高的工艺技术水平（例如卡里巴大坝）等，都密切相关。南部非洲水利工程的理念、设计和管理都有很强的世界前沿性，而在使用中出现的问题，则可以成为反思环保与发展等很好的案例。从笔者对 SADC 区域所做的实地田野访谈来看，在水领域的"共享"而非冲突和战争的成员关系处理，是成就南部非洲区域一体化的重要因素之一。

近代以来，几乎所有学者都认同非洲应该走"联合自强"的道路，但民族国家这种"想象的共同体"仍是世界格局的主要玩家。如何构建超越民族与国家之间基于自然和长历史叙事及视野的新认知，似乎可以为构建"非盟 2063 议程"提供一些知识话语体系。

对中国而言，从"天下"向"国家"的转型历史，既集成了传统疆域、族群与历史记忆，也需要通过批判、借鉴西方的民族国家与现代化叙事来构建自己当前的国际思维，同时更需要多元地了解世界其他地区的历史与发展进程，成为真正"开眼看世界"的大国。

本书希望以"水-人"互动关系为主要的逻辑线索，在繁杂的维度和层次中，不断凸显不同社会与群体的"水-人"关系，展现非洲——尤其是南部非洲发展的一些面貌。

这里，"水"的自然变化是居于"人"的变化之前的。从"人"的不同生活与文化中得到他们实践的理念，一直是以人类学为主的各人文社会学科的出发点。但本书则希望从"水"这样一个自然物质的视角出发来叙述历史，避免为任何一个群体寻求理解，只力图展现尽可能多的图景、面貌和现象，因为这似乎可以稍比"民族""国家""地区"更具客观性，从而让非洲的过去和现在显得更包容、复杂、多变和融通，也可以让看待非洲的人们更多一些冷静与善意。

目　　录

导论　非洲"水危机"：迷思或现实？

第一节　非洲"水危机"的迷思

水是生命和环境赖以维系的根本，不仅仅是非洲，世界其他地区对于水的认识也大致相似：生命之源、生产之要、生态之基。在古埃及的创世神话中（约公元前3000年），混沌的原始之水（nun）被认为是世界的起源，孕育了天地、诸神和生命；撒哈拉以南非洲多地的自然观将水视为"万物中心"；两河流域苏美尔文明（约公元前3100—前2000年）和巴比伦文明（约公元前1894—前539年）的创世神话中，水神恩基（Enki）掌控生命与创造，代表了智慧和繁荣的关键；玛雅文明（约公元前2000年）中不仅有雨神恰克（Chaac），还有对地下水系统和天然井（cenote）神圣性的捍卫；古印度吠陀文献（约公元前1500年）中，水（apah）是生命源泉，具有孕育、疗愈和创造的神圣性；被誉为"哲学之父"的泰勒斯（Thales，约公元前624—前546年）认为，水是万物的本原（archê），这也是古希腊自然哲学的萌芽；近代欧洲以列奥纳多·达·芬奇为代表，认为"水是自然的驱动力"；而中国哲学家们也不约而同地将水视同为"物之本原"（《管子·水地篇》："水者何也？物之本原，诸生之宗室也。"）、"至高的善"（《道德经》："上善若水。"）、"智者"（孔子："知者乐水。"）、"德政"（《孟子·离娄上》："沛然德政，溢乎四海。"）、"变化和循环"（《易经》：坎卦）等。

最适合人类生存的环境是滨水环境。水作为生命之源，以其无私的滋养和神秘的特质，不仅孕育了万物，还激发了人类对其超自然力量的想象。从神灵幻象到神话传说，从水神崇拜到民俗仪式，水的形象深深植根于人类的集体潜意识。这种对水的崇敬和依赖，不仅影响了人类的原始心理认知，还渗透进科学探索、艺术表达、文化塑造和哲学思辨之中，最终形成了多样化的思维模式、价值体系和文化传统。

如今，"水危机"已成为全球关注的焦点，频繁占据各地媒体的头条。但媒体对于非洲水问题的呈现，正陷入一种危险的简化叙事——将这片大陆的水文命运压缩为"水危机"的单一标签。这种话语建构遮蔽了非洲水资源的复杂性：短缺性困境（如萨赫勒地区地下水位年均下降 1.5 米）、污染性困境（如尼日尔三角洲原油泄漏导致 80％饮用水源重金属超标）以及分配性困境（如南非开普敦每日人均用水量贫富差距达 220升）。当全球报道将非洲描绘为"水危机"重灾区时，仿佛这片大陆的水文命运早已被干旱的气候宣判，却无人追问：是谁在殖民时期划定了水权的地理边界？是谁在全球化浪潮中垄断了净水技术？又是谁在资本流动中制造了用水特权的隐形阶梯？

非洲获得联合国承认的国家共有 54 个，占地面积为 30 221 532 平方千米，约占地球陆地面积的 1/5。近年来，非洲的人口迅猛增长，截至 2025 年 1 月已达 15.33 亿，并且增速仍然很快。[1]非洲大陆是世界上矿产资源最丰富的地区[2]，有世界最多元化的动植物资源，是世界上民族成分最复杂的地区，但同时也是继澳大利亚之后世界第二干旱的大陆。

非洲遭受的淡水资源压力巨大，然而，这并非由于非洲缺乏水资源。相反，非洲有丰沛的水资源储备，淡水资源约占世界淡水资源总量的 9％，拥有世界上 1/3 的大河，水能资源理论蕴藏量为 40 000 亿千瓦时/年，在世界各大洲中排名第三。其中，技术可开发资源为 17 000 亿千瓦时/年，经济可开发资源为 11 000 亿千瓦时/年。[3]非洲有诸如刚果河、尼罗河、赞比西河和尼日尔河等大河，以及世界第二大湖——维多利亚湖，其内部可再生淡水资源每年平均约为 3 950 立方千米，约占全球可获得淡水资源的 10％。此外，这些淡水资源储藏在一个巨大的地下水库中，虽然北非每年的地下水补给量是按人均 144—350 立方米的顺序进行的，但在其他次区域，人均水资源的分享指标仍然可以达到 2 400—9 900 立方米，这远远高于"水脆弱性"指标。

因此，当我们谈论非洲的"水危机"时，必须对这一概念进行祛魅式解构。日常话语中的"缺水"叙事，往往将问题简化为水源的物理性匮乏或供水系统的技术性失灵。这种简化表述掩盖了更深层的结构性困境。在学术领域，水问题的复杂性往往用更专业的术语来描述，比如"水压力"（Water Stress）。所谓"水压力"，指的是一个地

---

① https://www.worldometers.info/world-population/africa-population/.

② 除了铀储量为世界总量的 1/3 之外，其他金属的储量在世界总量中的占比约为：钴 90％、铂金 90％、黄金 50％、铬 98％、钒 45％、钽铁 70％、锰 64％、钻石 60％，另外，钽、铯、锆、石墨、矾土等占比均在 30％以上，铁、铜、锌、铝土等占比均在 20％以上。

③ Elizabeth A. Clark 2015. Continental runoff into the oceans (1950–2008), *Journal of Hydrometeorology*.

区在一定时间内满足人类和生态系统水需求的能力，涉及水资源的可用性、质量以及需求之间的动态平衡。①换句话说，"缺水"是一种感性的描述，而"水压力"则是科学的评估工具。事实上，"水危机"的界定也是这样，其说法本身过于笼统，无法具体测量出一个地区的生物过程是如何受水资源的影响，也不能准确反映出水问题在社会正义与生态韧性层面的连锁反应。

一个典型的反例是阿联酋。这个年人均水资源量不足 900 立方米的沙漠之国，看似"最缺水"，却凭借技术手段如海水淡化和废水回收，将人均日用水量提高到了全球第三，仅次于美国和加拿大。迪拜甚至消耗了自身可再生水资源的 26 倍之多，却依然通过科学管理保障了居民和工业用水，并在逐渐恢复该地区的地下含水层水质及蓄水容量。这表明，"缺水"并不必然等于"水危机"，资源管理能力和技术水平才是关键。

回到非洲，水问题的复杂性同样不容简单归结为"水危机"。即使非洲整体人口飞速增长，但非洲区域人口密度不均，降水分布也极不平衡（表 1）。例如，刚果盆地承载了非洲大陆 30% 的降水，却只覆盖了 10% 的人口；而在人口高度密集的尼罗河流域、大湖区和尼日利亚，水资源的供需矛盾则尤为突出。此外，非洲还有广袤的沙漠和森林地带，几乎无人居住；而开罗、拉各斯这些全球最拥挤的城市又对水资源提出了极高需求。面对如此多样的地理和人口格局，非洲"水危机"这一表述若缺乏区域和人群的精细分析，便显得过于笼统，甚至可能引发误导。

表 1　非洲不同气候区年降水情况的描述性统计　　　单位：毫升

气候区	平均值	峰值	谷值	标准值
热带草原	1 120.4	1 294.3	861.0	88.3
北部亚热带沙漠	246.2	400.9	178.4	46.4
北部热带沙漠	74.1	108.6	38.2	14.9
北部亚热带半干旱	445.1	542.9	293.9	51.5
热带雨林	1 793.0	2 108.6	1 325.0	165.7
南部热带半干旱	810.5	971.4	611.0	84.1
南部热带沙漠	271.3	514.1	138.9	87.6

① 当前联合国和学术机构普遍使用的指标之一是法尔肯马克（Falkenmark）水压力指标，即每人每年可用水量低于 1 700 立方米的地区被认为处于水压力状态，低于 1 000 立方米则为"水资源短缺"。另外，水压力也可以通过以下几种方式进行衡量：可再生淡水利用率（比例超过 25% 被认为存在水压力，超过 40% 则为严重水压力）、水贫困指数（包括资源存储量、可及性、利用能效和生态可持续性的几个衡量维度）、水足迹（通过评估直接或间接使用的淡水量，考察其对供应链的影响）。

续表

气候区	平均值	峰值	谷值	标准值
南部亚热带沙漠	400.7	521.3	289.5	52.3
南部亚热带湿润	549.9	641.6	445.2	48.9
热带草原（MA*）	1 146.1	1 418.0	886.0	135.2
北部热带半干旱（MA*）	523.9	771.0	268.0	116.3
北部亚热带湿润	447.9	662.6	317.0	82.9
热带雨林（MA*）	1 411.1	1 779.9	910.6	179.2

注：MA*指马达加斯加。

资料来源：N. Alahacoon, M. Edirisinghe, M. Simwanda, E. Perera, V. R. Nyirenda and M. Ranagalage 2022. Rainfall Variability and Trends over the African Continent Using TAMSAT Data (1983-2020): Towards Climate Change Resilience and Adaptation, *Remote Sens*, Vol.96, No.14。

许多研究者指出，非洲的水资源困境并非孤立现象，而是与石油、耕地、开放空间、清洁空气等资源的系统性耗竭共同构成了"资源枯竭综合征"。这些相互交织的危机确实值得全球警醒，但我们必须警惕"危机决定论"的思维陷阱——预测只是基于当前趋势的推演，而非不可逆转的命运。在探讨非洲水问题时，科学理性的视角尤为重要：我们需要深入剖析不同区域的水文特征与社会经济需求，通过精准诊断制定差异化的解决方案，而非简单地将"水危机"标签化，将其固化为非洲的宿命论叙事。

第二节　非洲"水危机"的现实

水资源短缺既是自然现象，也是人为现象。具体来说，气候变化可能是造成水资源短缺的重要自然原因，而经济发展欠佳或政治治理失当，则直接导致人民无法充分利用水资源，更难将水的实际价值转化为经济价值。所以，与其说非洲是一个"干涸大陆"，倒不如说非洲缺水的主要原因是水资源开发不足，以及供水率、利用率和水治理能力低下。

非洲的地理特征以干旱和半干旱区域为主，其广阔的热带和亚热带气候带使得降水依赖季风和热带辐合带（ITCZ）的活动（图1）。然而，这些气候系统对全球气候变化高度敏感，易受到厄尔尼诺-南方涛动（ENSO）、海洋表面温度变化和大气环流模式调整的影响。与此同时，尽管非洲大陆的四周环绕海洋，但海水淡化技术普及率低，现有的技术设施仅在一些沿海国家（如南非和北非部分地区）有所应用，这些水资源不足以满足内陆更多地区的需求，非洲水资源还是主要依赖于本地降水和流域循环。这使得非洲在面对气候变化引发的降水波动时更为脆弱，一旦降雨减少或分布不均，其水资源供应便难以维系，进而威胁农业生产和居民生活，这也使得非洲水资源对于气候波动的脆弱性被进一步放大。

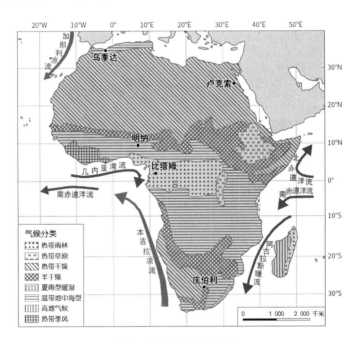

图 1　非洲气候类型分布

资料来源：https://www.ehanlin.com.tw/app/keyword/%E9%AB%98%E4%B8%AD/%E5%9C%B0%E7%90%86/%E9%9D%9E%E6%B4%B2%E6%B0%A3%E5%80%99%E7%89%B9%E5%BE%B5.html。

令人揪心的是，非洲变暖的速度远超全球平均水平（图 2）。国际气候变化委员会（Intergovernmental Panel on Climate Change，IPCC）已经证实：21 世纪，非洲的变暖比世界其他地区更加显著。与 1980—1999 年对比，2080—2099 年非洲年平均气温将上升 3℃—4℃，是全球水平的 1.5 倍。非洲沿海和赤道地区约增加 3℃，在西撒哈拉地区则为 4℃。[①]温度上升直接加速了水分的流失，但对非洲各区域的影响却不尽相同：对于非洲西部和北部而言，其在 21 世纪的降水量可能会降低 15%—20%，意即沙漠

化过程将会影响到北纬 15°的撒哈拉北岸和西非海岸；而南部非洲受到的影响则是雨季降雨较少。近年来，非洲各国供水和用水需求之间的差距还在不断扩大，随着人民生活水平的提高和消费方式的改变，用水需求也快速增长。但是，由于农业、工业和采矿业的竞争性需求及水质恶化，非洲总体供水量持续下降，人均可用水资源量在远低于全球平均水平的情况下，仍在不断下降。[1]近年来，南非开普敦和南部非洲多地遭遇历史性干旱，开普敦的水库容量只有平时的 20%。[2]于是，各国纷纷转向使用战备资源，即地下水开采与排污，对地下水源产生威胁。[3]非洲水资源的总体形势每况愈下。

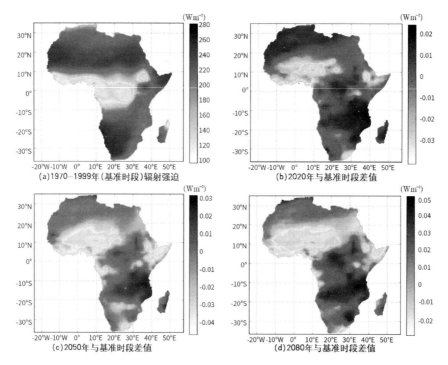

图 2　非洲 HadGEM2 模式 RCP4.5 情景不同时段辐射强迫时空格局

资料来源：https://www.dqxxkx.cn/CN/10.3724/SP.J.1047.2016.01522。

---

① The Water Project, 2021.12.03. Water and hunger, improving sustainability in rural Africa. https://thewaterproject.org/why-water/hunger.

② Evan Lubofsky, 2021.12.06. A massive freshwater reservoir at the bottom of the ocean could solve cape town's drought—but it's going untapped. https://www.theverge.com/2018/2/15/17012678/cape-town-drought- water-solution.

③ World Bank, 2012. A primer on energy efficiency for municipal water and wastewater utilities. *Technical Report*, No.1.

非洲社会与自然资源的共生关系呈现出高度脆弱性。根据世界银行的统计，非洲约有 70％的人口以雨养农业为生，这种生存模式与水资源系统的稳定性休戚相关。然而，多重压力正在瓦解这种脆弱的平衡：用水需求的指数级增长、流域森林的持续退化和荒漠化的加速蔓延，共同导致地表径流与地下水位的不可逆下降。这一趋势已对非洲的"水文心脏"——多个大湖造成毁灭性打击，例如乍得湖（图 3）已缩减到原来面积的 10％[①]，而维多利亚湖和图尔卡纳湖（Lake Turkana）等大湖泊也面临相似命运。作为非洲区域生态和水资源的关键支柱，这些湖泊的萎缩不仅威胁到数百万人的生存，还加剧了粮食和经济危机。

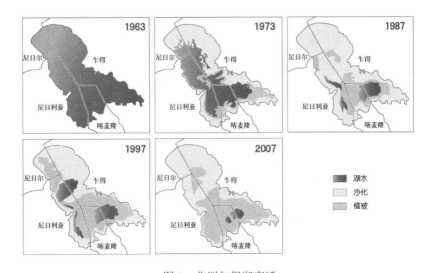

图 3 非洲乍得湖变迁

资料来源：https://www.sohu.com/a/293533433_794891。

据世界卫生组织测算，每向水和卫生设施投入 1 美元，就可获得 3—34 美元的经济回报。[②]但是，这些投入对于积贫积弱的非洲国家来说可谓望洋兴叹。从获得清洁饮用水的角度看，水资源短缺必然阻碍人类进步。在全球近 7.5 亿缺乏净水的人口中，约有 3.4 亿人口生活在非洲。其中，1.59 亿非洲人仍然在使用地表水，其中 1.02 亿人口居住在撒哈拉以南非洲，占比接近 2/3。[③]即使在 2020 年，13 亿非洲人口中仍然只

[①] 由 2017 年 NASA 的 Landsat-8 卫星数据分析所得。

[②] World Health Organization, 2021.12.08. Evaluation of the costs and benefits of water and sanitation improvements at the global level. http://www.who.int/water_sanitation_health/wsh0404.pdf.

[③] 2018 年 9 月 14 日，联合国开发计划署（United Nations Development Programme）发布最新《2018 人类发展指数和指标报告》（*Human Development Indices and Indicators 2018 Statistical Update*）。

有 5 亿人获得了基本饮用水。①在撒哈拉以南非洲的 11 亿总人口中，每小时有 115 名非洲人死于恶劣的环境卫生、个人卫生和受污染水源引起的疾病。②

世界卫生组织（WHO）的研究进一步揭示了水质与人类健康的深层关联：全球约 80% 的疾病可追溯至饮用水安全问题。水质恶化不仅直接导致介水传染病（如霍乱、伤寒）的暴发，更与 50 余种慢性疾病的病理机制密切相关。从生物地球化学性疾病（如氟骨症）到代谢综合征（如糖尿病、高血压），从器质性病变（如肾病、胃癌）到免疫系统功能障碍，水中的污染物通过复杂的生物累积效应，悄然重塑着人体的生理平衡。这种"水质-疾病谱"的广泛关联，凸显了水资源管理在公共卫生领域的战略重要性。

女性是获取水源的主要劳动者，其每天工作的平均时间为 6 小时，为了取水，她们每天还得走上约 6 千米路才能到达水源处，而水大多是污浊的。尽管千年发展目标的水资源及环境卫生援助中有 35% 旨在帮助撒哈拉以南非洲，但只有 27% 的资金被用于该区域。③

非洲的水文系统正在经历一场系统性失衡：从非洲之角迫在眉睫的饥荒预警，到尼罗河流域国家间的水权争端，再到乍得湖等生态枢纽的急剧萎缩，这些现象共同勾勒出一幅非洲多区域水文安全濒临崩溃的图景。

更令人扼腕的是，水资源短缺不仅直接威胁生态系统的稳定性，更通过复杂的传导机制重塑着区域的政治经济格局——极端组织正利用这一脆弱性，将水资源武器化。2014 年萨赫勒地区持续干旱期间，"青年党"通过控制水源地、煽动因缺水而流离失所的难民情绪，甚至以供水换取支持，试图瓦解索马里政府的统治基础。这种"水恐怖主义"策略表明，水资源危机已演变为一个多维度的安全困境：它既是生态灾难的导火索，也是人口被迫迁徙的推手；既是经济系统崩溃的催化剂，更有可能成为激进运动滋生的温床。最终，这些相互交织的危机在区域层面引发了持续的政治经济震荡，为非洲的发展前景蒙上更深重的阴影。

---

① https://www.unicef.cn/press-releases/africa-drastically-accelerate-progress-water-sanitation-and-hygiene-report.

② 联合国经济和社会事务部："生命之水十年"，https://www.un.org/zh/waterforlifedecade/africa.shtml。

③ WHO library cataloguing-in-publication data, *Progress on Sanitation and Drinking Water-2015 Update and MDG Assessment*. NLM Classification: WA 670.

第三节 非洲"水危机"的关切

水资源的发展关乎人类发展各个方面的问题：健康、农业、教育、经济生产力，甚至还有和平与稳定。所有问题都相互关联，彼此重叠，但有趣的是，对非洲水资源的认知，比如"干旱的非洲"，一直是标签化的。从这些标签化中，也许我们可以重新找到非洲发展真正的关切。

一、问题就是答案

标签一类的逻辑断语部分基于经验，部分基于推理，还有一部分则来自国际机构希望"负责任"的"想当然"。但无论如何，如果排除刻意将残缺、不堪、不自立、无法改善等形容非洲的消极词语置之不理，来进行一个"快问快答"的思维游戏，这些问题似乎就可以得到短平快的回应。

（一）标签：非洲的水资源匮乏，非洲缺水

现实情况：非洲的水资源短缺更多地呈现为结构性矛盾，而非绝对性匮乏。显而易见的是，刚果河流域年径流量占全非的 1/3，撒哈拉地下水系统储量超 66 万立方千米，但殖民遗产塑造的管网布局、技术依赖与资本流动，使得资源禀赋难以转化为普惠性用水保障。在多数非洲国家，"缺水"本质上是分配失灵的表征：尼日尔三角洲居民日均获取净水需步行 6 小时，而跨国公司的瓶装水厂却能从同一含水层中每小时抽取 2 万升。[①]

非洲经济发展确实需要更多的水资源供给，但人们更应该担心的是非洲人口快速增长、气候变化所带来水情急剧改变而导致的灾难性结果。

非洲的水资源挑战本质是治理性赤字而非绝对短缺。尽管人口增长与气候变化加剧了水文风险，但更深层的症结在于市政层级的治理效能：刚果盆地年降水超 2 000 毫米，其首都金沙萨却有 45％的城区依赖非正规取水点。[②]

---

① 数据来源：http://www.cnafrica.org/cn/zfxw/2051.html。
② 数据来源：https://noda.ac.cn/geoarc/2014/C/C3/C3_5/。

所以更有意义的提问或许可以是：非洲人口众多的棚户区供水是否干净、充足和方便？水资源供应是否稳定？水价波动是人民可负担的么？非洲人口是否能够以合理的价格满足这些基本要求，且不为公共物品的可持续性牺牲水资源？

（二）标签：非洲需要靠灌溉农业解决饥饿和贫穷问题

现实情况：农业常被视为解决非洲粮食问题和贫困的关键。但粗放的灌溉方式正在加剧非洲水资源的结构性矛盾。非洲可以灌溉的面积仅占耕地总面积的 5%[①]，但农业却消耗了非洲 83% 的淡水，且灌溉效率只有 35%[②]。

同时，非洲蓬勃的城市化也正在破坏传统的粮食生产系统。尼日尔河三角洲的洪水农业区面积在过去十年缩减了 67%[③]，而政策设计偏差使替代性生计模式，比如洪泛区的作物轮作、流域渔业等，未能获得制度性保护[④]。

非洲已知的淡水鱼类超过 2600 种，尼日尔河流域的 243 种鱼类包含 20 个特有物种；尼亚萨湖（又称马拉维湖）更以占全球 14% 的淡水鱼种成为生物多样性热点。这些资源或可通过气候适应型规划构建替代性食物系统。非洲有更多的选择来维持它的生计，而不是仅仅依赖或主要依靠灌溉农业。

（三）标签：非洲应更多兴建供水基础设施

现实情况：为实现联合国可持续发展目标（SDGs），非洲大陆正通过分布式水井网络重构农村供水格局。据粮农组织统计，撒哈拉以南非洲已有超 400 万口水井与管井，年均新增覆盖率 3.7%。[⑤]这些工程中，65% 采用机动潜水泵实现全天候供水，而

---

① 亚洲为 4%，世界平均水平稍高于 20%，FAO/WWC，2015，参见联合国水发展报告：https://www.gwp.org/globalassets/global/gwp-china_files/knowledge-resources/publications/3/2016.pdf。

② AGRA 2018. *Africa Agriculture Status Report 2018: Catalyzing Government Capacity to Drive Agricultural Transformation*, https://agra.org/wp-content/uploads/2018/09/AASR-2018.pdf.

③ AGRA 2019. *Africa Agriculture Status Report 2019: The Hidden Middle: A Quiet Revolution in the Private Sector Driving Agricultural Transformation*, https://agra.org/wp-content/uploads/2019/09/AASR2019-The-Hidden-Middleweb.pdf.

④ Bennett A., Patil P., Kleisner K., Rader D., Virdin J., Basurto X. 2018. Contribution of fisheries to food and nutrition security: Current knowledge, policy, and research. NI Report 18-02. Duke University, Durham, NC. http://nicholasinstitute.duke.edu/publication.

⑤ https://www.fao.org/newsroom/detail/african-leaders-meet-in-zimbabwe-for-first-fao-regional-workshop-on-national-water-roadmaps/zh.

在电网覆盖薄弱或社区运维能力不足的区域，则以手动泵作为替代方案。

但经年累月之后，许多钻井缺乏简单维护或者维护不善，很多已经无法运作。根据国际环境与发展研究所（International Institute for Environment and Development，IIED）的调查，布基纳法索、加纳、马里等国的农村水井与手动泵在建成后5年内失修率普遍超过50%，其中尼日利亚、塞拉利昂、科特迪瓦和刚果民主共和国的工作泵在用比例不足45%①。联合国在马尼梅萨卡地区进行的一项独立调查发现，80%的水井机能失调，而加纳北部有58%的水井机能失调。同样，由于维护不力，许多农村管道供水计划也部分或全部停止服务。

非洲其他的基础设施也是类似情况。这种运营和维护的危机本质上反映了发展援助的结构性矛盾——短期政绩导向的建设热潮与长期可持续管理的割裂。正如联合国水机制所警示：若不能建立全生命周期管理体系，2030年，非洲农村安全饮水覆盖率可能从当前的64%回退至58%。②

（四）标签：水安全应该由大型工程项目来创造

现实情况：获得水安全不仅是由工程构建的，更需要用水智慧。世界各地有超过5万个大型水坝在运作，解决了很多地区灌溉与发电的问题。然而，这是以生态割裂作为代价的：世界上的227条大型河流中有超过60%的河流被这些水坝分割，湿地因此被破坏，包括河豚、鱼和鸟在内的淡水物种不断减少，数百万人可能因此被迫迁徙。近年来，水资源使用充分考虑生态和环境福祉成为优先考虑的工程范式。

在水的使用方面，效率与分配至关重要。对此，非洲已经出现了不少好的案例。在南非，小型农业致力于合作开垦，滴灌计划被大量使用；在西非，"栽艺"技术遍及传统乡村，大幅提高亩产③等更好的做法，使水资源的生产率显著上升，下游侵蚀和污染减少。换句话说，高度重视用水，更明智地使用水，支持农民和灌溉技术人员进行耕作，完全可以集约用水，实现粮食增产。

非洲需要的是跨界水资源共享，这一概念尚未在该大陆充分实现。这不仅适用于地表水，而且也适用于地下水资源，令人不安的是，不少地区正不断深挖地下水，这些含水层历经数亿年的水文循环才得以形成，其补给速率远低于现代社会的抽取需求。

---

① 世界水资源论坛，《新科学人》，2009年3月25日，https://dialogue.earth/zh/uncategorized-zh/39397/。
② 《2023联合国水发展报告》，https://news.un.org/zh/story/2023/03/1116382。
③ 张瑾："非洲节水灌溉：传统中延续革新"，《中国水利报》，2020年4月2日。

以撒哈拉沙漠的努比亚砂岩含水层为例，其储量虽达 15 万立方千米，但年均补给量仅有 1.2 毫米，而开采速度却是补给速率的 100 倍。这种时间尺度错配正导致不可逆的生态后果，需要用更深入的研究和更强的治理能力才可以实现利用的正循环。

（五）标签：保护水资源和动物栖息地是以牺牲人民利益为代价的

现实情况：保护水资源和生态栖息地与人类发展并非零和博弈，而是人类福祉与自然系统的共赢路径。世界排名前 100 的大城市中，包括纽约、雅加达、东京等 1/3 以上的城市，都依赖于集水区涵养水源满足饮用水需求，这些自然系统每年为 2.5 亿人过滤污染物，同时降低山体滑坡与侵蚀风险。类似的保护可以为穷人产生清洁的饮用水、更有效的农业和渔业、更省供水成本、更提高当地居民的健康水平和环境容量。世界野生动物基金会的案例研究显示，在南非、哥伦比亚、巴西和中国等地，当地社区与自然保育项目配合，完全可以增加收入、就业和自然资源（比如鱼）产量。正如《2023 联合国水发展报告》所强调的：自然生态系统不仅是水的净化器，更是发展的加速器——保护它们就是保护人类的未来。

（六）标签：大农场比小农场更有效率，节约用水

现实情况：尽管国际机构常推崇大规模机械化农业，但实证研究表明，非洲小农户（0.02 平方千米以下）占农业人口的 90%，贡献了 80% 的粮食产量，其多样化生产模式达到非洲大陆需求的 13%，届时人口预计将达到 20 亿，是目前的两倍。

在过去几十年中，非洲总体的作物产量基本停滞不前。当只考虑一两种作物的产量时，较大的农场生产力要高于较小的农场。但如果考虑到农场生产所有东西，如谷物、水果、动物产品、饲料等，较小的农场则更有利可图。间作、使用牲畜废物和个人承担劳动力，使小农户从长远来看更有发展前景。因此，如果农民能够获得更好的知识、技术和信贷，非洲的土地就有可能产生更多的产品。非洲的农业困境本质上源于数据与政策的双重错位。世界银行的 LSMS-ISA 项目覆盖了 7 个非洲国家 20 万块农田，数据显示，小农户普遍缺乏精准的农业投入测量工具，导致其真实生产效率被低估，而殖民遗产下的土地分配（如南非白人农场占据交通枢纽地带）进一步加剧了资源获取的不平等。[①] 与此同时，马拉维的案例表明，尽管 84% 的小农采用间作以应对干旱，但玉米单产仍比单作低 30%，且需额外投入 11% 的劳动力，凸显传统实践与现

---

① 世界银行报告，https://www.fxbaogao.com/detail/4598314。

代需求的适配困境。①

（七）标签：非洲是干燥和贫穷，通过自给农业维持生计，总是贫穷

现实情况：非洲地域广大，无法用几个形容词概括。尽管非洲是全球第二干旱的大陆，但其水资源分布并不均匀。25%的全球可耕地与未开发的农业潜力，暗示着另一种可能：当前65%的农业人口仅贡献了32%的国民生产总值（GDP），更多地反映了生产要素错配而非产业本质缺陷。小农主导的模式通过间作与有机肥施用，已展现出单位面积生物量产出比单作高40%的生态效率，证明了传统智慧与现代技术融合的潜力。同时，受到许多新驱动因素的影响，包括人口变迁、智慧农业和技术创新等，非洲的水技术革新完全可以带动更多元的自动化农业发展。②

另外，非洲大陆拥有丰富的矿产资源，近年来更凭借大宗商品吸引了大量外国投资，尤其是巴西、俄罗斯、印度和中国。如果用对投资，非洲的经济前景将非常光明。因为矿产资源并非农业的对立项——刚果（金）将钴矿收益注入农业创新基金，支持500平方千米气候智能农场建设；加纳利用黄金税收为小农提供免息农机租赁。这种矿-农协同模式正在改写资源诅咒的叙事。

（八）标签：利用公共水资金的最佳途径是大力补贴基础设施

现实情况：公共水资金过度投向硬件补贴，并不是非洲可持续性的必然。全球农村供水网络（RWSN）的研究显示，撒哈拉以南非洲90%—100%的农村供水设施硬件成本依赖外部资助，这种"免费基础设施"模式虽在短期内提升了覆盖率，却侵蚀了社区参与的内生动力。在乌干达，政府全额资助建设的深井中有35%因缺乏维护在三年内报废，而社区自筹20%资金的项目可持续性提高至78%。这揭示了一个深层困境：当外部资金承担全部硬件成本时，供水系统被视为"他者的赠礼"而非"共同资产"，最终导致所有权认知断裂与维护责任真空。

轻易得来的商品往往不被珍惜，公众也很容易对轻易得到的商品失去责任感。尼日尔和尼日利亚有不少在家庭供水方面投资而取得积极成果的案例。这些例子表明，如果有机会，农村居民可以通过投资一些钱来改善他们自己的供水。因此，培训当地

---

① Field Crops Research, Chengxiu Li, Oscar Kambombe, Ellasy Gulule Chimimba, Dominic Fawcett, Luke A. Brown, Le Yu, Agossou Gadedjisso-Tossou, Jadunandan Dash, 2023-05-19.

② 张瑾："非洲：资源困境倒逼水处理技术发展"，《中国水利报》，2023年2月9日。

工匠、应用当地可利用的技术以及为家庭投资提供奖励,无论它们多么小,往往比水专业人员在没有公众参与的情况下能做的工作更有成效。对于任何水项目的成功来说,重要的是公众对这一举措的主人翁意识。肯尼亚的试点表明,当社区承担 15%—30% 的硬件成本(通过低息贷款或劳力折算),并参与选址决策时,供水设施的五年可用率从 42% 跃升至 89%。综上,参与式融资不仅增强主人翁意识,更倒逼地方政府完善运维支持体系——例如加纳通过立法将供水委员会纳入地方治理结构,使社区对泵站故障的响应时间缩短 60%。真正的可持续性不在于硬件完美,而在于构建"资金-责任-权利"对等机制:当每一份外部补贴都需匹配社区投入(无论是资金、劳力还是知识),水基础设施才能真正扎根于社会肌理。

(九)标签:农村居民需要的是每人每日 20 升净水

现实情况:将非洲农村用水需求简化为"每人每日 20 升净水"的标准,实则是发展主义的认知陷阱。联合国联合监测方案数据显示,撒哈拉以南非洲居民平均每日取水耗时超过 30 分钟,这种时间成本正在吞噬社区发展潜力——埃塞俄比亚奥罗米亚州的案例表明,尽管 98% 的村庄拥有达标水源,仍有 43% 的家庭因取水耗时被迫放弃牲畜养殖与菜园灌溉,导致家庭收入减少 28%。政策制定者往往将水源保护或新建工程视为优先事项,却忽视用水场景的多样性:牧民每日需要 50 升的牲畜饮用水,女性需要灌溉用水维持家庭菜园,而这些需求在现行供水框架下被系统性边缘化。

破解这一困局需将时间成本纳入水资源规划的核心指标。肯尼亚图尔卡纳湖流域的实践显示,通过分布式雨水收集系统将取水半径从 3.2 千米缩短至 0.5 千米后,社区劳动力得以释放用于经济作物种植,使家庭年收入增加 35%。这种改变并非依赖昂贵的外包工程,而是通过社区自主设计实现:乌干达卡巴莱的居民利用本地材料建造多级过滤系统,不仅满足全社区用水需求,还通过出售净水创造 1.2 万美元年收入。当外部资金用于启动社区创新而非硬件包办时,非洲农村完全能构建适应性供水网络。

正如世界银行《2025 年水安全战略》所强调的:真正的可持续性不在于标准化的供水量,而在于将水权正义嵌入地方知识系统——让取水时间从生存成本转化为发展资本。非洲的答案或许藏在那些未被书写的本土智慧中:马里农民用葫芦容器分时段储水,既满足饮用又保障灌溉;纳米比亚牧民通过观测植物根系定位浅层地下水。这些实践提醒我们,水安全的重构需要倾听土地与人的对话,而非套用远方的度量衡。

（十）标签：大型国际援助将消除非洲缺水状况

现实情况：国际每年向非洲国家提供超过 500 亿美元的外援，以解决非洲大陆的贫困问题。但这场持续半个世纪的援助实验正陷入悖论。

如今非洲的人均实际收入低于 20 世纪 70 年代，超过 50%的人口（约 3.5 亿人）每天的生活费不到 1 美元，这一数字在 20 年内几乎变成了两倍。即使在 20 世纪 90 年代非常积极的债务减免运动之后，非洲国家每年仍有近 200 亿美元的债务需要偿还，这清楚地提醒人们，援助不是免费馅饼，自己得学会怎么和面。

水利援助机制已经有不少效用的异化：刚果（金）75%的水利项目因优先满足捐助方技术标准而偏离社区实际需求，导致建成后闲置率超过 40%；莫桑比克为获取世界银行贷款，将农村供水预算的 62%用于采购进口净水设备，却无力培训本地运维人员。国际货币基金组织早已警示，援助与经济增长呈负相关——受援国 GDP 增速平均比非受援国低 1.3 个百分点，但债务驱动的援助惯性仍在持续。

也许只有当非洲获得平等的贸易地位与技术转移，自立自强而非施舍性援助时，其内生发展潜力才能显现。正如中非合作论坛将"援助"升级为"产能合作"的战略转向所预示的，水安全的真正密码或许藏在公平的全球化契约之中。

确实，非洲存在水问题，其本质是治理缺失，而非自然禀赋的必然。尽管由于全球气候变化和厄尔尼诺-南方涛动加剧了干旱频率，但这些问题是普遍存在的，并不仅仅影响非洲。非洲"水危机"等概念存在错误标签，需要重新以客观的逻辑进行梳理和展示。

确实，非洲大多数国家都跻身于世界排名最后 50 个不发达经济体之列。这些国家在人力资本和基础设施方面都面临严重的问题，极易受到自然灾害、战争和其他破坏性力量的影响。每个部门都在抢夺资金使用等诸多方面的优先权利，但各国政府应该认识到，获得洁净水是其公民的一项自然人权，国家发展需要优先关切。

简而言之，非洲的水资源困境本质是发展权失衡的镜像，而非宿命论的资源诅咒。

发展优先级和资源错配，常让国家发展出现系统性扭曲。非洲国家并非毫无资源优势，财政的配比却往往不尽如人意。尼日利亚的矿业补贴是农村水利投资的 11 倍，肯尼亚议会大厦年度运维费用超过全国农村供水预算总和，国家财政中有太多需要支出的内容，但是不是需要付出与水相关事业发展的民生代价？

破解水困局如今或许也可以通过将技术和工具嵌入制度与文化，创建变革的土壤。比如，乌干达小农通过太阳能微灌技术使玉米单产提升 120%，塞内加尔渔民借区块链溯源将海产品溢价 35%，赞比亚将 12 亿美元外债转化为气候基金定向修复流域生态。这些实践似乎也揭示出：当非洲不再被视作问题大陆，每个国家尝试性地开展具有落地价值的可持续发展方案时，本土的内生动力可以重构水安全范式。

正如尼日尔河三角洲的古老智慧所喻："水的丰饶在于流动的路径。"唯有找到自己切实的出路，非洲才能真正掌握解锁水困局的密钥。

二、水历史，谁的历史？

水历史学科是一门在 20 世纪 70 年代重新得到认识和推动的历史科学的分支学科。[①]虽然中外对水资源及其相关历史的研究已有悠久的传统，但自 20 世纪 70 年代以来，随着全球环境变化的加剧、气候变化的影响日益显现，以及水资源冲突的频发，人类社会面临着前所未有的挑战，尤其是在应对全球水资源危机方面。正因如此，人们逐渐意识到，除了依靠当代科技提升应对能力外，更应从历史中汲取经验教训，树立可持续用水的观念。水资源在人类文明发展的过程中扮演了至关重要的角色，而如何保护与利用水相关的历史遗产，不仅关乎当代的可持续发展，也关系到未来世代的福祉。因此，如何从历史中吸取教训，避免当代的失误，成为当今时代亟须回答的关键命题。

正如国际水历史学会前任主席约翰-台蒙荷夫所指出的："历史，具体到水历史，不再是叙述或谈论过去的成就，而是历史学家潜心为帮助世界上所有地区提升可持续的生计战略、为了未来社会生态系统更好运转而探索过去的领域。"马茹兹也指出，"第一，水历史作为一门学科，不仅是历史学家在致力；第二，水历史和世界政治紧密关联……世界上很多学者认为今天的水危机都可以被证明与全球水历史有关"。[②]

著名的水历史科学代表人物费克里·哈桑认为，水历史让我们理性思考当前困境的原因、理解根植于人类社会的水价值、"水的观念与水事实践是如何在不同时期、不同发展方向、不同文化中来回传播，同时通过改进修正而将人类聚合成一个单一的水社会，尤其是水技术在不同文明、地域中的传播对人类产生的贡献"，并加强口头史与民族志研究能力，以揭示人类对于气候和环境的影响性的回应。[③]

---

① 本章经郑晓云同意，借鉴了其《水历史研究为应对水危机提供借鉴》等文章观点。

② Maurits W. E. 2011. Book review. *Water History*, Vol.3, No.1, p.67.

③ Fekri Hassan 2007. Water history for our times. *IHP Essays on Water History*, No.2, UNESCO, pp.19-20.

这样的背景促使人们在国际层面上达成共识，共同推动水历史学科的发展。近年来，水历史学科在国际层面上已经成为一个活跃的科学领域，并且直接得到了联合国教科文组织等政府组织的推动，设立了国际水历史项目、协调成立了国际水历史学会、规划编写全球水历史丛书等。

在中国，水历史科学总体上被表述为"水利史"，笔者认为这并没有大的矛盾，因为中国学者的研究也基本包括了水历史研究的内容。但是在科学的内涵中，水历史显然包含了更广泛的内容，尤其是水的社会层面。水历史的研究关注人类是如何在历史上通过工程和制度手段利用水、治理水、管理水、建设宜居的水环境，同时也关注这个过程中如何导致社会关系的改变、政治和社会制度的形成、生活方式的变化和科学技术的进步，研究在人类历史上水权关系、水冲突、水相关灾害对人类社会的历史影响和治理的过程、经验等。因此从学科的角度而言，水历史是基于历史的视野、用多学科的方法对历史上人类与水的互动关系进行研究的学科。中国的水利史主体是围绕历史上的水事活动、水利工程而展开的。在这一方面，国际水历史学科与中国学术界水利史学科在概念上有很大的差别。

目前国际关注的研究点主要有以下方面：一是水的社会史，包括水在历史上如何影响到国家和地方社会关系以及制度的形成、水和人类生活方式的进化、治理水环境的技术进步、历史上的水冲突及其影响等。二是水的利用史，包括水供给史、灌溉史、排水史等。三是水环境的变迁史，考察在人类活动中水环境的变化变迁。四是水管理的制度史，包括在历史上人们利用水和管理水的过程中形成的相关制度、社会规范及其影响等。五是水利史，包括了历史上的水利工程及其影响。六是水的文化史，包括水是如何影响到人类的精神活动和产品生产、宗教的相关现象形成等。七是水权史，包括了水在历史上的形成与权属关系演变等。八是水的治理史，包括了人类在历史上治理水环境、水灾害的历史。九是水经济史，包括在历史上水是如何影响到人们的经济生活、经济发展，以及水作为商品的历史和角色等。在一些水历史领域内可以有更细的划分，包括目前很多专家所关注的水灾害史，又可以细分为干旱史、暴雨水管理史、洪灾史、污水管理史等。对水历史的研究还可以细分到地域性研究，例如河流史、湖泊史、泉水史等。总而言之，水历史是一个大的学术平台，历史学家可以从不同的层面和角度切入研究。

对水历史学发展阶段的划分十分困难，主要问题在于依据的标准，正如各个学科的发展有它的特殊性一样，水历史学的发展也有自己的特点。对水历史的研究可以追溯到很远的时代，但是它的繁荣和发展应该是自20世纪中叶以来，与化解人类社会中的水冲突、人类反思水和人类社会发展的关系、学习和延续历史经验以达到水资源的可持续利用的目的直接相关。因此，水历史学和当代人类社会中水资源冲突日益加剧、学习和延续历史经验、确保水资源的可持续利用这一大的背景有直接关系。这决定了水历史学在当代发展的很多特性，包括更广泛的学科延伸和交叉、在当代发展中的应用性等。

水历史学研究在早期更多地是技术史层面的研究，也就是通常理解的水利史研究。20世纪中叶以后，其研究思维和研究领域进入了广泛拓展的时期，人们不仅关注水利工程史，同时更注重研究历史上水和人类社会中的各种宏观和微观关系，注重研究水在人类历史发展过程中的角色，历史上的水治理与当代的关系。

20世纪末期是水历史学在全球层面上获得推动和整合的时期，联合国教科文组织国际水文计划设立了水历史项目并积极地推动相关工作。1999年联合国教科文组织协调成立了国际水历史学会，使水历史学研究和交流有一个更大的平台。2011年，日本政府内阁办公室还直接主办了一个"水与历史：我们如何通过历史背景中的水来确保可持续发展国际研讨会"。政府直接推动学术研究，这种现象在学术史上很少见。也是在这个意义上，水历史学科在当代国际层面上的发展是较为特殊的。目前，水历史学在国际层面上进入了一个较快发展的时期，它体现在学术研究更加深入、研究领域更加广阔、研究成果大量产生、成果应用更加广泛和鲜明，例如在应对气候变化和实现水资源可持续管理过程中得以应用等。

目前中外水历史研究的差别表现在以下几个方面：一是中国学者研究的角度仍然较为单一，视野不开阔，大多数的研究集中在水利工程史上，对水和历史上社会、经济、文化、制度、技术发展的关系的研究较为薄弱，即便是水工程技术史的研究分野也不多，例如城市供水史、水卫生史、城市下水道史、水灾害史、水权史、专题水技术史等研究仍然薄弱。二是在中国这门学科的交流平台仍然较少，涉及水历史研究的专门学术会议和学术刊物较少，很多学术会议往往局限于水利部门，学术界的参与性不够广泛。三是不注重历史研究的应用问题，如水历史与水环境治理、水可持续利用、气候变化适应、减灾防灾、水权冲突等之间的关系研究。四是没有形成广泛的、社会性的研究群体，综合大学中很少有终身从事水历史研究的专家、综合大学也极少有相关的专业。虽然目前很多水利行业外的专家也开始关注水历史问题的研究，但从研究群体到成果都还较为分散。五是行业特点明显，中国水历史研究相关的大多数专家、研究活动和研究成果都集中在水利相关的部门，水历史研究带有明显的行业特征，科研的社会化程度较低，造成了这门学科明显的行业封闭性。而在国外，大多数的研究群体都分布在各种综合大学和社会研究机构中。六是国际化程度较低，水历史研究的科研与国际交流较少，中国丰富的水历史资源没有得到应有的国际传播，学科发展需要跟上最近几年国际发展的步伐。

随着水历史的进一步建构，我们似乎可以在描述水历史中从不同视角来审视发展的问题：全球技术和地方知识的相遇、历史与政治的结合、不同群体的不同需求等，这些不同的场景，怎样在非洲这块"富饶而贫穷的土地"①上展开。

三、非洲水问题

水是一切生产生活的根本要素，水和粮食、能源之间有着不可分割的天然联系。水资源包括大气水、地表水和地下水等，按水质可划分为淡水和咸水。全球可用淡水资源总量约 200 万亿立方米，仅占全球淡水资源总量的 0.57%，近年来还在持续衰竭。非洲是发展中国家最集中的大陆，是世界上经济发展水平最低的大洲。非洲的水资源比较丰富，但地理分布不均且开发不足，使其有效和永续利用远远滞后于经济社会发展，尤其是当前城市化发展的现实。非洲水资源面临自然、社会和发展等方面的诸多问题，无法得到有效利用。

（一）时空地分布不均

非洲大陆水资源的地理分布极不均匀，不同区域的人口水资源承载力存在着较大差异。非洲的外流区域约占全洲面积的 68.2%，内流水系及无流区约占全洲总面积的 31.8%，70% 以上的水资源集中在中部和西部非洲，拥有大量人口的北部非洲和苏丹-萨赫勒地区水资源储量只占总量的 5.5%。②在人口稠密但水资源储量稀少的区域，人口主要依靠地下水进行水源补给。非洲地下水资源总量仅占其可更新水资源总量的 15%，却需要为约 75% 的非洲人口供应大部分的饮用水，因此在这些区域至少有 13% 的人口受制于干旱。③

① 〔荷〕罗尔·范德·维恩（Roel van der Veen）著，赵自勇、张庆海译：《非洲怎么了：解读一个富饶而贫困的大陆》，广东人民出版社，2009 年。

② 非洲概况，http://eco.ibcas.ac.cn/cn/cern/international/fz-ZJFZ.html。

③ Christopher W. Tatlock, Water stress in sub-saharan Africa. https://www.cfr.org/backgrounder/water-stress-sub- saharan-africa.

降雨决定了非洲人的生活[1]，但其时间、频次和量度等通常都不可预知。在依靠降雨获得大量水资源的非洲东部、南部和萨赫勒地区，近年来的降雨量正在减少，而水资源丰富、人口较少的中部非洲降雨量却在增多，这导致不同区域要面对的水问题大不相同。[2][3]过去30年，莫桑比克、安哥拉东南部、赞比亚西部、突尼斯、阿尔及利亚、尼罗河流域以及整个萨赫勒地区，因降雨减少变得更加干旱。自2016年开始，南部非洲持续干旱少雨，农作物产量大幅下降，1400万人受到饥荒威胁。2018年2月27日，联合国粮农组织"全球信息和预警系统"（Global Information and Early Warning System）发布警报，预计降雨不足和高温天气导致非洲南部地区水资源紧张，对作物生长产生不利影响，并可能加剧害虫如秋黏虫的蔓延。而在此之前的12日，南非政府已经宣布干旱为"国家灾害"，在水库容量相当于平时20%的情况下，限制开普敦家庭、农业和商业用水，并号召全民节水，以此应对持续三年的干旱。[4]然而，对东、西部非洲而言，连续降雨却往往引发洪涝灾害，致使大规模人员伤亡或流离失所。仅在2017年，就有数百人在降雨导致的洪涝灾害中丧生。[5]

非洲大多数河流的径流量季节性变化很大：奥卡万戈河被誉为"永远找不到海洋的河"，每年1—2月的丰水期洪水泛滥，形成世界最大的内陆沼泽三角洲——奥卡万戈三角洲；若非如此，这里将会是一片广阔而干燥的卡拉哈里热带草原。世界最长的河流——尼罗河雨季洪水泛滥，下游造成肥沃的三角洲；旱季支流断流，尤其是自1970年阿斯旺大坝建成之后，旱季甚至会出现海水倒灌的问题。

（二）水治理滞后于城市化进程

作为发展中国家最集中的大陆，非洲是世界上经济发展水平最低的大洲，其水资源的供水率、利用率和水治理能力极其低下。非洲大陆只有38%的水资源用于农业、

---

① Collins, R. O., Burns, J. M. 2014. *A History of Sub-Saharan Africa (Second edition)*. Cambridge University Press. p.160.

② WHO library cataloguing-in-publication data, *Progress on Sanitation and Drinking Water-2015 Update and MDG Assessment*. NLM classification: WA 670. p.13.

③ 联合国新闻："干旱天气和高温或将减少非洲南部地区作物收成"，https://news.un.org/zh/story/2018/02/1003222。

④ Evan Lubofsky. A massive freshwater reservoir at the bottom of the ocean could solve cape town's drought—but it's going untapped. https://www.theverge.com/2018/2/15/17012678/cape-town-drought-water-solution.

⑤ VOA News. East Africa flood deaths surpass 400. https://www.voanews.com/a/east-africa-flood-deaths-surpass-400/4408278.html.

工业和日常生活，可耕地中只有 5% 左右得到灌溉①，只有 44% 的城市人口和 24% 的
农村人口拥有足够的水处理设施。更严重的是，非洲总体水供应量呈下降之势，人均
可用水资源量远低于全球平均水平且不断下降。②非洲各国用水供需矛盾日益突出，人
民生活水平的提高和消费方式的改变，造成用水量大增；农业、采矿和工业的竞争性
需求，更致使水质恶化。因此，非洲水资源的总体形势每况愈下。20 世纪 80 年代，
在联合国"国际饮用水供应与卫生十年"（International Drinking Water Supply and
Sanitation Decade: 1981–1990）的倡议下，非洲不少国家铺设了自来水管网，建设了一
批供水卫生设施。但由于发展过缓，大多数国家政府财政吃紧，后续投入极为有限。
随着城市人口急剧增长③，很多国家目前使用的还是 20 世纪 80—90 年代的供水设备，
且由于疏于维护而渗漏严重，即使在非洲最发达的国家南非仍有 36% 的水费是因为漏
水损失而无法收取的，其他国家的水浪费更是无法统计。

　　不经处理的污水直排加重了非洲水资源危机。非洲的主要产业是农业、采矿、石
油、天然气、采伐和制造业，由之产生的大量废水经常未经处理就排放到自然环境中，
直接造成水污染。目前，大约只有 10%—12% 的非洲人口能够获得废水收集、处理和
排放服务，再加上非洲市政供水检测目前只能检测 10—40 种污染物，新出现的污染物
往往不在检测范围之内，这给地区传染病、人畜共患疾病以及地方病的发生和流行埋
下了伏笔。

　　水卫生条件不足是非洲地区霍乱、伤寒等各种传染病和热带疾病不定时流行的主
要原因。根据世界卫生组织和联合国儿童基金会等方面的报道，在全球近 8 亿缺乏水
处理的人口中，一半以上居住在非洲，其中在撒哈拉以南非洲的人口数达 6.95 亿，3.19
亿人无法获得饮用水。多数人仍使用河流、湖泊为载体的地表水④，每小时有 115 人死

---

　　① 根据 IWMI/AU/NEPAD/USAID 等的统计数据，灌溉一般为 3%—7%。参见：Ian Kunwenda, Barbara van
Koppen, Mampiti Matete, and Luxon Nhamo 2015. Trends and outlook: Agricultural water management in southern
Africa, *Technical Report*; Matt McGrath. Huge' water resource exists under Africa. https://www.bbc.com/news/science-
environment-17775211.

　　② The Water Project. *Water and Hunger*. Improving sustainability in rural Africa. https://thewaterproject.org/
why-water/hunger.

　　③ 人口从 1960 年的大约 2.85 亿增加到如今的近 13 亿，非洲的城市用水和废水管理也面临着新的挑
战。预计到 2050 年，非洲总人口将突破 25 亿，其中 55% 生活在城市环境中。

　　④ WHO/UNICEF joint monitoring programme for water supply and sanitation. 2015 Report and MDG
Assessment. http://www.wssinfo.org/.

于恶劣环境或个人卫生及受污染水源引发的各种疾病。①据世界卫生组织测算，每投入1 美元用于水和卫生设施，经济回报为 3—34 美元。②但是，这些投入对于积贫积弱的非洲国家来说可谓望洋兴叹。

（三）水利水电开发不足

非洲有丰沛的水资源储备，淡水资源占世界水资源的比例约为 9%，拥有世界上1/3 的大河，水能资源理论蕴藏量 40 000 亿千瓦时/年，在世界各大洲中排名第三。其中，技术可开发资源 17 000 亿千瓦时/年，经济可开发资源 11 000 亿千瓦时/年。③但是，非洲潜在水资源的开发率为世界最低，只有世界水平的 5%；人均储量 200 立方米，仅为北美的 1/30，全球平均水平的 1/4，远低于 35% 的世界水电开发平均水平和70%—90% 的发达国家水电开发水平。④非洲水资源工程数量少，缺乏跨区域水利枢纽。目前，非洲拥有大中型水库 1282 个，其中大型水库 217 个（库容大于 1 亿立方米），总库容达 1 万亿立方米，约占世界大型水库总量的 0.4%。南部地区水库数量占非洲水库总数的 39%，其次为几内亚湾地区（29%）、北部地区（24%）和西部地区（16%）。非洲可耕地中只有 5% 可以得到灌溉，有水电潜力的 10% 用于发电，57% 的人口可享用以电力为主的现代能源服务。⑤

非洲水电供应受气候变化和降雨变化制约。2015 年厄尔尼诺现象出现、降雨减少，马拉维、坦桑尼亚、赞比亚和津巴布韦都出现了停电。2017 年 12 月，马拉维国有电力公司无以应对干旱，电力产量急剧下降，最终停电。即便像加纳一样有河流资源[伏尔塔河的阿克苏博（Akosombo）水力发电大坝]供电的非洲国家，近年来，水电站也仅能在半数时间进行运作，且需要 24 小时关闭一次，无力支撑经济发展所需的电力和生活需要。⑥

① 联合国："生命之水十年"，http://www.un.org/zh/waterforlifedecade/。

② World Health Organization. Evaluation of the costs and benefits of water and sanitation improvements at the global level. http://www.who.int/water_sanitation_health/wsh0404.pdf.

③ Elizabeth A. Clark 2015. Continental runoff into the oceans (1950–2008), *Journal of Hydrometeorology*.

④ 王亦楠："解决水资源短缺的制约是生态文明建设和维护国家安全的当务之急"，http://energy.people.com.cn/n1/2018/0704/c71661-30124145.html；Prioritizing large dams projects in the West African region/en. http://wikhydro.developpement-durable.gouv.fr/index.php/Prioritizing_large_dams_projects_in_the_West_Afric an_region/en。

⑤ Sperling, F. and Bahri, A. Powering Africa's green growth: The importance of Water-energy nexus. https://ageconsearch.umn.edu/bitstream/246948/2/285.%20Measuring%20agricultural%20water%20productivit y.pdf.

⑥ The United Nations 2016. *World Water Development Report 2016: Water and Jobs*. UNESCO.

水利设施的缺乏还严重制约了非洲的性别发展。撒哈拉以南非洲 42％的人口居住地附近没有洁净水源，须外出取水，而取水负担主要落在女性身上（占取水人数的 72％[①]）。她们每天要花数小时，甚至旱季需要耗时长达数日取水。即便如此，所取到的水大多污浊不堪。[②]联合国儿童基金会的研究表明，女性识字率每增加 10％，一个国家的整体经济就可以增长 0.3％。[③]但是，对于疲于取水的女性而言，生计以外的教育和发展显得遥不可及。

[①] WHO/UNICEF joint monitoring programme for water supply and sanitation. 2015 Report and MDG Assessment. http://www.wssinfo.org/.

[②] Intergovernmental Panel on Climate Change (IPCC). https://www.ipcc.ch/pdf/assessment-report/ar5/wg1/WG1AR5_SummaryVolume_FINAL.pdf.

[③] UNICEF. Water, sanitation and hygiene. http://www.unicef.org/media/media_45481.html.

第一章　南部非洲及其共享水体

第一节　非洲水资源及其"共享水体"

一、水资源的相关概念

（一）水资源的概念

1. 水资源的词义

现代"水资源"（Water Resources）作为科学术语，形成于19世纪末至20世纪初的工业化与水文科学发展的背景下。1802年，约翰·道尔顿（John Dalton）首次将水视为可量化、可管理的自然系统；1890年，经济学家阿尔弗雷德·马歇尔（Alfred Marshall）将水纳入"自然资源"范畴，强调其稀缺性与经济价值。1963年，英国国会通过《水资源法》，将其定义描述为"（地球上）具有足够数量的可用水源"，即自然界中水的特定部分。1965年，美国通过了水资源规划法案，同时成立了水资源理事会（Water Resources Council），此时水资源具有浓厚的行业内涵。1977年联合国教科文组织建议"水资源应指可资利用或有可能被利用的水源，这个水源应具有足够的数量和可用的质量，并能在某一地点为满足某种用途而可被利用"。1988年，世界气象组织和联合国教科文组织《国际水文学名词术语》（*International Glossary of Hydrology*）将其定义为"水资源是指可资利用或有可能被利用的水源，这个是人应具有足够的数量和合适的质量，并满足某一地方在一段时间内具体利用的需求"。2012年，该术语发布第三版，仍然保留了这个概念。《中国大百科全书》是国内最具有权威性的工具书，但在不同卷册中对水资源给予了不同解释。如在大气科学、海洋科学、水文科学卷中，水资源被定义为"地球表层可供人类利用的水，包括水量（水质）、水域和水能资源，一般指每年可更新的水量资源"；在水利卷中，水资源则被定义为"自然界各种形态（气态、固态或液态）的天然水，并将可供人类利用的水资源作为供评价的水资源"等。

为了对水资源的内涵有全面深刻的认识，并尽可能达到统一，1991 年部分知名专家学者在《水科学进展》编辑部的组织下进行了一次笔谈，[1] 其主要观点如下：

（1）降水是大陆上一切水分的来源，但它只是一种潜在的水资源，只有降水中可被利用的那一部分水量，才是真正的水资源。在降水中可以转变为水资源部分是"四水"，即：①水文部门所计算河川径流是与地下水补给量之和扣除重复计算量；②土壤水含量；③蒸发量；④区域间径流交换量。

（2）不能笼统地把"四水"作为水资源，只有那些具有稳定径流量、可供利用的相应数量的水定义为水资源。"水"和"水资源"在含义上是有区别的，水资源主要指与人类社会用水密切相关而又能不断更新的淡水，包括地表水、地下水和土壤水，其补给来源为大气降水。水资源是维持人类社会存在并发展的重要自然资源之一，它应当具有如下特性：①可以按照社会的需要提供或有可能提供的水量；②这个水量有可靠的来源，其来源可通过水循环不断得到更新或补充；③这个水量可以由人工加以控制；④这个水量及其水质能够适应用水要求。

（3）从自然资源概念出发，水资源可定义为人类生产与生活资料的天然水源，广义的水资源应为一切可被人类利用的天然水，狭义的水资源是指被人们对水资源开发利用的那部分水。

（4）水资源是指可供国民经济利用的淡水水源，它来源于大气降水，其数量为扣除降水期蒸发的总降水量。

（5）水资源一般是指生活用水、工业用水和农业用水，此称为狭义水资源；广义水资源还包括航运用水、能源用水、渔业用水以及工矿水资源与热水资源等。概言之，一切具有利用价值，包括各种不同来源或不同形式的水，均属于水资源范畴。

1997 年，根据我国科学技术名词审定委员会公布的水利科技名词中有关水资源的定义，水资源是指地球上具有一定数量和可用质量能从自然界获得补充并可资利用的水。这个概念一直沿用至今。近 20 年来，"水资源"名词在我国广泛流行，在不同的学科里，水资源的概念有些许差异，这主要是由于水资源的自身特点造成的。一方面，水的表现形式多种多样，如地表水、地下水、降水、土壤水等，且相互之间可以转化；水的物理、化学性质具有较强的地域性，它至少包含水量和水质两方面，这两方面在

---

① 《水科学进展》编辑部："笔谈：水资源的定义和内涵"，《水科学进展》，1991 年第 3 期。

自然因素或社会因素影响下是可变的。另一方面，水资源的开发利用受自然因素、社会因素、经济因素、环境因素等多种因素的影响和限制，水资源利用效率也由于上述诸多因素的影响不断地发生变化；最关键的原因，是由于水资源系统是一个复杂的耦合系统，它涉及众多的学科，如数学、物理学、化学、生物学、地学、气象学、水文学、地质学等，并且与人类社会发展和生存环境相结合，所以在实际的使用中，也与其相关学科的侧重点有关。比如，在资源与环境经济学中，更重视"具有经济利用价值的自然水，主要是指逐年可以恢复和更新的淡水，降雨是其恢复和更新的途径，地表水和地下水是其存在的形式"①等。

因此，我们可以很明显地了解到：水资源的定义是随着社会的发展而发生变化的，它具有一定的时代烙印，均围绕着水的形态、利用、水量（对于水质的关注度还不足够）等展开论述，并且出现了从非常广泛外延向逐渐明确内涵的方向演变的趋势。由于其出发点不同，相对于特定的研究学科领域而言，它们都具有合理的因素。只有从各个有关水资源学科出发，才可以明确界定水资源含义和研究对象。

2. 水资源开发和利用

我国开发利用水资源具有悠久的历史，逐渐形成了比较完整且具有中国特色的水利科学体系。公元前 250 年左右，战国李冰在四川省灌县修建了解决成都平原水旱灾害的举世闻名的都江堰水利工程就是明显的一例。长期以来，水利界人士一直认为水利就是兴水利、除水害。在西方国家文字中，由于暂时还找不到与我国"水利"一词完全相对应的较贴切的译文，所以在我国，水利与水资源两词并行，具有一定的历史背景。

从国际通行的概念来说，水资源开发利用，是改造自然、利用自然的一个方面，其目的是发展社会经济。最初开发利用目标比较单一，以需定供。随着工农业不断发展，逐渐变为多目的、综合、以供定用、有计划有控制地开发利用。当前各国都强调在开发利用水资源时，必须考虑经济效益、社会效益和环境效益三方面。

参照高等学校"水文与水资源工程"等专业的具体授课大纲，水资源利用至少应该包括水库兴利调节（洪水及综合利用、有/无坝引水等）、输水工程（灌溉渠道和管道工程）、扬水工程（水泵和泵站）、截潜流工程、水源涵养、水源保护和人工补源工程、污水处理和水电工程等领域。从行业使用来看，则分为农业用水、生活和工业用水、地下水资源开发利用等。

---

① 鲁传一：《资源与环境经济学》，清华大学出版社，2004 年。

水资源开发利用的内容很广，诸如农业灌溉、工业用水、生活用水、水能、航运、港口运输、淡水养殖、城市建设、旅游等。防洪、防涝等属于水资源开发利用的另一方面的内容。在水资源开发利用中，有一些问题人们还持有不同的意见：例如，大流域调水是否会导致严重的生态失调，带来较大的不良后果？森林对水资源的作用到底有多大？大量利用南极冰，会不会导致世界未来气候发生重大变化？此外，全球气候变化和冰川进退对未来水资源的影响，人工降雨和海水淡化利用等，都是今后有待探索的一系列问题，它们对未来人类合理开发利用水资源具有深远的意义。

3. 水能

水与能源密切相关。水资源和能源的联系是指供应对水的影响，以及收集、清洁、转移、存储和处理水所需能量的关系。水力发电是这个纽带的核心，它利用水作为动力产生电，同时满足多方面的需求，如灌溉、休闲、航运和饮用。

（二）河流、流域、水域和水体

河流一般指在力的作用下，集中于地表曲线形成的凹槽内，做经常性或周期性的流动，这种流动的水体与容纳它的凹槽合称为河流。①习惯上依据其大小分为江、河、溪、涧等，但它们之间没有准确的区分。河水的主要来源是大气降水，由于流域气候不同，降水形式也不一样，有的是雨水，有的是雪或兼而有之，这些会对河川径流有着不同的影响。通常，河水主要依靠雨水补给、融雪水补给、冰川水补给、湖泊与沼泽水补给和地下水补给。当然，一条河流的河水补给来源往往不是单一的，而是以某一种形式为主的混合补给形式，对流域自然条件复杂的大河来说，尤其如此。

流域，指由分水线所包围的河流集水区。分地面集水区和地下集水区两类。如果地面集水区和地下集水区相重合，称为闭合流域；如果不重合，则称为非闭合流域。平时所称的流域，一般都指地面集水区。每条河流都有自己的流域，一个大流域可以按照水系等级分成数个小流域，小流域又可以分成更小的流域等；也可以截取河道的一段，单独划分为一个流域。流域之间的分水地带称为分水岭，分水岭上最高点的连线为分水线，即集水区的边界线。处于分水岭最高处的大气降水，以分水线为界分别流向相邻的河系或水系。②

水域，是指江河、湖泊、运河、渠道、水库、水塘及其管理范围和水工设施，不

① 谈广鸣、李奔：《河流管理学》，中国水利水电出版社，2008年。
② 《高中地理必修3》（人教版）。

包括海域和在耕地上开挖的鱼塘。本书所指的水域包含了以上河流和流域的所涉水资源范围。

水体，水的集合体。根据《中国大百科全书》所述，水体是江、河、湖、海、地下水、冰川等的总称。是被水覆盖地段的自然综合体。它不仅包括水，还包括水中溶解物质、悬浮物、底泥、水生生物等。同时，水体还是地表水圈的重要组成部分，是以相对稳定的陆地为边界的天然水域，包括江、河、湖、海、冰川、积雪、水库、池塘等，也包括地下水和大气中的水汽。

一条大河从源头到河口，按照水流作用的不同，以及所处地理位置的差异，可将河流划为河源上游、中游、下游和河口段。根据不同的划分标准，可以对河流进行不同的分类：按照平面形态分类，可分为顺直型、游荡型、弯曲型等；按照河型动态分类，可分为稳定和不稳定，相对稳定和游荡两大类；按照最终归宿分类，通常把流入海洋的河流称为外流河，流入内陆湖泊，或消失于沙漠之中的河流，称内流河；根据河流的补给类型分类，可分为以融水补给为主，融水和雨水补给兼有，以及雨水补给的河流；按照流经地区分类，可分为山区河流和平原河流，其中，前者的河谷断面呈V字形或不完整的U字形，后者因流经地势平坦的平原地区，其形成过程主要表现为水流堆积作用，河谷形成冲积层，河口段淤积为三角洲，并逐渐形成广阔的冲积平原。

人类依水生产生活，同时人类活动对河流的自然生态也产生了巨大影响，这就产生了河流的社会属性。河流的社会属性主要是通过人类社会活动表现出来并发生功能的，其反映的是河流对人类社会经济系统的支撑程度。人类早期的文化、文明发展史，就好似一部壮美的"河流文明"发展史。世界四大文明古国所创造的人类文明史，就是赖以生存和发展的河流文明史。河流通过其为人类社会提供水资源，具备了多种价值功能：包括供水功能、泄洪和滞洪功能、发电功能、航运功能、养殖功能、旅游功能、生态环境，以及人类现阶段尚未感知，但是对人类社会和自然生态系统可持续发展产生巨大影响的价值，包括自然物种、生物多样性、生境、人类文学艺术灵感源泉等产生的价值。

（三）非洲水资源的总体地理情况

非洲降水地区差异悬殊，决定了非洲水系的分布格局。赤道地区终年多雨，水源充足，地表起伏不大，河流众多，形成了著名的刚果河水系。大陆东南地区终年受印度洋暖湿气流影响，降水丰沛，地表径流充足，形成了赞比西河等较大水系。广大干旱地区降水稀少，蒸发旺盛，因而河流稀少，河网密度较小。

从整个水圈的特点来看，非洲粗纹理土壤产生的径流损失较低，这使得灌木、乔木等木质植物受益于干燥系统中粗糙的土壤，而粗纹理土壤的含水量较低，也会导致地下水的排水量增加。因此，从地理和植被的研究来看，在湿水系统中，非洲地下水是非洲主要的存储水源。[①]

非洲大陆由东南向西北倾斜的地势特征，决定了其水系多流入大西洋（包括地中海）。干旱地区广大、大陆边缘多山的地形特征，形成了大陆内流区和无流区面积广大，沿海河流相对短小的水系特点，大陆南部纵横的主要分水岭，把全洲水系分为大西洋流域和印度洋流域两个部分。外流流域面积为 2 030 万平方千米，其中，大西洋外流区域约占全洲面积的 68.2%，地势低平，水系多为源远流长的大河[②]；印度洋外流水系（包括短小河流[③]）、非洲的内流水系及无流区面积为 958 万平方千米，约占全洲总面积的 31.8%，其中河系健全的仅有乍得湖流域。

非洲广袤的面积呈现出多元的河流地理特征。奥卡万戈河流域和撒哈拉沙漠十分干旱，多间歇河，沙漠中多干谷。内流区还包括面积不大的东非大裂谷带湖区，河流从四周高地注入湖泊，湖区雨量充沛，河网稠密，不同于其他干旱内流区。非洲湖泊集中分布于东非高原，少量散布在内陆盆地。非洲的高原湖泊多为断层湖，狭长水深，呈串珠状排列于东非大裂谷带，其中维多利亚湖是非洲最大湖泊和世界第二大淡水湖；坦噶尼喀湖是世界第二深湖。位于埃塞俄比亚高原上的塔纳湖是非洲最高的湖泊，海拔 1 830 米。乍得湖为内陆盆地的最大湖泊，面积时常变动。

总的看来，非洲流域面积超过 100 万平方千米的大河有刚果河、尼罗河、尼日尔河与赞比西河，四条河的流域面积约占非洲外流流域面积的一半。此外，还有塞内加

[①] 关于土壤、木质和水源的确切机制仍在争论之中。芬舍姆、巴特勒和弗利（2015 年）认为土壤是阻碍木质植物水提取的核心，旱地黏土土壤可能会让木质植物增长放缓；逆纹理假说认为，湿润系统中的木本植物受到细纹理土壤的青睐。Lane, D. R., Coffin, D. P., Lauenroth, W. K. 1998. Effects of soil texture and precipitation on above-ground net primary productivity and vegetation structure across the central grassland region of the United States. *Journal of Vegetation Science*, Vol.9, No.2, pp.239-250; Williams, R., Duff, G., Bowman, D., Cook, G. 1996. Variation in the composition and structure of tropical savannas as a function of rainfall and soil texture along a largescale climatic gradient in the Northern Territory, Australia. *Journal of Biogeography*, Vol.23, No.6, pp.747-756; Buitenwerf, R., Bond, W., Stevens, N., Trollope, W. 2012. Increased tree densities in South African savannas: >50 years of data suggests CO_2 as a driver. *Global Change Biology*.

[②] 有尼罗河、刚果河、尼日尔河、塞内加尔河、沃尔特河、奥兰治河等，其中尼罗河全长 6 671 千米，是世界上最长的河流。刚果河的流域面积和流量仅次于亚马孙河，位居世界第二位。

[③] 包括赞比西河、林波波河、朱巴河及非洲东海岸的短小河流、马达加斯加岛上的河流等。

尔河、沃尔特河、奥兰治河和林波波河等较大河流。从区域来看，南部非洲流域面积
和河流数位居整个非洲之首（图4）。

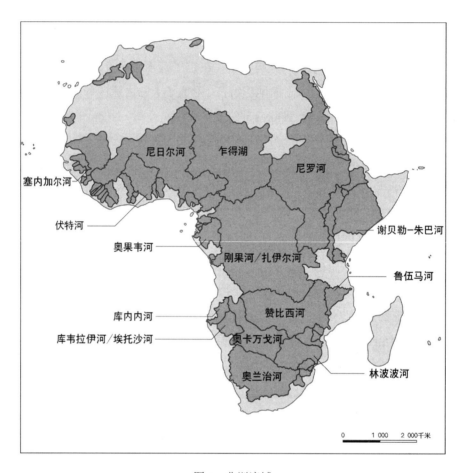

图 4　非洲流域

资料来源：https://www.researchgate.net/publication/328147998_Spatial_Relationship_between_
Precipitation_and_Runoff_in_ Africa/figures?lo=1。

二、非洲的"共享水体"

随着19世纪下半叶殖民主义出现，民族国家的概念被广泛引入（或强加于非洲），
并且作为副产品，"国界"概念应运而生。在此之前，无论是从地图上来看，还是从历
史进程而言，非洲的河流都没有"国家"或者"界限"这一说法，是在非洲大陆上所
有人类与生灵共享的资源。殖民主义的出现，改变了非洲对水资源的利用方式，与非

洲历史中的水资源利用相互作用，形成了当今非洲水资源利用的格局。

（一）"领水""国际河流"等概念的出现

领水，是位于一国领土内的全部水域，由内水和领海两部分组成。内水，指国内疆界内除领海之外的所有水域，包括境内的河流、港口、湖泊、运河、内海、内海湾、历史性海湾、内海峡等，内水在法律上和国家的陆地居于同等地位；领海是指环绕着一个国家海岸的一定地带内的水域，内陆国由于没有海岸，其领水组成中不包括领海。在国际法上，领海有与内水不同的法律地位，根据国际法，沿海国的领海主权受到一定限制，外国船舶在其领海上享有无害通过的权利，而在内水则没有这种权利，外国船舶是否能进入一国内水，完全受制于沿岸国，临水下面的地层，同陆地下面的地层，同属于国家领土，公认的一项国际法原则是，一直到无限深度的地下，属于其领土表面所属的国家。从当代意义上看，在非洲无论是"国"或"界"，实际上都与殖民历史息息相关。殖民主义的出现，改变了非洲对水资源的利用方式。殖民制度对于水资源的分配往往与土地权相配套，并逐渐确定了跨界水域的书面协议。例如，1862 年的一项公约使法国能够从非洲之角的游牧牧民达纳基尔人（Danakils）那里获得土地权。作为次要问题，该公约涉及从被征用土地上的河流和泉水中取水，并允许法国"通过共同同意"建立水库。值得注意的是，此时，为解决新建立的殖民边界引起的习惯性获取水资源的问题，大量的早期跨界法律的协议就此产生。[①]

国际河流（International Rivers）根据不同的界定标准有所不同。其概念界定一直是国际河流法最基础的问题。1815 年维也纳会议制定了"河流自由航行规则"（Reglement pour la libre navigation des rivieres），规定了一切国家，不论是沿岸国还是非沿岸国在欧洲河流自由通航的原则。其中，"国际河流"指"分隔或经过几个国家的可通航河流"。1919 年的《凡尔赛和约》（Treaty of Versailles，全称"协约国和参战各国对德和约"）中，"国际河流"指根据国际条约向所有国家开放自由航行的多国河流，且国际河流的范围包括干流和支流的整个河流体系。

1929 年在关于奥德河国际委员会的管辖权范围一案中，常设国际法院的判决指

---

① 比如，1895 年，法国和英国之间关于航行和使用科伦泰河（又称大斯卡西斯河，法语：Kolenté；英语：Great Scarcies River）的协议，涉及几内亚和塞拉利昂原有居民的共享流域，强调殖民地边界，以使居民与他们习惯依赖的资源（包括水）分开，来确立"本土"准入的问题。该条约允许"居住在右岸的居民"，在英国的统治下，通过在先前的条约中规定的界限，以"继续使用与迄今为止相同程度的河流"。关于国际河流概念的演变，已有非常多的著作。

出，国际河流包括纯属沿岸国内河的支流在内的整个河流体系，应该确定河流国际化制度所适用的河段以及它们的支流。①同一时期，常设国际法院对多瑙河欧洲委员会的地域管辖权案的咨询意见进一步提出，在裁决国际河流上的航行权冲突时，国际法院倾向于扩大解释条约体系下的航行自由，从而保障国际航运领域的合作。②

可见，国际河流在地理特征上类似于多国河流，但其法律地位则与多国河流不同。"国际河流"概念的提出，是为了解决一国领土外河流的通航权问题。国际河流的自然属性与多国河流类似，但它的法律地位不同于多国河流，其法律地位由专门的国际条约确立，即对所有国家商船开放，允许外国商船在平时可自由通航，但国际河流流经各沿岸国的河段仍然是各沿岸的领土——内水，沿岸国对该段河段享有领土主权。其中，一般流经或分隔两个和两个以上国家的河流，可以等同于《国际水道非航行使用法公约》中的"国际水道"（international watercourse）概念，它包括了涉及不同国家同一水道中相互关联的河流、湖泊、含水层、冰川、蓄水池和运河。另外，在各种国际条约和国际组织的文献中，还有和国际河流相类似的一些概念，比如共享河流、共享河道、国际河流域、跨界河流、边界河流等。2009年，联合国"世界水日"的主题为"跨界水：共享的水、共享的机遇"（Transboundary: The sharing water, the sharing opportunities）。跨界水包括全球263条国际河流和约300个跨界地下水储水水域及含水层。③其中，国际河流提供着全球约60%的淡水，流域面积占陆地面积的一半，45%的人口受此影响。④

20世纪50年代以后，随着各国逐渐扩大国际水道的非航行利用，人类大量抽取地下水和增强生态环境保护意识，"国际流域"（international basin）的概念开始出现。1966年，国际法协会通过的《国际河流利用规则》第2条规定，国际流域是指"延伸到两国或多国的地理区域，其分界由水系统的流域分界决定，包括该区域内流向同一终点的地表水和地下水"。国际流域概念是国际水法理论的重大突破，将国际河流的范

① Case Relating to the Territorial Jurisdiction of the International Commission of the River Order (Czechoslovakia, Denmark, France, Germany, Great Britain, Sweden v. Poland), PCIJ Ser.A, No.23, 1929.

② Jurisdiction of the European Commission of the Danube between Galatz and Braila (France, Great Britain, Italy v. Romania), Advisory Opinion, December 8, 1927.

③ 为此，有"跨境共享淡水资源"（TSFWR: Transboundary shard fresh water resources）概念，特指包括储存于国际河流、湖泊、地下含水层中的淡水资源，有时统称为国际河流水资源。

④ United Nations Commission on Sustainable Development, 1997. Comprehensive assessment of the freshwater resources of the world: Report of the secretary-general, UN doc.E/CN.17/1997/9, New York, united Nations, p.10. Stephen C. McCaffrey, the Law of International Watercourses: Non-Navigational.

围延展到整个干流及其支流的地下水系统,并且超越了国际河流单一的航运利用要求。全部或部分领土位于国际河流流域范围内的国家就是流域国。虽然国际水道没有直接经过该国领土,但若有源头在其境内,或是有伏流使该国与国际水域相通,都使该国成为流域国。不过,由于"流域"的概念尚无"领土"和"主权"的政治意义,在 1997 年的联合国《国际水道非航行使用法公约》中,尽管使用了相同的含义所指,但仍使用了"国际水道"作为表述术语。

总的来说,无论从认可的领域和权威性,国际法和水文科学的发展定位,以及对河流的综合利用程度的加深,国际河流的概念都在不断演进和扩大中。[①]

（二）非洲的"跨界水体"

从历史的角度来看,水资源使用的"界限"决定权不在于非洲大陆及其人民,而在于争夺非洲大陆的殖民者。比如,尼日尔流域因属于法国和英国的殖民地而是"跨界流域"。相比之下,塞内加尔盆地因为非洲国家独立前完全在法国的殖民统治下,就不存在"跨界"的问题。自 19 世纪起,民族国家的概念随着西方殖民发展,被广泛引入或强加于非洲。"(边)界"或更具体的"国家疆域"的概念作为殖民主义的副产品,归属于不同的西方列强势力下。殖民的利益是水资源的享用的出发点和归属地,这样才有了非洲的"跨界水体"。在"权力"的潜规则下,基本上可以"用同等权利使用水资源"的"本土"原则来处理大部分水问题,但也有要求意大利的士兵和旅行者穿越意大利索马里和肯尼亚边境才可以获得饮用水的特有问题。

和当今其他大多数民族国家所处的流域情况类似,从一开始,涉及"跨界水体"的时候就较多采取"灵活的水分配原则",坚信使用主体可以通过"弹性"的水分配目标和协商的方式,处置水资源。然而,由于上游沿岸国一般会坚持"绝对领土主权"的概念,认为有完全权力处置领地内的水资源;而下游沿岸国则坚持"绝对完整的水道原则",力求自己更多地用水而约束上游沿岸国肆无忌惮地用水,在水分配的问题上往往出现争端。

20 世纪 60 年代,非洲民族主义浪潮席卷大陆,新的民族国家赋予了殖民时期的"跨界河流"更多的界限,并让非洲成为世界上拥有最多国际河流的区域。非洲有 63 个国际河流的流域系统,约占世界总数的 2/3,其中 20 个有效的国际协议,16 个流域

---

① 目前国际大坝委员会、联合国世界银行国际法律委员会、国际法律联盟、联合国粮农组织等基本都是采用这个概念。

内有制度化的论坛，负责协调各个国家的倡议。[①]包括尼罗河、刚果河、赞比西河、塞内加尔河、奥兰治河等河流是非洲各国的共享水资源，如尼罗河流经 9 个非洲国家[埃及、苏丹、埃塞俄比亚、乌干达、肯尼亚、坦桑尼亚、卢旺达、布隆迪和刚果（金）]，刚果河流经 7 个非洲国家[赞比亚、刚果（金）、刚果（布）、安哥拉、中非、喀麦隆和坦桑尼亚]，这些共享水资源为各国人民提供服务的同时，往往也成为用水国家之间的冲突和争端之源。

至今，如何处理传统上共享的水资源与发展到殖民时期已经有的《跨界水协议》，成为横亘在非洲民族国家之间的难题。对于非洲的大多数国家而言，近代历史一直充斥着非洲人民反抗西方列强而进行的解放战争，比如苏丹在 1899 年时为英国和埃及的共管国，而纳米比亚在 15—18 世纪先后被荷兰、葡萄牙、英国等殖民入侵，在 1890年被德国侵占。因此，非洲的民族国家非常珍视来之不易的主权，界定"跨界水域"且进行合理的水资源分配，是一个棘手的问题。

（三）非洲"共享水体"的概念界定

非洲水文地理条件的一个典型特征是流域和水资源分布的时空分布明显不均（图 5），在当前的时代背景下，必须通过国际合作来共同管理和使用水资源。相对一般国家的水资源管理而言，非洲水资源管理面临着更为复杂的政治、经济和文化环境。比如四大文明发源地之一的尼罗河流域，其上游（埃塞俄比亚等）位于降水丰沛区，而下游河岸（埃及）位于干旱区，因此下游是否能够享有上游余存的水资源就是埃及的生存之本和至高关切。埃及前总统萨达特曾说："谁敢截断尼罗河源头，谁就会没有选择地引发战争。"1990 年，时任埃及外交国务部长，之后担任埃及副总理、第六任联合国秘书长的加利发表了一项声明，该声明之后常被引述——即非洲的下一场战争不会为了石油，而是为了水。[②]

因此，为了更好地界定问题，必须综合考虑到水资源概念的涵盖性。比如，作为大自然的一部分，"流域"具有"天然"的特性；人为将国界加诸其上是所谓跨界水域及其问题产生的原因。然而，无论是从地理还是从长时段历史的角度来看，流域都是

---

① Waltina Scheumann, Susanne Neubert ed. 2001. Transboundary water management in Africa: Challenges for development cooperation. *DIE Studies Uses*, pp.15-17; Aaron T. Wolf, 1998. Conflict and cooperation along international waterways. *Water Policy*.

② DIE Scheumann/Schiffler, 1998.

一个整体，采取更符合整个社会、自然发展趋势的做法是将这份"天然"还给它，从地理或者物理的源头来梳理非洲历史。正是基于非洲的特点，本书将采用"共享水体"这个时段更长、范围更广的词汇。

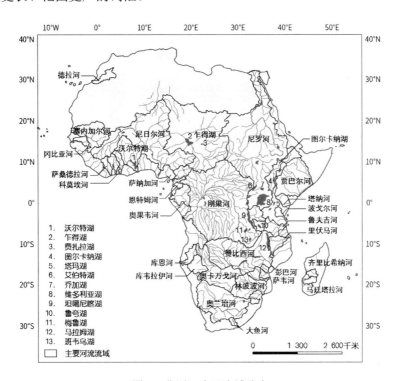

图 5　非洲河流及流域分布

资料来源：https://www.researchgate.net/publication/360066264_Water_Resources_in_Africa_under_Global_Change_Monitoring_Surface_Waters_from_Space/figures?lo=1&utm_source=google&utm_medium=organic。

　　在"水体"的基础概念之上，"共享水体"既包括国际河流①，又包括湖泊等地表水②和地下水，是一个宽泛的水资源概念。本书力图将整个流域、水体统合在"共享水体"之下，强调其中水资源利用的共通性和应用性，并将其作为主体，与各个非洲部落、酋长国、民族国家作为的客体对应，描述主客体之间相互交流和利益共享的过程（图 6）。

---

　　① 特指涉及两个或两个以上国家的河流，包括穿过或分隔两个或两个以上的国家的跨国河。
　　② 地表水（surface water），是指陆地表面上动态水和静态水的总称，亦称"陆地水"，包括各种液态的和固态的水体，主要有河流、湖泊、沼泽、冰川、冰盖等。

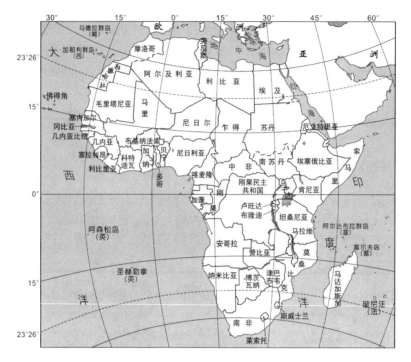

图 6 非洲国家分布

资料来源：https://zhuanlan.zhihu.com/p/483052372。

三、南部非洲及其"共享水体"

水体是江、河、湖、海、地下水、冰川等的总称，是被水覆盖地段的自然综合体。在南部非洲，水体有相当高的共享性。

（一）南部非洲的共享流域

在19世纪之前，所谓的"南部非洲"只建于开普殖民地及其邻近地区。奥兰治河是一条界线，林波波河还是非常遥远的所在。随着历史的演进，西方开始进入非洲旅游探险。不过，和19世纪情况不同的是，19世纪前进入南部非洲旅行探险并留下记录的名人都不是英国人，而是像安德鲁斯·斯芭尔曼这样的瑞典人和弗朗索瓦·勒·瓦扬[①]这样的法国人。

本书所涉及的南部非洲采用了当代最普遍的指称地理界定，主要指称的是当前南

---

① 弗朗索瓦·勒·瓦扬（Francois Le Vaililant），法国自然博物学者，18世纪80年代在南非做探险旅行。

部非洲发展共同体（以下简称"南共体"或"SADC"）所覆盖的区域，面积为 554 919
平方千米（图 7）。该区域在非洲历史的发展中曾经以不同的名字命名，如"中部非洲"
"撒哈拉以南非洲""内陆非洲"等，而不是在殖民史中专指的"南部非洲"。

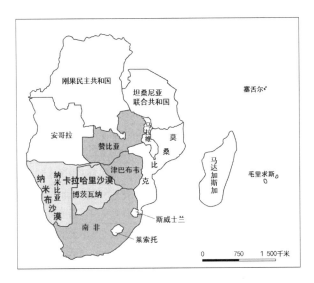

图 7 南部非洲 SADC 区域的位置

目前，这是整个非洲大陆中属于较为发达和富庶的地区，特别是农业化、工业化、
交通设施便利化等基础较好的地区，水资源至关重要。由于 SADC 概念中的区域完全
覆盖南部非洲，且拥有一定的机制功能，因此在本书中的含义与"南部非洲区域"
一致，书中用"SADC 区域"时即代指南部非洲区域。SADC 区域内有 15 个主要的
国际流域，涵盖了 78% 的陆地面积，又以刚果河、赞比西河、奥兰治河为三个最大
的流域。

具体来看，南部非洲共享的流域及其特点如表 2 所示：

表 2 南部非洲共享的流域及其特点

流域	流域国家	典型特征
布济（Buzi）	莫桑比克、津巴布韦	莫桑比克境内设置有 2 个小型水电设施；1 座大坝也用于灌溉
库内纳（Cunene）	安哥拉、纳米比亚	水电潜力 2 400 兆瓦；安哥拉境内有 4 座水坝；纳米比亚拥有 1 座位于埃普帕峡谷（Epupagorge）的水坝，但因对当地居民有影响而引起争议

续表

流域	流域国家	典型特征
库韦拉伊（Cuvelai）	安哥拉、纳米比亚	是库内纳河到库韦莱河的中间流域；有低而不稳定的径流，流域有40座水坝，主要是为农业、畜牧业提供用水；其中的一半水资源为纳米比亚人使用
因科马蒂/恩科马蒂（Incomati/Nkomati）	莫桑比克、南非、斯威士兰	集水区内（catchment）有22座大型水坝，其中有2座在建；有诸多国际运营协定；有明确迹象表明，干旱季节的自然流量由于分水而大大减少
林波波（Limpopo）	博茨瓦纳、莫桑比克、南非、津巴布韦	流域内大坝有博茨瓦纳4座、莫桑比克1座、南非26座、津巴布韦9座；并规划建设跨界国家公园
马普托/蓬戈拉（Maputo/Pongola）	莫桑比克、南非、斯威士兰	流域内大坝有南非5座、斯威士兰4座、莫桑比克1座；是莫桑比克南部人口的重要水源，较多水流被南非和斯威士兰分流
纳塔（Nata）	博茨瓦纳、津巴布韦	较为短促无常，被认为较少国际意义
奥卡万戈（Okavango）	安哥拉、博茨瓦纳、纳米比亚	流域为世界文化遗产；温得和克希望从兰德（Runde）地区引水；有集水区管理计划草案；安哥拉潜在战乱影响上游开发
奥兰治（Orange）	博茨瓦纳、莱索托、南非	是开发最多的流域，其中大型水坝南非24座、纳米比亚5座、莱索托2座；流域内和流域间的协议众多；高地水利项目是较有争议的部分
蓬圭（Pungwe）	莫桑比克、津巴布韦	上游从尼扬加国家公园山区（Nyanga National Park Mountains）水源附近采0.7立方米为津巴布韦穆塔雷市供水；下游水流并为甘蔗种植园、国家公园、贝拉市供水
鲁伏马（Rovuma）	马拉维、坦桑尼亚、莫桑比克	没有重大的发展或计划
萨韦河（Saver River，也被译为萨比河：Sabio River）	莫桑比克、津巴布韦	津巴布韦的奥斯本大坝（Osborne）目前尚未使用；为莫桑比克低地的甘蔗种植园、莫桑比克20%的地表水提供水源；是津巴布韦农村最高密度人口区的用水支持；有2个国家公园
厄姆贝卢济河（Umbeluzi）	莫桑比克、斯威士兰	流域内大坝有斯威士兰2座，莫桑比克1座
扎伊尔/刚果（Zaire/Congo）	刚果民主共和国、安哥拉、中非共和国、喀麦隆、坦桑尼亚、赞比亚	因加急流潜在的水电开发项目，拥有3.4万立方米的高流量；是刚果民主共和国的主要通道；有潜在4.5万兆瓦的世界上最大的水电能源项目
赞比西（Zambezi）	安哥拉、博茨瓦纳、马拉维、纳米比亚、马桑比克、坦桑尼亚、津巴布韦	非洲第四大河流域；供养着流域国家2000万或30%的总人口；流域内大坝有马拉维2座、赞比亚5座、津巴布韦12座、莫桑比克1座；并计划进行多项开发（多为水力发电、流域间传输管道、灌溉农业），不少项目存有争议

（二）南部非洲的共享湖泊

尼亚萨湖（又称马拉维湖，三个英文名所指一致：Lake Niassa/Nyasa/Malawi），面积 30 800 平方千米，南北长 560 千米，东西宽 24—80 千米，平均水深 273 米，北端最深处达 706 米，湖面海拔 472 米，属非洲第三大淡水湖，世界第四深湖。湖区大部分水域位于马拉维共和国境内，北岸和东岸形成马拉维与坦桑尼亚、莫桑比克的边界。

尼亚萨湖有 14 条常年河注入湖中，最大的是鲁胡胡（Ruhuhu）河。尼亚萨湖水的唯一出口是赞比西河的支流希雷（Shire）河。湖中约有 200 种鱼类，其中 80% 左右是当地特有品种，湖的南端有商业性渔业。1616 年葡萄牙人博卡罗首次向西方报道该地，1859 年英国探险家兼传教士利文斯敦（David Livingstone，1813—1873）从南面到访该湖。目前，湖周围人口稠密的区域分别是：曼戈切（Mangochi）、恩科塔科塔（Nkhotakota）、恩卡塔贝（NkhataBay）和卡龙加（Karonga），这些地区都设有政府建的工作站，以观测湖体的物理和生态变迁。马拉维铁路公司经营客、货轮运输，把棉花、橡胶、稻米、桐油和花生运到奇波卡（Chipoka）铁路起点，再经铁路运往莫桑比克的贝拉（Beira）。

在非洲整体的历史上已经形成了"非洲大湖地区"的特定名词。大湖地区是指环绕非洲维多利亚湖、坦噶尼喀湖和基伍湖等湖泊的周边地区和邻近地区，涵盖安哥拉、布隆迪、中非、刚果（布）、刚果（金）、肯尼亚、卢旺达、苏丹、坦桑尼亚、乌干达和赞比亚 11 国。大湖地区位于非洲中东部，面积达 700 余万平方千米，总人口约 2 亿，是世界上人口密集的地区之一，同时也是非洲自然资源最富集的地区。但是，大湖地区是非洲大陆战乱持续时间最长、波及面最广、破坏最严重的地区。连年战乱使大湖地区成为世界上战乱、饥荒、瘟疫和难民最集中的地区，被称为"非洲的火药桶"。20 世纪 90 年代后，大湖地区局势严重动荡，国家间关系错综复杂，各种矛盾和冲突相互交织，人民饱受战乱、内战和部族冲突之苦，数百万人在各种流血冲突中丧生。21 世纪后国际形势发生新的改变：2002 年安哥拉结束内战走向和平；2005 年初苏丹北南双方签署和平协议；2016 年 8 月，乌干达政府与反叛武装"圣灵抵抗军"签署和解协议；同年 9 月，布隆迪政府与国内最后一支反政府武装签署了停火协议，结束了胡图族和图西族之间长达 13 年的武装冲突；同在 2016 年，曾是大湖地区"主战场"的刚果（金）也举行了独立 40 多年来的首次民主大选等，似乎为动荡不安的非洲大湖地区带来了和平的契机。

由于水资源本身的特点及南部非洲的区域较广且与中部、东部非洲没有明确的经纬度区别，在本书关于尼亚萨湖的历史论述中，会涉及一些非洲大湖地区的共享水体，但并不作为本书叙述的重点选择点。

（三）南部非洲共享的水利设施

卡里巴（Kariba）和卡布拉巴萨（Cahora Baasa）等大坝是南部非洲最主要的共享水利设施。大坝卡里巴水库或卡里巴湖是一个位于赞比亚首都东南约 300 千米处的水库，横跨赞比亚和津巴布韦两国边境。该水库长约 220 千米，宽约 40 千米，面积约 5 580 平方千米，平均水深 29 米，最深处 97 米，为世界库容最大的水库；若按水容量计算，则是世界上最大的人工湖。赞比亚北岸卡里巴水电站正常蓄水位是 487.79 米，死水位 475.5 米，最大库容 1 850 亿立方米，正常蓄水位以下调节库容为 608.5 亿立方米，水电为赞比亚、津巴布韦共享。在卡里巴水坝竣工后，自 1958—1963 年完成水库蓄水。卡里巴水库是该国重要的渔业产地，也是尼罗鳄、河马等动物的休憩地，还是津巴布韦和赞比亚著名的旅游景点之一。另外，欧文瀑布水库（Owen Falls Reservoir）[①]、卡布拉巴萨水库[②]等，也是具有共享功能的水库。

（四）南部非洲共享的水文化景观

文化景观（Cultural Landscape）一词，其概念首先出现于地理学，自 20 世纪 20 年代起普遍应用，近年同时在文化地理、遗产保护以及规划设计等诸多领域应用。1925 年，美国地理学家索尔发表专著《景观的形态》，并创立了著名的文化景观学派——伯克莱学派，认为文化景观是自然和人文因素复合作用于某地而产生的，随人类的行为而不断变化。主张用实际观察地面景色来研究地理特征，通过文化景观来研究文化地理。[③]文化景观是人类在地表活动的一种综合表述方式，由自然风光、田野、建筑、

---

① 位于乌干达、肯尼亚和坦桑尼亚三国交界处，实际上就是非洲第一大湖维多利亚湖中北部的表层水。水库最高蓄水位 1 134.9 米，最低水位 1 131.9 米，最大库容 2 048 亿立方米，面积 43 500 平方千米（维多利亚湖面积 68 870 平方千米）。欧文瀑布大坝位于维多利亚尼罗河上，南边距离维多利亚湖流入尼罗河的出水口里本瀑布只有 3 千米，混凝土重力坝，最大坝高 31 米，坝顶长 831 米，坝顶高 1 136.75 米，大坝控制流域面积 26.8 万平方千米，建成于 1954 年。经过 1994 年的水电站扩建，总装机容量为 380 兆瓦。现在欧文瀑布水电站已用本地卢干达语中维多利亚湖的名字改称为纳卢巴勒水电站。

② 莫桑比克西北部赞比西河上，为 1975 年筑高坝后截水而成。坝高 168 米，长 330 米。水库东西延伸，长 270 千米，平均宽约 10 千米，面积近 2 700 平方千米。有发电、灌溉、航运、旅游之利。南岸坝下建有装机 120 万千瓦的水电站，设计目标之一是为南非提供电力。

③ 汤茂林："文化景观的内涵及其研究进展"，《地理科学进展》，2000 年第 1 期，第 70—79 页。

村落、厂矿、城市、交通工具、道路以及人物和服饰等所构成，反映文化体系的特征和一个地区的地理特征。

从 20 世纪 70 年代开始，西方社会研究学者出现文化研究的热潮，关注各种有关空间的议题。在这个浪潮中，人文地理学者也开始了"文化转向"，文化景观成为人文地理学者的研究热点之一，结构主义和人本主义成为解释和认识地方的重要方法。文化景观最重要的三个组成部分为文化、环境和人。至 20 世纪 80 年代，新文化地理学在西方地理学界出现，对文化进行了新的定义，将文化的符号学意义作为文化的重心，具体表现是更加注重对地方的研究。[1]1992 年 12 月在美国圣菲（Santa Fe）召开的世界遗产委员会第 16 届会议，讨论将"文化景观"纳入世界文化遗产的领域。1994 年《实施保护世界文化与自然遗产公约操作指南》定义"文化景观"为"自然与人类的共同作品"（combined works of nature and of man）。反映因物质条件的限制和/或自然环境带来的机遇，在一系列社会、经济和文化因素内外作用下，人类社会和定居地的历史沿革。[2]"文化景观"自此被纳入《世界遗产名录》，正式成为世界文化遗产体系中的遗产类型。本书所使用的"文化景观"概念，是基于苏尔（Sauer）1927 年对于文化景观所作的经典阐释"文化景观是附着在自然景观之上的人类活动形态"[3]之上，结合了文化景观在近年来的概念深化，尤其是关于"人、环境及其互动力量的文化回应"。[4][5]

同时，因为人的流动和迁徙始终是文化传播的主要媒介，因此，包括文化扩散和文化扩散的文化传播也会是文化景观中必要的因素。按照文化扩散中人的空间移动距离的长短，文化扩散又可以分为扩展扩散和迁移扩散（表 3）。

表 3　扩展扩散与迁移扩散特点对比

文化扩散方式	主体	移动距离	扩散形式	源地与靶地关系
扩展扩散	人	短	接力式	连续性
迁移扩散	人	长	跳跃式	间断性

① Anderson K., Domosh M., Pile S., *et al*. 2002. Handbook of cultural geography. *Thousand Oaks*, Sage, pp.56-79.

② 《实施保护世界文化与自然遗产公约操作指南》第 47 段，http://whc.unesco.org/en/guidelines。

③ 单霁翔："从'文化景观'到'文化景观遗产'（上）"，《东南文化》，2010 年第 3 期。

④ Susan Denyer 2005. Authenticity in world heritage cultural landscapes: continuity and change[C]//*New Views on Authenticity and Integrity in the World Heritage of the Americas: An ICOMOS Study*. International council on monuments and sites, pp.57-61.

⑤ 黄昕珮、李琳："对'文化景观'概念及其范畴的探讨"，《风景园林》，2015 年。

水影响和丰富人类精神领域的最突出表现为景观效应,因为水除了作为物质资源外,是一种刺激感官、陶冶情操、平心静气的精神资源,还是分布广泛而又作用突出的景观资源。把水科学与景观理论结合,开辟水科学研究的新领域"景观水资源研究",建立景观水资源学,是当前赋予地学家、水科学家以及景观学家的新任务。[①]具体看来,南部非洲的水文化景观最主要的代表是维多利亚瀑布和奥卡万戈三角洲(Okavango Delta)。

维多利亚瀑布,又称莫西奥图尼亚瀑布(Mosi-oa-tunya),意即"霹雳之雾"。位于非洲赞比西河中游,赞比亚与津巴布韦接壤处,是通加人(Tonga)、科洛洛-洛兹人(Kalolo-Lozi)、莱雅人(Leya)、托卡人(Toka)和苏比亚人(Subia)等族居民世代共享的水资源。考古查证在公元90年即有少数农业人口在赞比西河两岸定居。多数原住民则在距瀑布半径128千米范围内以渔猎为生。维多利亚瀑布宽1700多米,最高处108米,是世界最著名的瀑布奇观之一,瀑布奔入玄武岩峡谷,水雾形成的彩虹远隔20千米以外就能看到。1855年,欧洲探险家利文斯敦在旅途中首次记录,并以英国女王的名字为其命名,1905年在瀑布附近的峡谷上建成跨度200米的拱形铁路公路两用桥,形成建筑与生态的奇观。维多利亚瀑布1989年被列入《世界遗产名录》。

奥卡万戈三角洲位于博茨瓦纳北部,面积约1.5万平方千米,是世界上最大的内陆三角洲,由奥卡万戈河注入卡拉哈里沙漠而形成,大部分水通过蒸发和蒸腾作用而流失。当三角洲的面积达到最大规模时,将增大到2.2万平方千米。构成三角洲独特景观的奥卡万戈河被人们描述为"永远找不到海洋的河",是古代大湖——马卡迪卡迪湖最后的遗迹。几百万年以前,马卡迪卡迪湖的湖水和相连的沼泽曾经覆盖了卡拉哈里沙漠中部的大部分地区,奥卡万戈河各支流也汇聚于此。如今,奥卡万戈的东北部与宽渡河、林扬堤以及科比沼泽河系相邻,位于卡拉哈里沙漠北部边缘地区的一块独一无二的绿洲上,是来自安哥拉高地的雨水汇集而成的洪流,然后流经卡拉哈里沙漠、纳米比亚,在2万多平方千米的土地上形成数以万计的水道和潟湖,最后在三角洲汇聚。

奥卡万戈三角洲为丰富的动植物种类提供了一个栖息的绿洲,总面积超过1万平方千米,其范围内包括一个3900平方千米的野生动物保护区,其中有一个非常庞大的红色卵白羚羊群2万多只,鸟类400多种,鱼类65种,是吉尼斯所记载的世界最大的三角洲。

---

① 李佩成:"应重视江河文化及景观水资源研究",《中国水利报》,2015年1月29日。

四、南部非洲水资源特点

南部非洲汇聚了整个非洲国际河流最典型的特点。

一是，南部非洲集中了非洲所有的水文特点：降雨量多变，且水资源分布不均衡。水资源可利用量与需求不相匹配，导致了时间和空间上的水资源的不足与过剩。该区域的水资源一般在雨季（10 月—次年 4 月）通过来自印度洋的水汽获得。由于是定期季节性的热带辐合带形成降雨，因此这些雨水绝大多数降落在距离非洲大陆东海岸的 400 千米以内。也就是说，一般而言，除了南非南海岸、南部非洲的北部和东部比较湿润，而西部和南部相对干旱。从国际河流的角度来看，与南部的奥兰治河相比，赞比西河流量是其十倍以上，而刚果河流量则是其百倍以上。因此，该区域很容易遭受干旱和洪水灾害，有时二者会同时发生。

南部非洲区域内的大部分地区的水资源都来自国际河流，然而，这些国际河流沿岸国家的社会、经济、政治情况存在很大差异，且受到不断变化的城市化进程和移民形势影响。像南非这样殖民比较长久的国家，受到定居者殖民主义风格导向或称为"新欧洲的方式"①的影响巨大。另外一些南部非洲的城市中心运转也深受殖民主义和欧洲进口的影响，尤其是用最大份额的水去发展灌溉农业，并且使矿业和工业同样享受使用水的特权（通常也造成水污染）等。单从农业角度而言，尝试在非洲重现欧洲也意味着土著粮食作物和耕作方法被欧洲的"现代""机械""先进"所取代，这常常导致高耗水作物替代抗旱粮食作物，土壤侵蚀栽培替代最低耕作。

南部非洲的北区和大西洋沿岸国家：安哥拉、赞比亚、刚果、莫桑比克拥有丰富的水资源，而南部区域的几个国家：南非、博茨瓦纳和纳米比亚缺乏足够的水资源，高度依赖其境外产生的水资源。南非用水量据称是 SADC 区域所用水资源的 80%，但它的水资源储量只占本区域水资源总量的 8%。②由于南非举足轻重的政治和经济地位，水资源在区域内的不同分配方式为潜在冲突埋下了伏笔。大量的国际河流流域，固有的气候变化，以及多年生河流的自然分布不均……大多数南部非洲国家面对的跨界河流及其相关的生态系统类似，尤其是近年来连年干旱的态势，可能成为和平与经济一体化的推动因素或地方性冲突的源头。

---

① Crosby.

② Environmental Change and Security Project Report. 2003, No.9, pp.75-87.

二是，南部非洲的每个流域特点代表了非洲水资源的不同特点。奥兰治河和林波波河是南部非洲流域经济发展最先进、大量使用水资源，特别需要进行跨国管理的流域，也被普遍认为是国际合作制度化相对成功的案例区域。赞比西河是南部非洲最大的河流，有最多的沿岸国家，并受这些国家政治经济影响。该流域拥有具有巨大的经济发展潜力，2004 年 7 月设立的赞比西河水道委员会（ZAMCOM）表明，沿岸国家希望以更多机制化的办法来统筹区域水资源使用的意愿。

在 SADC 区域，存在着世界上最低的平均年降水量与平均年径流量的最大差异，大量成员国的年平均降水量小于世界平均水平 860 毫米，比如纳米比亚、津巴布韦、南非。同时，水资源空间分配、水利基础设施分配都高度不均衡，水坝大多数集中在津巴布韦和南非等地，在纳米比亚处十分稀少，这意味着在保证水资源的高供给水平的情况下，水资源的可用性将会成为 SADC 区域实现区域经济一体化以及消除贫困的限制因素。

以南非为例，南非位于非洲大陆最南端，属半干旱国家，年内降雨量时空分布不均，夏季多雨，冬季干燥，地区分布上从东部向西部逐渐减少，年平均降雨量 450 毫米，由于降雨量较少，河流具有水位季节性变化大、枯水期长的特点，加之仅有 8.6% 的降雨量可以被利用，地下水成为南非多数地区全年供水的唯一可靠来源，全国地下水储量为 190 亿立方米，年人均可利用量仅为 1200 立方米。此外，国际上的大城市或经济发展中心非常独特地位于分水岭上，并与河流有一定距离，高度依赖用泵从远处送上来的水。又由于随着社会经济的发展，有限的可用水资源需要满足不断增长的需求，水资源使用者间的竞争加剧。尤其在跨越政治边界的河流流域，矛盾冲突更加容易出现。在南部非洲地区，跨界水流经过多个国家，是国家制度建立、社会生活中不得不面对的问题，其水资源的管理也将必定对社会稳定造成影响，进而影响经济的发展。

三是，维多利亚湖和乍得湖等位居南部非洲的"跨国水体"涉及不同沿岸国家的政治经济利益，虽不涉及"上下游"所规定的利益界限，但有更多的政治敏感度。[1]其中，乍得湖近年来受到极高关注，原因在于其飞速且不可逆的生态退化。尽管 1964 年就有《关于乍得湖的拉米/恩贾梅纳公约》等协议，但目前尚缺乏强有力的水资源可持续利用手段。维多利亚湖是非洲最大的湖泊，对其沿岸国家具有重大的经济意义，但却是非洲政治上最敏感的区域。2003 年 11 月在这里建立了维多利亚湖流域委员会，

---

① 因此，也不是本书涉及的重点内容。

为发展创造了新的前景。

四是，区域内不同国家的水资源利用类型和方式不同，但都非常关注水资源的安全。南部非洲区域内的大部分国家仍然依靠水资源作为基础发展部门来发展经济，该区域目前将近 70% 的人口仍然依靠农业来确保他们的生计问题。但相较于已经普遍低下的基础设施建设，该区域的水利设施存在明显的不安全因素。研究表明：和没有提高清洁水和环境卫生的国家每年经济以 0.1% 的增长速度相比，提高了清洁水和环境卫生服务的国家每年经济以 3.7% 的速度增长。但南部非洲区域内仍有将近 1 亿的人不能够安全用水，将近 1.55 亿人不能使用改善后的卫生设备。水利的不安全性削弱了人们为实现经济可持续性增长、减贫和区域稳定性目标所做的努力。因此，水利发展和管理被认为是未来区域发展的一个强有力的经济驱动力。南非和莱索托之间的跨流域、区域供水所带来的经济发展，刚果（金）世界最丰沛的水电资源带来的潜在发展，和赞比亚卡里巴等地大坝等基础设施保障，都需要更多关注水资源的安全性。

第二节　水资源利用的学理定位

非洲有丰富的水资源，但却是全球第二干旱的大陆，数以百万计的非洲人全年仍然深陷水资源短缺的困境。如何利用水资源无疑是兼具学理与现实意义的问题，也是长久以来各个学科探讨的重要话题。

一、全球水资源利用的现状

（一）对水资源开发利用反思的全球热潮

水资源是生命的源泉，是生态系统不可缺少的要素，同土地、能源等构成人类经济与社会发展的基本条件。然而，从客观自然条件来看，水圈①内水量的分布是十分不均匀的，大部分水储存在低洼的海洋中，占比 96.54%，而且其中 97.47%（分布于海

---

① 所谓的水圈是由地球地壳表层、表面和围绕地球的大气层中液态、气态和固态的水组成的圈层，它是地球"四圈"（岩石圈、水圈、大气圈和生物圈）中最活跃的圈层。在水圈内，大部分水以液态形式存在，如海洋、地下水、地表水（湖泊、河流）和一切动植物体内存在的生物水等，少部分以水汽形式存在于大气中形成大气水，还有一部分以冰雪等固态形式存在于地球的南北极和陆地的高山上。

洋、地下水和湖泊水中）为咸水，淡水仅占总水量的 2.53％，主要分布在冰川与永久积雪（68.70％）和地下（30.36％）。如果考虑现有的经济、技术能力，扣除无法取用的冰川和高山顶上的冰雪储量，理论上可以开发利用的淡水不到地球总水量的 1％，实际上，人类可以利用的淡水量远低于此理论值，主要是因为在总降水量中，有些是落在无人居住的地区如南极洲，或者降水集中于很短的时间内，由于缺乏有效的水利工程措施，很快地流入海洋之中。由此可见，尽管地球上的水是取之不尽的，但适合饮用的淡水水源则是十分有限的。

然而，随着人口与经济的增长，世界水资源的需求量不断增加，水环境也不断恶化，水资源紧缺已成为共同关注的全球性问题。20 世纪 70 年代以来，水资源的开发利用出现了新的问题，主要表现在以下三个方面：①水资源出现了短缺，所谓短缺是指相对水资源需求而言，水资源供给不能满足生产生活的需求，导致生产开工不足，饮用发生危机，造成了巨大的社会经济损失，逐渐显现出水资源是国民经济持续快速健康发展的"瓶颈"，水资源产业是国民经济基础产业，优先发展它是一种历史的必然的趋势。②工农业生产和人民生活过程中排放出大量的污水，它们一方面污染了水源，导致水资源功能下降，使本来就具有的水资源供需矛盾更加尖锐，给经济环境带来极大不利影响，严重地制约着经济社会的可持续发展；另一方面为了缓解水资源的供需矛盾和日益严重的水环境恶化的世界性难题，污水处理回用已迫在眉睫。③水资源开发利用带来了一系列环境问题，对环境造成冲击。1997 年 1 月，联合国在《对世界淡水资源的全面评价》的报告中指出：缺水问题将严重地制约 21 世纪经济和社会发展，并可能导致国家间的冲突。

但世界水资源供需状况并不乐观。1996 年 5 月，在纽约召开的"第三届自然资源委员会"会议上，联合国开发支持和管理服务部对 153 个国家（占世界人口的 98.93％）的水资源，采用人均占有水资源量、人均国民经济总产值、人均取（用）水量等指标进行综合分析，将世界各国分为四类，即水资源丰富国（包括吉布提等 100 多个国家）、水资源脆弱国（包括美国等 17 个国家）、水资源紧缺国（包括摩洛哥等 17 个国家）、水资源贫乏国（包括阿尔及利亚等 19 个国家）。[①]按此种评价方法，目前世界上有 53 个国家和地区（占全球陆地面积的 60％）缺水。21 世纪初，"水危机"将成为几乎所有干旱和半干旱国家普遍存在的问题，联合国发表的《世界水资源综合评估报告》预测结果表明，至 2025 年，全世界人口将增加至 83 亿，生活在水源紧张和经常缺水国家的人数将从 1990 年的 3 亿增

---

① 潘理中、金懋高："中国水资源与世界各国水资源统计指标的比较"，《水科学进展》，1996 年第 4 期。

加至 2025 年的 30 亿，后者为前者的 10 倍，第三世界国家的城市面积也将大幅度增加，除非更有效地利用淡水资源、控制对江河湖泊的污染，更有效地利用净化后的水，否则全世界将有 1/3 的人口遭受中高度到高度缺水的压力。其中，非洲首当其冲。

因此，对水资源利用的研究应该更多地关注引发这一研究的相关理论，尤其是水权与水法（政治学、法学领域）、水资源作为公共物品（经济学领域）、水生态（环境史领域）的理论和方法，以期从中找到普适性的规律。

（二）国家为中心的水分配范式

以国家为中心的水分配范式确定，可以追溯到联合国水事会议（United Nations Water Conference）。之后，会议发表了"联合国水会议宣言"，宣言提出通过合作开发、共同享用水资源的主张。20 世纪 90 年代，综合水资源管理（IWRM）作为一套总体管理方法的出现，提出水问题是多维的、多区域的、多标量的和多部门的，由多种利益驱动并表现为一系列因果效应等。①

国家为中心的分配范式基于将水视为储量。因此，基于给定系统中水量的量化，沿岸国家进行国际协议，然后再在河岸国家之间分配该水量。这个看起来很公平的数学分配遇到的现实问题在于，分配水资源往往无法照顾到所有的沿岸水需求主体。最好的例子是 1929 年英国、埃及和苏丹政府（作为英国殖民实体）达成的尼罗河水域协定，该协议于 1959 年再次被编入《尼罗河水条约》。尼罗河的"总流量"约定在埃及和苏丹之间分配，但忽略了系统中其他 8 个沿岸国家的未来需求，引发水分配过程的合法性和公平性探讨。不过，目前非洲国家之间水资源的分配基本上还是遵从于已知流量具有明确定义的体积分配。莱索托高地水计划，南非和纳米比亚之间的韦德弗特（Vioolsdrift）和诺德维尔（Noordoewer）联合灌溉计划协定，南非、莫桑比克、斯威士兰之间的因卡普托（Incomaputo）协议等，所有这些都根据当前的体积数据进行了一系列复杂的分配。从浅显的角度来说，目前非洲水分配的核心问题是把水视为具有已知体积大小的种群，然后在河岸之间分配，就像馅饼的切片一样。

由于以国家为中心的水分配模式趋向于关注国家安全，尤其是在 SADC 区域的发展中国家的背景下，因此，不管水资源综合管理的主要目标是否作为跨流域水资源的

---

① Turton, A. 2008. A South African perspective on a possible benefit-sharing approach for transboundary waters in the SADC region. *Water Alternatives*, Vol.1, No.2, pp.180-220.

成分，过程和宗旨仍被视为从上到下的构建安全。在很多情形下，有关国家遭遇了一系列关于生存的威胁，比如在缺水的经济背景下，水文的不安全感可能潜在地等同于国家安全。而其结果是水资源管理过程以及其相关数据可能被分类，并进入保密级别，不再是公共讨论的领域。

数据和水资源管理流程是否应该被纳入公共领域是很多学者争论的一个重要问题。[1]人类安全是嵌入水资源管理的首要理由[2]，虽然人类安全本身就是一个复杂的研究领域，但在使人们"免于匮乏、免于恐惧、免受危害影响"等方面，构建一种更加分散的安全观可以使利益群体就所分享的利益具体方面建立联系，包括消除贫穷，基于法治的法律改革以及自然灾害影响的安全，甚至影响全球公益事业的发展。[3]当然，这与投资者信心以及经济增长和发展有关。于是，在国家安全（自上而下的过程）和人类安全（自下而上的过程）的不同侧重下，水分配中的潜在利益成为不同利益群体的不同需求目标。

对于水资源这个关键要素的配置，传统的国家中心主义范式倾向于将决策者的思想集中在国家级规模上。在这样的前提下，即便存在国际法和河流流域管理机构，但在国家间，除了修建大坝等，基本没有办法有更好的协调补救措施。而大坝对自然水文特征的破坏，又可能造成生态崩溃、生物多样性的丧失，从而丧失系统对自然冲击的抵御能力等更复杂的问题，因此成为区域/国家关注的重点。对南部非洲而言，由于优化稀缺水资源的根本诉求，像 SADC 这样的超国家集团处理水资源的分配在理论上是可行的。因为水资源的稀缺和待分配，创造了一个有利的环境，从而让成员国可以开始在区域内进行合作和探索。值得注意的是，SADC 共享水道系统议定书及其后续修正案提供了法律和政策协调工具，使水资源管理成为区域一体化和消除贫困的推动

---

① Paula Hanasz 2018. *Transboundary Water Governance and International Actors in South Asia*, Routledge; Germà Bel, Mildred Warner 2008. Does privatization of solid waste and water services reduce costs? A review of empirical studies. *Resources, Conservation and Recycling*, pp.1337-1348.

② Anthony Turton, Roland Henwood (ed.). *Hydropolitics in the Developing World: A Southern African Perspective*, African Water Issues Research Unit Center for International Political Studies (CIPS), University of Pretoria, south Africa.

③ Nicol, A. 2000. A sustainable livelihoods approach to water projects: Policy and practice implications. *Journal of Comparative Social Welfare*, Vol.23, No.2, pp.105-119.

力。①不同年份 SADC 对区域内水资源的关注重点也有所不同，比如 2003 年，SADC 将共同关注的领域定义为污水相关问题等。也因此，南部非洲的水资源分配，成为当代解决区域问题和非洲水发展问题的一个有效的切入点。

（三）非洲的水资源利用概况：水电发展

水电被认为是水资源发展和利用的最好抓手，尤其对拥有世界第二水能资源的非洲而言。然而，由于历史和现实的多重原因，非洲的水电水平一直滞后于全世界的发展。

非洲水电开发始于 20 世纪 30 年代，当时仅有埃及、摩洛哥和赞比亚兴建了小型水电站，用于农田灌溉和矿山开采。直至 20 世纪 60 年代，非洲水电装机容量不及世界的 2%。非洲独立后，民族经济的发展虽然刺激了电力工业的发展，但水电工业依然缓步慢行，低于世界平均增长水平。目前非洲水电装机容量不及世界的 3%，仍然是世界水电工业最落后的地区。

从非洲的水电利用情况来看，非洲整体的水电利用率低且地区差异很大。非洲水电开发利用率只占技术可开发水能资源的 7%，远远落后于工业发达国家的 50%（如英、法、德、意大利等国高达 90% 以上）。从非洲各地区水能资源开发水平来看，北部非洲、南部非洲开发利用程度较高，如北非已达 17% 以上，而水力资源最为丰富的中部地区，开发利用程度不超过 5%。就各大河流来看也是如此，例如刚果河目前开发利用率仍不足 2%。

非洲现有水电站多数为不足 2 万千瓦的小型电站，特别是在河流短小、水力资源颇富的山区国家，更具有水电站多、装机容量小的特点。例如在尼日尔河发源地号称"水缸之国"的几内亚，大多为小水电站，装机容量不超过 2 万千瓦，小的不足 2000 千瓦。非洲装机容量超过 200 万千瓦的大型水电站只有两座。其中一座为埃及 1970 年运营的尼罗河阿斯旺大坝水电站，装机容量为 210 万千瓦，另一座为莫桑比克 1988 年建成的赞比西河卡博拉巴萨水电站，装机容量为 415 万千瓦，所产电力绝大部分通过超高压直流输电线输往南非。目前，非洲已有 3 座装机容量超过 100 万千瓦的水电

---

① 南部非洲一体化的水动力是一个显学，有很多涉及的论著。比如：Inga M. Jacobs, 2014. *The Politics of Water in Africa: Norms, Environmental Regions and Transboundary Cooperation in the Orange-Senqu and Nile Rivers*, Bloomsbury Academic; NIPPOD 2005. *Hydropolitical Vulnerability and Resilience Along International Waters in Africa*, United Nations Environment Programme; Asit K. Biswas, Olcay Ünver, Cecilia Tortajada 2004. *Water as a Focus for Regional Development*, Oxford University Press。

站，还有 7 座装机容量为 50 万—100 万千瓦。[1]

从整个电力生产结构来看，非洲各国差别很大。非洲水电在总发电量中的比重为 16.2%，与世界平均水平持平，除低于南美的 73% 外，高于其他各大洲。但由于非洲各国开发自己的优势能源，水电在能源生产结构中呈现出很大的差别。矿物能源短缺或有丰富水能资源的国家，大都重视水能资源的开发利用，电力结构中水电比重往往很高。非洲水电比重超过 90% 的 10 个国家，均位于大河流域。水电比重为 60%—90% 的 17 个国家均为小水电资源丰富的国家，其余国家水电比重都在 50% 以下，其中 14 个国家全部为火力发电。由于非洲发展的历史因素，非洲大中型水电开发大都是应矿山开发之需兴建的，因此，非洲各国矿业和制造工业用电比重最高。矿山开采和冶炼都需大量耗电，尤其是有色冶金工业更为大耗电部门，电力供应保证程度对这些部门生存和发展起着决定性的作用。例如，世界级的中非"铜矿带"铜、钴矿的开采和炼制，耗用刚果（金）和赞比亚两国 80% 以上的水电。喀麦隆、加纳、几内亚三国铝矿的采炼耗用的水电都在 60% 以上。

从普通的民众生活来看，电力短缺一直是老大难问题。据世界银行最新统计，在撒哈拉以南的非洲地区，2016 年，有 5.91 亿人用不上电，占非洲总人口的 57%。[2]根据国际环保机构世界自然基金会的最新报告，非洲缺少生活用电的人口，将从现在的 5.4 亿上升到 2031 年的 5.9 亿。美国能源部的统计数据显示，在人均电力消耗方面，亚非拉发展中国家的平均水平是 1054 千瓦时/年，而非洲国家仅为 394 千瓦时/年，不足前者的 38%，仅为发达国家 8876 千瓦时/年的 4.4%。[3]与之形成鲜明对比的是，非洲水电可开发潜力巨大。非洲是国际河流丰富的地区，水能资源是非洲最大的能源优势，其理论水能蕴藏量 11.55 亿千瓦，占世界的 21%，仅次于亚洲，居世界第二位。其中技术可开发水能和经济可开发水能资源分别为 6.28 亿千瓦和 3.58 亿千瓦，均占世界的 16.2% 以上，仅次于亚洲和拉丁美洲。

南部非洲多数国际河流都具有水电可开发潜力。拥有世界水能资源最丰富的刚果河流域，其流量可达 4.1 万立方米/秒（河口），最大流量达 8 万立方米/秒。在赞比西河流域，赞比西河河口的多年平均流量为 7080 立方米/秒。这些国际河流完全具备建

① "非洲拥有世界第二的水能资源"，《中国能源报》，2014 年 5 月 12 日。
② 世界银行数据，2016 年。
③ 其中位于西非的布基纳法索的人均电力消耗为全球最低，仅为 19 千瓦时/年。转引自李志斐：《国际河流河口：地缘政治与中国权益思考》，海洋出版社，2014 年。

设大中型水电站的条件。

水能资源是非洲最大的能源优势，刚果河、赞比西河、尼罗河等大河完全具备建设特大型水电站的条件。例如刚果河至今除运营的英加Ⅰ和英加Ⅱ水电站外，已计划建设英加Ⅲ水电站，根据用电增长情况将分别建设英加Ⅲ的A、B、C三个水电站，装机容量分别为130万千瓦、90万千瓦、130万千瓦。赞比西河下游也将建设装机容量超过百万千瓦的水电站。2018年10月，刚果（金）与中国长江三峡集团和西班牙建筑集团（Actividades de Construccióny Servicios, S. A., ACS）签署建设和开发英加水电站第三期的合同，设计装机容量1 100万千瓦，合同金额140亿美元，建设期预计为5—7年。[①]2010年，在埃塞俄比亚召开的峰会上，非盟重申了由非洲开发银行等提出的"2020水电工程"水电建设项目的重要性，并提出加快这一工程的计划和实施的主张，从而提高非洲电力供应能力，促进非洲社会经济发展。欧盟已计划为这一项目提供1 000万欧元的资金支持，非盟多个成员国已着手进行国内水电建设可行性研究。近年来，非洲国家非常重视发展区域之间的电力合作，已经成立或即将成立的能源联营体包括南部非洲电力联营集团、中部非洲能源联营体、西非能源联营体和东非能源联营体等。无疑，加强非洲的区域水电合作，在调节国家间的能源供应余缺、保证成员国的能源供应上将提供重要的保障。

二、与水资源利用相关的理论

（一）水权理论的发展与国际水法理论

关于水资源的使用和发展首先是围绕着水资源的权利及分配进行的：在社会层面，有关于水权及分配的讨论；在国际层面，为了更好地达成分配，出现了国际水法，并随着时间和具体情况的演进和变化，提出了比较有代表性的几种水资源利用学说。

1. 水权与"先占水权"

水权是指水资源的所有权以及从所有权中分设出的用益权，是水的所有权和各种利用水的权利的总称。其主要内容有水的所有权、取水权及与水利有关的其他权益等。水的基本属性决定了水权的特征，主要表现为水权设立的有限性、水权客体的不确定性和不稳定性、水权原理的公共性。

---

① 中国商务部驻几内亚使馆经商处，"刚果（金）政府与三峡集团签署《建设开发英加水电站第三期合同》"，2018年10月19日，http://www.mofcom.gov.cn/article/i/jyjl/k/201901/20190102828826.shtml。

关于水权的讨论最早来自《罗马法》关于"共物权"（rescommunes）①的讨论，认为水资源属于全人类共同财产，任何人都有权享用。在 17 世纪 20 年代国际法学最早的萌芽时期，就规定了"河流可被视为流动的水，属于共用物"。②1827 年，泰勒（Tyler）和威尔金森（Wilkinson）因为水流驱动石磨造成的水源分配的纠纷，进一步引发了人们对水权公平性的思考。③要做到上游的人不能对下游的人享受的水量造成减损（但这个理想的"公平"在实际情况中是不现实的），那么上游所有人对水资源应该进行"合理利用"。也就是说，河流旁边使用土地的人们对河流的水资源享有"天然"的平等的权利，用水权和土地权一样，都是用益物权（对属于他人财产的使用权），而不享有物权（财产权）。但存在一个潜在的事实就是，谁先取得了财产权，即"先占水权"。

"先占水权"有别于普遍意义上的水权，指的是第一个从某水源处取水，用于受益性用途的用水户，永久拥有使用同等水量的权利，是以水资源的物理性调控和受益性利用作为基础，与一定的水量、指定用途和具体地点相对应，而且拥有一个明确的优先日期。"先占水权"的前提是第一用户一直将水资源用于同种用途，在此规则下，后来的用水户首先要尊重此类先占权，且只有在不影响既有用水户的前提下，才允许使用剩余的水量，并且每年根据共用水源的可供水量确定配水量。根据优先日期，让有权享用者们按照先来后到的顺序，取得他们占用权对应的全部水量，直到该水源水量分配完毕。当出现缺水情况时，资历较浅的用水人则可能会发现他们自己无法获得任何水量。其中，"用水"是先占水权的核心，不申请将水用于受益性用途，先占水权就不会形成的；如果无法持续进行"受益性用水"，先占用水也无法持续存在。这样，从理论上就出现水交易的可能，即水价的产生（当然，确定谁拥有优先权是一件困难的事情）。

从社会层面而言，水权的概念在整个发展中国家的层面上，通常意味着完全不同观点利益所得。在水权的认可及水量分配、水价制定、水交易政策的制定上，不同国家的差别很大。许多发展中国家在整体水资源政策、立法、法规和指导方向的制定上进展良好，但具体的实施和监管却差强人意。由于公共设施的有限性，发展中国家的贫困人口一般依赖私营业主售水。非洲各国的水市场是其中的典型代表。

---

① 曾彩琳、黄锡生："国际河流共享性的法律诠释"，《中国地质大学学报（社会科学版）》，2012 年 2 月。

② 〔荷〕格劳秀斯著，何勤华等译：《战争与和平法》，上海人民出版社，2005 年。

③ Department of water affairs and forestry, South African Government 2003, Water policy: Holding the vision while exploring an uncharted mountain. *Water SA*. Vol.29, No.4, http://www.blm.gov/nstc/waterlaws/appsystems.html.

2. 趋向"合作"主题的国际水法理论

国际水法是一种实实在在的关于国家间利用、分配、保护跨国水资源的约束，要求国家间理性而自律地处理跨国水资源问题。跨国水资源合作是国际水法赋予流域国家的义务，也是流域国家利益之所在。[①]

从整个国际社会角度而言，随着1648年现代国家体系奠定形成"国际社会"概念，以及17—19世纪航运在欧洲的兴起，可航水道（waterway）[②]的使用规则成为国际水法的核心内容。1945年之后，大批国家独立，各种国际水法纷纷出台，并试图解决国际河流的相关水资源利用的分配、纠纷、污染治理、生态保护等问题。其中，比较有代表性的理论包括：绝对领土主权论（Absolute Territorial Sovereignty）、绝对领土完整论（Absolute Territorial Integrity）、有限领土主权论（Limited Territorial Sovereignty）和沿岸国共同体论（Community of Interests）等。[③]

在不同的语境演进中，国际水法的内涵不断完善，对于"合作"的强调逐渐成为未来国际河流发展的主题。国际合作是国际社会基于不断加深的相互依存，出于整体获益的目标而做出的理性反应。国际合作的形成要求必须具备两个先决条件：第一，预期的合作参与者必须承认它们之间相互地位的平等性；第二，必须充分尊重相互需求。[④]各有关政府在其权力范围内进行合作以促进对河流系统的开发是它们的积极义务。因此，各国之间对国际河流水资源利用不论是建立在按份共有、共同共有还是相邻关系的基础上，均应基于共同利益开展合作。目前，从国际法院到国际仲裁法庭，国际社会普遍承认这种由广泛的国家实践产生的习惯法原则。[⑤]

（二）"公共物品"与水资源的经济价值

1. 生态经济学理论

自然资源和环境有着密切的联系，一切能为人类提供生存发展享受的自然物质、

---

① Joseph W. Dellapenna 2001. The customary international law of transboundary fresh waters. International Journal of Global Environmental Issues, pp.264-305.

② 这里的"水道"（waterway）概念仅指作为水流通道的河流和湖泊，与1997年《国际水道法公约》中所定义的"水道"（watercourse）不同。

③ 白明华："国际水法理论的演进与国际合作"，《外交评论》，2013年5月；杨珍华、郭冉："国外国际水法研究：回顾与展望"，《理论月刊》，2015年9月；田向荣、孔令杰："国际水法发展概述"，《水利经济》，2012年3月；吴琼："论可持续发展对国际水法的推动作用"，《新西部》，2018年9月。

④ 蔡拓：《国际关系学》，高等教育出版社，2011年，第185页。

⑤ 王志坚：《国际河流与地区安全》，河海大学出版社，2011年，第144页。

自然条件及其相互作用，而形成自然生态环境和人工环境。[1]这种思考是将环境整合到资源中，而且从水资源的整体性出发，把自然资源作为环境的一部分进行思考，以促进环境的保护和资源利用的方式。一般而言的自然资源都有以下的特点：稀缺性、整体性、地域性、通用性和可变性。经济学家们认为，自然资源要么是可以耗竭的，要么是可以再生的。决定一种自然资源是否耗竭或再生的核心标准，是它相对于人类通常的寿命的再生速度。从现代视角来看，环境是比自然资源更为一般化的概念。直到最近，大部分环境问题基本上都是某类污染问题。从经济学的视角看，对环境问题的分析与对外部性问题的研究密切相连，特别是外部经济不确定性的研究，诸如收益成本分析、经济价值评估和博弈分析等一系列研究内容。自然资源与环境和其他相关学科，如生态学、地理学、统计学、自然科学，都有密切的相关性。[2]经济学家和所谓的再生资源与生态学家通常说的生态系统是共生的生态经济系统。这种系统的演化路径取决于自然界中跨界和随机的力量，而这些力量部分是生态的，部分是经济的。所以当今的自然资源管理，实际上都是生态和经济系统管理。[3][4]

生态经济学是严格遵守生态的概念构建的经济学。生态经济学从经济学角度研究生态系统和经济系统所构成的复合系统的结构、功能、行为及其规律性的学科，也是生态学和经济学交叉形成的一门新兴学科。主要研究内容有：生态-经济系统的结构、功能和目标；经济平衡与生态平衡之间的关系及其内在规律；经济的再生产与自然的再生产之间的关系和规律；人类在生态-经济系统中的各种经济活动同时带来的经济效益和生态效益的相互关系；人口、资源、能源、生态环境、城乡建设等问题之间的内在联系；防止环境污染、恢复生态平衡的投资来源及效果评价等。

经济学家罗伯特·科思坦斯（Robert Costanz）认为，生态经济学是一门在更广范围内讨论生态系统和经济系统二者之间关系的学科，主要强调人们的社会经济活动与其带来的资源和环境变化之间的相互关系，强调经济学和生态学的相互渗透、相互结

---

① 刘文等：《资源价格》，商务印书馆，1996年，第4页。

② Batabyal Amitrajeet A. Nijkamp Peter (ed.) 2011. *Research Tools In Natural Resource And Environmental Economics*, World Scientific Publishing Co. Pte. Ltd.

③ Amitrajeet A. Batabyal 2008, *Dynamic and Stochastic Approaches to the Environment and Economic Development*, World Scientific Publishing Co. Pte. Ltd.

④ 何盛明：《财经大辞典》，中国财政经济出版社，1990年。

合。国内不少学者也对生态经济学进行了定义。[1]王松霈提出，生态经济的研究主体生态经济系统是由生态系统和经济系统相互作用、相互交织、相互渗透而形成的具有一定结构和功能的复合系统。[2]季昆森认为，生态经济学是从经济学角度，研究由社会经济系统和自然生态系统复合而成的生态经济社会系统运动规律的一门科学。[3]此外，张明军等认为，生态经济学应包括三个方面的内容，即保证经济增长和生态环境的可持续性；基于复杂系统的角度研究生态经济问题；实现经济系统和生态系统协调发展的最理想模式。[4]傅毅明、宋国君等则认为，从生态资源、生态产品到生态空间，生态经济学研究奏响的三部曲，体现了人们对生态经济规律认识的不断深化。[5]

生态经济学主要采用以下几种研究方法：①价值方法：在价值之间建立联系，在效用和功能之间建立联系（环境和资源经济学常用的一些外部效用的内部化手段，如排污权交易、意愿调查法、影子价格等）。②系统方法：应用生态模型、空间模型和经济模型，把生态系统的效用和功能的评价联系到各个子系统（如系统动力学、熵值理论分析、系统能量评价、地理信息系统模型）。③情景分析：管理政策替代、内生参数、系统外部事件和过程的综合考虑。期望的情景模拟是基于系统未来满意的状态。映射或预测的情景模拟是基于对目前状态的自由延伸。④采用经济方法评估水资源时，往往必须考虑到静态分析和动态分析[6]，但由于生态经济系统具有复杂的时间特性和内在的不确定性加上风险性，因此，仔细比对可再生资源存量的增长，以及污染物存量的变化，加上社会政治等因素，随机分析显得更加重要。⑤社会评价方法：既能评价经济价值，也能评价多维系统（建立绿色国民账户、投入产出分析、可持续发展指标体

---

① 张明军、孙美平、周立华："对生态经济学若干问题的思考"，《国土与自然资源研究》，2006 年第 2 期，第 49—50 页。

② 王松霈：《自然资源利用与生态经济系统》，中国社会科学出版社，1992 年。

③ 季昆森：《生态环境与保护》，中国人民大学书报资料中心，2003 年。

④ 周冯琦：《生态经济学国际理论前沿》，上海社会科学院出版社，2017 年。

⑤ 人民网："生态经济学研究'三部曲'"，http://theory.people.com.cn/n/2015/0601/c40531-27083834.html。

⑥ 静态分析（static analysis）指的是一种均衡状态，分析经济现象的均衡状态以及有关的经济变量达到均衡状态所需要具备的条件，它完全抽调了时间因素和具体变动的过程，是一种静止地、孤立地考察某些经济现象的方法。动态分析（dynamic analysis）是相对于静态分析来讲的，对经济变动的实际过程进行分析，其中包括分析有关变量在一定时间过程中的变动，这些经济变量在变动过程中的相互影响和彼此制约关系，以及它们在每一时点上变动的速率等；这种分析考察时间因素的影响，并把经济现象的变化当作一个连续的过程来看待。

系、生态系统的服务评价、能值评价方法、生态占用）。①

另外，比较有影响力的研究工具还包括环境库兹聂茨曲线（EFC）或倒 U 曲线。研究认为人均资本用水量开始随人均增加而增加，随人均收入减少而减少。②在具体的研究操作中，如果用取水和消费的截面和面板数据采集，用最小二乘法和非参数回归分析两种方法验证收入增长与淡水资源之间的关系，那么结果依赖于数据库和统计方法的选择。③

2. 作为公共物品的水资源及其"外部性"

水资源是经济发展的基础，是经济社会发展的生命线。水资源对经济社会的支撑作用，首先体现为满足人类基本的用水需求，人类只有在满足自我生存用水需求的前提下，才能从事经济活动。也在此基础上，水资源对社会经济发展的支撑作用，主要表现为生产用水。对农业而言，水资源是农业的血液，是一切农作物生存生长所必需的物质条件。对工业而言，水资源是工业生产的命脉，几乎所有的工业生产都离不开水的参与。对城市而言，水资源是整个城市的生命线，对城市功能、城市布局以及城市的发展速度等方面都有决定性的作用和影响。因此，水资源对每个行业来说都是一种"公共物品"。

加雷斯·哈丁曾预言过"公共物品"公开取用及其随之产生的退化问题。④1992年，颇具影响力的"都柏林原则"指出："将水资源看成是一种经济商品来管理，是实现资源有效和公平利用，鼓励水资源涵养和保护的一个重要办法。"不过也有许多人认为，这是对水资源私有化的一种推动，日后私有业对城市供水和污水管网的坚守，只是部分获得了成功，这主要是在发达国家。这种私有化进程，在发展中国家面对的问题主要是：财务可行性、老化的基础设施的更换成本、来自贫困人口的阻力，以及财政吃紧的问题。

作为公共物品，水资源具有较强的外部性特征。外部性又称为溢出效应、外部影响、外差效应或外部效应、外部经济，指一个人或一群人的行动和决策使另一个人或

① Perrings, C. 1995. Ecological resilience in the sustainability of economic development. *Economie Appliquée*, Vol.48, No.2, pp.121-142; Charles Perrings, R. Kerry Turner, Carl Folke 1995. *Ecological Economics: The Study of Interdependent Economic and Ecological Systems*, Beijer International Institute of Ecological Economics.

② Madhusudan Bhattarai 2004. *Irrigation Kuznets Curve, Governance and Dynamics of Irrigation Development*, A Global Cross-Country Analysis from 1972 to 1991.

③ 张培丽：《经济中高速增长的水资源支撑》，经济科学出版社，2015 年，第 59 页。

④ Gareth Hardin 1968. Tragedy of the commons, *Science,* Vol.162, pp.1243-1248.

一群人受损或受益的情况。经济外部性是经济主体（包括厂商或个人）的经济活动对他人和社会造成的非市场化的影响。即社会成员（包括组织和个人）从事经济活动时其成本与后果不完全由该行为人承担。分为正外部性（positive externality）和负外部性（negative externality）。正外部性是某个经济行为个体的活动使他人或社会受益，而受益者无须花费代价；负外部性是某个经济行为个体的活动使他人或社会受损，而造成负外部性的人却没有为此承担成本。当外部效应出现时，一般无法通过市场机制的自发作用来调节以达到社会资源有效配置的目的。外部效应的存在既然无法通过市场机制来解决，政府就应当负起这个责任。政府可以通过补贴或直接的公共部门的生产来推进外部正效应的产出；通过直接的管制来限制或遏制外部负效应的产出，如政府可以通过行政命令的方式硬性规定特定的污染排放量，企业或个人必须将污染量控制在这一法定水平之下，或者政府以征收排污税等方式来治理企业或个人的环境污染问题。

水资源的外部性主要体现在不同的流域都有不同的发展诉求，面临不同的利益冲突，因此充分考察水资源与区域经济的耦合关系①就非常重要。刘卫东和陆大道从区域经济发展、总量结构、空间布局三个方面分析了水资源短缺对区域经济发展的影响，通过调整产业结构、降低需水量和空间布局来减少缺水点的需水量。②刘昌明和王红瑞从水资源与水文循环、水量平衡结构、人口经济社会与环境等相关关系视角，说明水资源问题与人口、经济发展、社会与环境的联系越来越密切，水资源承载力是理解各种复杂关系的分析途径方法。③李长健、吴薇和刘函从水资源可持续发展与区域经济发展的目标现实契合，发展优势及时空载体等方面，分析了水资源可持续发展与区域经济之间的互促关系，并指出了在法制、管理、社会层面的响应对策。④刘金华构建了水资源与社会经济协调发展分析模型（CWSE-E），基于 CWSE 模型和 TERM 模型改进和拓展研究，提出了包括改进水资源节点网络图和构建用于区域间一般均衡分析的水

---

① 耦合关系是指某两个事物之间存在一种相互作用、相互影响的关系。水资源与经济发展的关系同时具备耦合关系中七种不同的关系：非直接耦合、数据耦合、印记耦合、控制耦合、外部耦合、公共耦合和内容耦合。

② 刘卫东、陆大道："水资源短缺对区域经济发展的影响"，《地理科学》，1993 年第 1 期。

③ 刘昌明、王红瑞："浅析水资源与人口、经济和社会环境的关系"，《自然资源学报》，2003 年第 5 期。

④ 李长健、吴薇、刘函："水资源可持续发展与区域经济发展付出关系研究"，《江西社会科学》，2010 年第 4 期。

资源子模块。[1]左其亭、赵衡和马军霞从"和谐论"的观点出发,构建了社会各利益相关者构建平衡的一般方法和步骤。[2]史安娜等学者以中国长江经济带 11 个省市经济发展、社会水环境、水生态为研究对象,运用 DPSIR 框架模型,从驱动力-压力-状态-影响-响应的相互作用机制出发,研究了长江经济带水资源综合保护的水平。[3]丁超建立了 S-D 模型,是一种以水资源承载赤字-经济承载力-社会承载力-生态承载力为指标的水资源现状承载力评价应用,加之水资源承载力动态变化规律分析的模型。[4]王浩、刘家宏认为,国家水资源与经济社会系统协同配置是实现双控目标的关键举措之一,通过协同配置,实现水资源负荷均衡、空间均衡、代际均衡,使经济社会发展规模与水资源承载力相适应。[5]作为公共物品的水资源涉及多元主体,包括国家、国际组织、社会力量等方面使用水资源的行为体。因此,水资源治理需要运用可持续发展理念,采用适当的制度安排和治理机构主导。通过水资源环境的协同治理设定,以系统演进的总体目标为总目标,在协同治理的过程中,对多样的目标进行有效汇聚和整合,形成系统各方共同认定的基本目标:维护和实现公共利益,于是,合作义务成为了水资源治理或管理的核心内容。[6]

3. 水资源的经济价值

从经济学角度,根据供水给最后一方所需的成本来确定水价的方法,被认为是一种经济上有效,或者说从社会角度出发,是最优化的一种水资源配置方法。大多数供水都是以定额为依据的,如果引入水价就能够收回成本,也主要依据平均成本定价。如果转而采取边际成本定价法就需要注意到同时包括社会成本和外部因素,比如取水后流量变小导致的环境退化或者盐度升高或者排回水体时,水温发生变化等,都要纳入水价的考虑因素之中。然而,虽然边际成本定价法(MCP)从理论上来讲是有效的,可以避免水价被低估和水资源被过度利用(因此也成为一种应对水资源短缺的潜在方法),但这种方法也存在一些不足之处,包括其属性多元,以及数量和质量不可测,而

---

① 刘金华:"水资源与社会经济协调发展分析模型拓展研究及其应用研究"(博士论文),中国水利水电科学研究院,2013 年。

② 左其亭、赵衡、马军霞:"水资源与经济社会和谐平衡研究",《水利学报》,2014 年第 7 期。

③ 史安娜、路添添、冯楚建:"长江经济带社会经济发展与水资源保护水平研究",《河海大学学报(哲学社会科学版)》,2017 年 1 月。

④ 丁超:"支撑西北干旱地区经济可持续发展的水资源承载力评价与模拟研究"(博士论文),西安建筑科技大学,2013 年。

⑤ 王浩、刘家宏:"国家水资源与经济社会系统协同配置探讨",《中国水利》,2016 年第 17 期。

⑥ S. C. MaCaffrey, *The Law of International Watercourses (Second edition)*, p.399.

且随着测量结果及新增需求属于临时性或者永久性的不同，结果也会随之改变。该方法还被讨论是否有无视公平的问题，而且由于需要对水量开展定量化的测量和检测，该方法的实施具有难度。[①]

　　当前，全球水资源日益紧缺，但其中具有讽刺意味的是：在大多数发展中国家，水资源日益紧缺，但用水仍然免费。造成这一情形的原因是，发展中国家的水资源经济学非正规性：公共或私营服务供应商，投资了基础设施和服务，并开始收取与供水服务成本相当的服务费（但几乎不用考虑资源的价格）。绝大多数小型和大型用水户仍然直接从地下水含水层、河流和小溪中自行取水，满足自身的需求。这类取水的确会引发供水成本，一般来说仍远远低于这些国家水资源日益增长的经济价值。在大多数发展中国家，最常见的情况是，最贫困的人群仍然处于公共供水系统的服务范围之外，结果只能依靠私营水市场支付比富裕人群高出很多的费用，而且也高出水资源的经济价值。

　　同时，鉴于一个国家并不存在唯一的"水资源经济价值"，虽然我们可能找到一个小范围的"成本回收价格"（提供水服务的成本），但一般而言，这种价格并不同于"经济价值"。也就是说，"水资源真正的经济价值"会随着地点和用途的不同发生变化。比如，在对集中取水户收取"水资源费"的发展过程汇总，方法的重点是确定"相关成本"而非实际成本或者会计成本，且相关成本与当时的决策有关，依决策而变。值得注意的是，大部分发展中国家的供水公司极少聘请经济专家。因此，以成本为基础的水价制定，往往反映的是实际成本，而非机会成本。发展中国家的一个重要需求是增进认识，更多地发起对"水资源经济价值"这一概念的讨论。在确定供水的真实成本和定价时，往往还要关注以下事实：经测量的水全部生产成本（成本回收价格）、水资源在目标地点用作另一种最佳用途时的价格（机会成本）、从现有用途（比如农业）转换到新用途所造成的价值或福利损失、通过增强水资源回收或者回补来替代取水成本（原位重叠或者"清洁"成本）、通过远距离调水来替代取水成本（流域层面的置换成本）、使用替代水源的成本（比如海水淡化）、降低取水所造成的外部影响的成本。有人就此提出，使用"边际成本定价机制"，可以有别于传统以社会公平为基础的配水机制，将水资源视为一种商品，将其一切与经济效益挂钩。如何调配水资源并形成机制的原则也非常重要：灵活权益有保障、真正的机会成本、水资源配置结果的可预

---

　　① A. Dinar, M. W. Rosegrant, R. Meinzen-Disk 1997. *Water Allocation Mechanisms.* Policy Research Working Paper, The World Bank, p.1779.

见性、配水公平，政府和公众接受度、效力，以及行政管理上的可行性和可持续性。

总之，由于水价与水资源经济价值相结合的道路上存在种种障碍，发展中国家水资源经济更多效率、公平以及可持续性问题并没有解决。因此，很多国际顶级机构和组织，比如世界水理事会，都建议将水资源作为经济兼社会商品，但目前还没有在水资源的经济价值与日益紧缺的水资源形势间建立很好的联系。然而，单纯依靠微观经济学的方法，是无法解决缺水和可用水量的问题的。但如果水资源获取权和配水政策大环境很好，可以借助微观经济学方法，确定哪一类用水对于该地区和整体经济而言是最有效且值得投资的。[①]

（三）水资源的综合管理理论（IWRM）及其实践

1. 水资源综合管理理论的由来

19 世纪末至 20 世纪初，人们更重视河流的梯级开发，对水工程自身的综合功能发挥的考量较少。随着航运、渔业等产业发展的影响，以英国为代表，欧洲从 20 世纪 30 年代开始，逐渐从地方分散管理转向流域整体管理，加之以国家统一管理与水务私有化相结合的水资源管理。自 20 世纪中期机构和监管制度开始创建以来，水资源的分配和管理（在殖民地地区，基于殖民主义的思维模式，认为水资源一直是取之不尽的）逐渐从开发流域到封闭流域，水资源治理也应该发生相应的改变（表4）[②]。20 世纪 60年代，人们逐渐认识到各种资源是相互依存的，对水资源的管理更加职能化和专业化。法国根据 1964 年水法，将全国分成六个流域进行水资源统一管理，成立了六

表 4　水资源治理方法

开放流域	封闭流域
开发水资源	水资源再分配
新增配水	水资源再分配
包括/不包括内容	保障用水权利
开发地下水	地下水调控
分行业设立机构	机构框架能够处理跨行业问题
行业内冲突	跨行业冲突

---

① Mckinsey and Company 2009. *Charting Our Water Future: Economic Frameworks to Inform Decision Making 2030*, Water resources Group.

② David Molden, Accounting for water use and productivity.

个水务局。水务局是具有管理职能、法人资格和财务独立的事业单位，其目的是促进共同利益的实现而采取统一行动，以求达到水资源的供需平衡，在水质方面满足规定标准，并收取水费及排污费。

尽管世界各地都开始关注水资源综合治理的问题，但有时依靠工程和技术方案来解决供需矛盾容易，克服社会、经济和环境的障碍，并获得所需资金则比较困难。

19 世纪 80 年代开始，国际上逐渐出现了进行水资源综合管理的呼声。水资源综合管理的目的在于改革以往局部、分散、脱节的水供给驱动管理模式，统筹考虑流域的经济社会发展与生态保护，并将其纳入国家社会经济框架内进行综合决策，实现可持续发展目标。1992 年，"水和环境"国际会议在德国都柏林召开，水资源综合管理理论（Intergrated Water Resource Management，IWRM）一词正式提出，也被称为"都柏林四原则"。其主要内容是：淡水是一种有限且脆弱的资源，对于维系生命和社会发展与环境都是必不可少的；水资源的开发与管理，应该建立在共同参与的基础上，即由各类用水户、规划者和政策制定者等，水的利益相关者共同参与；应发挥女性在水的供应、管理和保护中的重要作用；水在各种竞争性的用途中，均有经济价值，应被看作一种经济和社会商品。同年，联合国环境与发展大会，通过《21 世纪议程》确认此概念。在此后的一系列国际会议上，IWRM 的概念不断得到重申、完善和推进。

2. 水资源综合管理理论（IWRM）的内容

不同的国际组织也对 IWRM 进行了不同维度的定义。其中全球水伙伴组织的定义是：以公平、不损害重要生态系统、可持续的方式推进水资源、土地及相关资源的协调开发与管理，使经济和社会财富最大化的过程。世界银行的定义是：以水资源各种用途的相互依赖性为基础，在社会经济和环境目标背景下，按照可持续发展目标，对水资源配置、水资源利用进行系统管理、全盘考虑和分析的系统方法。联合国开发计划署的定义是：水资源管理的综合性体现在水电、供水、卫生、灌溉与排水环境等各个水部门的融合，其观念是确保社会、经济环境和技术等方面纳入水资源的管理和利用中。联合国粮农组织在"萨沙里宣言"中提出：水资源的综合管理应包括社会经济和自然的全盘考虑，包括决策的平衡与一致、信息交流、多层次能力建设、水资源利用效率的提高、改善政府管理体制，以及地表地下水和沿海水资源的联结等内容。亚洲开发银行的定义是：在一个流域内，对水、森林、土地以及水生资源的规划利用、开发和管理加以改进的一种方法，目标是在不损害生态环境系统承载力的前提下，实现最大的经济效益和社会效益。①

IWRM 稳定了评价体系中关于"绿水"和"蓝水"的标准。即"绿水"指直接用于生物量生产和蒸腾蒸发中损失的水量，是既支撑陆地生态系统，也支撑雨养农作物生产的水资源。"蓝水"是在河流及含水层中流动的水量，其形成能被人类直接利用的水资源。这两种评价标准的建立，拓展了传统水资源评价中"地表水"和"地下水"两种（淡）水资源的来源，加入了"雨水"这一水循环密切相关的生态因素，从而使其系统更加完备。水资源的"商品"属性原则、水资源行政决策的管理影响、协议与多方面协作原则，提升了水资源在各个行业中的地位。尤其是从管理目标的多元性和适应性调整的系统观来看，IWRM 模式关注了水资源的经济、社会、物理、化学、生物等多要素生态系统及其之间的相互关系。在其模式下，水资源利用的水利工程不再只是为抗洪供水、改善水环境等单一目标设计，更多地向多元化目标发展，包括减少洪水损失、提高行洪能力、改善航运能力、提供水源、增加水源涵养能力、保护水质和生物多样性、保护湿地、增加水文活力等。尤其值得一提的是 IWRM 提倡以综合性的信息科技手段和政策措施作为支撑。通过建立可供咨询使用的信息库（包括水文、生物-物理、经济社会和环境特征等），具备重要因素变化的响应预测能力（包括流量变化、污水排放、污染物扩散、农业或其他土地利用方式的变化、蓄水设施的建设等）。这为多学科知识、复杂决策过程和新技术的发展提出了新的要求：地理信息系统（GIS）和专家支撑系统（DSS）等，不断地为水资源的利用与发展提供新的维度和可能。

3. 水资源综合管理理论（IWRM）的不足

概括地说，IWRM 是一种保障水资源多元性和可持续利用的管理方法，既包括时间、空间和专业（科学技术）的维度，也包括管理者、用水户②、供水者、上下游等利益相关者的维度。IWRM 包罗万象，似乎穷尽了可以有的水资源的维度，但正因为此，实践 IWRM 原则显得难上加难。各水需求管理机构和各用水户需要认识到彼此的需求；政府需要提供一套规划框架，使水资源管理者能够且有权作出合理决策；投资成本、环境效益、运行成本、机会成本等内容在不同的参与者看来都有不同的核算体系。政府是否能够提供长期明确的财政投入作为支撑保障？是否有可靠和卫生的饮用水保障？是否可以维护和修复、优化、调动水利工程？如何将水利工程利用最大化？如何开发新的可选择的水资源保护系统？如何进行环境和社会友好的水

---

① 丁民译、卢琼校："亚洲开发银行新的水政策"，《水资源论坛》，2001 年第 3 期。

② 用水户包括以下几个经济行业：农业用水、污水、采矿、工业、环境、渔业、旅游、能源和交通。

电工程设计？如何进行综合的共享基础数据库的培育？如何进行预测-决策支撑系统建设？等等。

每个人都知道只有采用融合了最佳科学理论和工程实践，以及一流的经济和社会政策的整套方法，为各类群体参与水务工作营造出所需环境，才可以在用水竞争不断加剧，且气候变化正在带来多方负面影响的世界里，最大限度地提升各个产业用水效率和生产力。但知易行难，IWRM 的真正实践，尤其在非洲，还显得遥不可及。

（四）水环境伦理等人文社会学科

水资源问题在环境史中的脉络是围绕水与人的相互关系进行综合叙述的。世界文明多因河流而起，由河流的水资源争夺也引发了人类历史和政治的相关问题。殖民者对非洲河流的勘察和水资源利用，开启了非洲近代史的开端。但非洲人对水资源的使用历史比这时候开始用英文或法文等欧洲文字记载得更为久远。非洲水历史完整呈现了世界环境变迁的肇始、演变和未来形态。

自 20 世纪中期以来，随着科学技术的突飞猛进，人类以前所未有的速度创造着社会财富与物质文明，但同时也严重破坏着地球的生态环境和自然资源，如由于人类无节制地乱砍滥伐，致使森林锐减，加剧了土地沙漠化、生物多样性减少、地球增温等一系列全球性的生态危机。这些严重的环境问题给人类敲响了警钟。目前世界各国认识到生态恶化将严重影响人类的生存，不仅纷纷出台各种法律法规以保护生态环境和自然资源，而且开始思考如何谋求人类和自然的和谐统一，由此便产生了环境伦理观的发展。

环境伦理要求人类满足环境本身的存在要求，并实现共同的存在价值。尤其是环境在满足了人的生存需要之后，人类如何去满足环境的存在要求或存在价值，同时人类满足自身的较高层次的文明需要。水也属于其中的必要主题。在环境伦理的原则中，需要遵守以下几个原则：

1. 环境正义原则

正义指的是权利与义务之间的平衡，它要求那些享受了一定权利的人要履行相应的义务。如果一种社会制度的安排使得那些履行了相应义务的人获得了他们应该得到的东西（利益、地位、荣誉等），那么这种社会制度就是正义的。环境正义就是在环境事务中体现出来的正义。从形式上看，环境正义有两种形式，即分配的环境正义和参与的环境正义。前者关注的是与环境有关的收益与成本的分配。从这个角度看，我们应当公平地分配那些由公共环境提供的好处，共同承担发展经济所带来的环境风险；同时，那些污染了环境的人或团体应当为污染的治理提供必要的资金；而那些因他人的污染行为而受到伤害的人，应当从污染者那里获得必要的补偿。参与的环境正义指的是每个人都有权利直接或间接地参与那些与环境有关的法律和政策的制定。我们应当制定一套有效的听证制度，使得有关各方都有机会表达他们的观点，使各方的利益诉求都能得到合理的关照。参与正义是环境正义的一个重要方面，也是确保分配正义的重要程序保证。

2. 代际平等原则

从代际伦理的角度讲，代际平等原则是人人平等这一伦理原则的延伸。权利平等是平等原则的核心要求，当代人享有生存、自由、平等、追求幸福等基本权利；同样，后代人也享有这些基本权利。当代人在追求和实现自己的这些基本权利时，不应当减少和损害后代人追求和实现他们的这些基本权利的机会。从社群伦理的角度看，人类社会是一个由世代相传的不同代人组成的道德共同体。每一代人都从上一代人那里"免费地"继承了许多文化和物质遗产；我们每个人也是依靠父母的无私照顾和关爱而得以成长的。正是通过履行对子孙后代的关心义务，我们部分地报答了先辈和父母的恩惠，使人类作为道德存在物的基本属性得到了实现，也使代际义务的链条得以延续。因此，关心后代，给后代留下一个功能健康的生态环境，是我们对于作为人类道德共同体成员的后代所负有的基本义务。

3. 尊重自然的原则

尊重自然是科学理性的升华，是遵循现代系统科学和环境科学的基本原则，尊重人是自然生态系统的一个重要组成部分的原则。自然系统的各个部分是相互联系在一起的；人类的命运与生态系统中其他生命的命运是紧密相连、休戚相关的。所以，人类对自然的伤害实际上就是对自己的伤害，对自然的不尊重实际上就是对人类自己的不尊重。

从内部学说的角度来看，水环境伦理还与几个学说相关，并在不同的情境下有所应用。比如动物权利主义环境伦理观[①]、生物平等权利伦理观[②]、生态整体主义环境伦理观[②]和可持续发展环境伦理观[③]等。很多其他的交叉学科也在这些基础上提出自己的观

---

① 其代表主要有阿尔贝特·施韦泽和泰勒，认为人只是地球生物圈自然秩序的一个有机部分，人类与其他生物不可分，都是一个相互依赖的系统的有机构成要素。尤其是施韦泽的"敬畏生命"伦理，要求人类像敬畏自己生命那样敬畏所有的生命意志。

② 其中最著名的是美国人利奥波德的大地金字塔模型，在这样一个高度组织化的结构体系中，每一生物物种都有自己的生态位，发挥保证整个生态系统的养分循环和能量流动的作用，以维持整个自然界的生态系统本身。

③ 在研究可持续发展和环境伦理学过程中形成的一种新型的环境伦理观，是在强调人与自然和谐统一的基础上，更承认人类对自然的保护作用和道德代理人的责任，以及对一定社会中人类行为的环境道德规范研究。

念，比如"水社会契约理论"（Hydrosocial Contract Theory）等，以期回答水资源开发中"如何"的问题等。①

三、水资源利用的模型和方法

（一）"水足迹"与"虚拟水"

1. 水足迹理论

"水足迹理论"是由"生态足迹理论"②引申而来的，希望解决基于生物生产定位这种观点认为动物拥有在一个自然的环境中过完整生活的天赋权利，剥夺他们是不道德的。其代表主要是辛格，他认为人的利益和动物的利益同等重要，尤其是他的《动物解放：我们对待动物的新伦理》被视为动物权利运动先驱的著作；还有雷根，他主张像对待人类一样给动物平等的幸福，应当尊重和关心动物的权利和价值。

水域面积不能反映水资源全部功能的问题。水足迹的理念是尝试将一个人、某个产品、一个城市、一座矿或一个工厂所需要的所有水量和生产农产品所需的水量加起来。这些水量的总和还可以进一步被定义为"水足迹"。水足迹越小，与之对应的实体用水效率就越高，环境的可持续性就越高。

从"国家水足迹"的研究结果来看，各种产品和服务的消耗量、消费方式、气候条件和水资源利用率是导致国家间人均水足迹差别如此之大的决定性原因。从1996—2005年全球的人类水足迹来看，如果从生产和消费角度分析绿水、蓝水和灰水的分配情况，那么从全球农业和工业贸易两个角度，虚拟水流动中绿水占比74%，蓝水占比11%，灰水占比15%，农业生产占据了水足迹的92%。③不少学者还用水足迹理论研

① Salustiano del Campo, Tomoko Hamada, Giancarlo Barbiroli, Saskia Sassen, Eleonora Barbieri-Masini, Paul Nchoji Nkwi, Owen Sichone, Abubakar Momoh. *Social and Economic Development* (Volume Ⅳ).

② 生态足迹理论是20世纪90年代加拿大经济与环境学家瑞斯（Rees）提出的，是一种基于定量方法分析生命服务系统功能的方法，代表任何的区域人口对所有消费及其资源与消纳所产生的生态与生产性面积。从研究的情况来看，加拿大生态经济学家威廉和瓦克纳格尔（William and Wackernagel, 1992）首先提出使用"生态足迹"作为一种指标，用以量化资源的利用，评判人类对生态系统产生压力，以及威胁生态状况。瓦克纳格尔（Wackernagel, 1999）提出生态足迹又指支持一定区域内人口生产生活所需的生态性土地面积，以及吸纳这些人口所产生的废弃物的土地及水域的面积。

③ Jo-Ansie van Wyk, Richard Meissner, Hannatjie Jacobs 2009. *Future Challenges of Providing High-Quality Water-Volume Ⅱ*, EOLSS Publishers/UNESCO; Hoekstra, A. and Chapagain, A. 2008. *Globalization of Water: Sharing the Planet's Freshwater Resources*, Blackwell Publishing, Oxford. EOLSS Publishers/UNESCO 2010.

究国别的案例。[1]国内学者们基于生态足迹方法构建的水生态足迹模型对流域内的水资源、水足迹与社会经济、人口和经济空间相关性等问题进行研究，并且在水资源可持续利用与社会经济发展等方面已取得了较多的研究成果，为水资源可持续利用评价及其合理开发作出了重大的贡献。[2]

与传统的简单抽取用水量指标作为评价水资源脆弱性因素相比，水生态足迹有三个鲜明特点：第一，水生态足迹不光关注水资源的消耗量，还关注维持城市人口资源消费所必需的水域与水资源用地面积，即城市生产、生活、生态用水生态足迹，因为单纯的用水量并不能反应对水资源及水生态系统的消耗。第二，水生态足迹中污染生态足迹为维持城市废弃物消纳所必需的水域与水资源用地面积，比单纯的计算污染水排放量更加科学与全面。第三，水生态足迹能够反映从生产到消费整个供应链上对整个区域水生态系统的依赖程度，这将水资源评价视角从单一的水资源消耗视角拓展到整个水生态系统消费视角，为保障区域水资源系统提供了新的思路。基于上述三点，水生态足迹的核算和概念作为一种分析评价工具，为水资源脆弱性评价提供了理想的方法和技术支持。[3]

2. 水足迹理论的衡量方法

水生态足迹理论着重体现两个关键问题：一是人类在生产生活中消耗的水资源，二是维持自然环境自身对水的需求过程。因此，其方法建立具有生态环境和社会经济功能的地表水指标，及建立与污染指标相关联的地下水水资源指标。为了更好地说明其中额度，也用"账户"来指称这些数据。

水生态足迹模型中分为三类账户，即水产品足迹（指消费水产品所占的水资源生产性土地面积）、水资源生态足迹、水环境生态足迹。每类账户包括水生态足迹、水生态承载力及水生态盈亏三部分，由水生态足迹衍生出来的概念有万元 GDP 水生态足迹、人均水生态足迹。大部分都是基于如下模型开展的：

（1）水足迹核算的时空尺度如表 5 所示。

---

[1] 卢克（Luck）利用城市通道模型与空间异质性等导致生态足迹不同，对美国多个大城市的水与食物生态足迹进行研究。珍妮特（Jenerette）等基于卢克等的研究对美国和中国 33 个城市的水生态足迹进行系统全面的计算，并对影响水生态足迹的驱动因素进行分析。

[2] 赵玉田："脆弱生态系统下西北干旱区农业水资源利用策略研究"（博士论文），兰州大学，2016 年。

[3] 许国钰："基于水生态足迹视角下贵阳市水资源脆弱性评价及分析"（硕士论文），贵州师范大学，2018 年。

表 5　水足迹核算的时空尺度

级别	空间尺度	时间尺度	所需用水数据来源	核算的典型应用
A 级	全球平均	年	可获得的有关产品或过程的典型耗水和污染的文献与数据库	提高认识；粗略确定总水足迹的重要部分；全球水消耗的预测
B 级	国家、区域或特定流域	年或月	同上，但采用国家、区域或特定流域的数据	空间扩展和变化的粗略确定；为热点确定和水分配决定提供基础知识
C 级	小流域或田间	月或日	经验数据或（若无法直接测量）基于当地的年度水消耗和污染最佳估计	为进行水足迹可持续评价提供基础知识；构建减少水足迹和相关地方影响的战略

注：对于所有形式的水足迹都可以进行这三个时空尺度的核算（如产品、国家或公司的水足迹）。

资料来源：Arjen Y. Hoekstra 等著，刘俊国等译：《水足迹评价》，科学出版社，2012 年，第 9 页。

（2）水生态足迹指在特定的人口和经济状况下，为维持人类正常生产生活，水资源消费所需要的水生态系统面积。根据用水特征，水生态足迹可分为工业用水生态足迹、农业用水生态足迹、生活用水生态足迹、生态用水生态足迹四个二级账户，农业生产对水资源的消耗称之为农业水生态足迹。农业灌溉用水量受当年用水情况、气候土壤、作物、耕作方法、灌溉水平、渠系利用系数等因素的影响。其计算公式如下：

$$EF_a = r_w \times (A/P_w) \qquad (1\text{-}1)$$

式（1-1）中：

EF_a——农业用水生态足迹（hm^2）；

r_w——水资源全球均衡因子；

A——总农业用水量（m^3）；

P_w——水资源全球平均生产力（即全球平均产量）（m^3/hm^2）。

工业用水生态足迹主要指工矿等企业各个部门，在工业生产过程中，制造、加工、冷却洗涤等用水生态足迹，工业用水生态足迹计算公式如下：

$$EF_i = r_w \times (I/P_w) \qquad (1\text{-}2)$$

式（1-2）中：

EF_i——工业用水生态足迹；

r_w——水资源全球均衡因子；

I——总工业用水量（m^3）；

P_w——水资源全球平均生产力（即全球平均产量）（m^3/hm^2）。

生活用水生态足迹指城市居民及公共用水量和农村生活用水生态足迹。其中包括：

城市居民、公共建筑、市政、消防等用水。农村生活用水包括居民及牲畜生活用水，生活用水生态足迹计算公式如下：

$$EF_1 = r_w \times (L/P_w) \tag{1-3}$$

式（1-3）中：

EF_1——生活用水生态足迹（hm^2）；

r_w——水资源全球均衡因子；

L——总生活及城镇公共用水量（m^3）；

P_w——水资源全球平均生产力（即全球平均产量）（m^3/hm^2）。

生态环境用水生态足迹指的是维持生态环境正常运转的需水量。

$$EF_s = r_w \times (S/P_w) \tag{1-4}$$

式（1-4）中：

EF_s——生态环境用水生态足迹（hm^2）；

r_w——水资源全球均衡因子；

S——总生态环境用水量（m^3）；

P_w——水资源全球平均生产力（即全球平均产量）（m^3/hm^2）。

（3）水质生态足迹即水污染足迹，属于水生态足迹的一部分，指消纳一定人口产生的水体污染所需氧的水生态系统用地面积。反映水环境污染状况指标主要包括总磷、高锰酸盐指数、化学需氧量（COD）、总氮、溶解氧（DO）、重金属、细菌等。计算公式如下：

$$EF_{COD} = r_w \times \left(\frac{U_{COD}}{P_{COD}} \right) \tag{1-5}$$

$$EF_{NH_s} = r_w \times \left(\frac{U_{NH_s}}{P_{NH_s}} \right) \tag{1-6}$$

$$EF_{wq} = EF_{COD} + EF_{NH_s} \tag{1-7}$$

式（1-5）（1-6）（1-7）中：EF_{COD} 和 EF_{NH_s} 分别代表 COD 水生态足迹和氨氮水生态足迹；U_{COD} 和 U_{NH_s} 分别代表 COD 和氨氮排放量；P_{COD} 和 P_{NH_s} 分别代表单位的水域对污染物 COD 和 NH_3 的吸纳能力（t/hm^2）。

即水生态足迹计算公式为：

$$EF_w = EF_{wr} + EF_{wq} \tag{1-8}$$

式（1-8）中：EF_w 代表区域水生态足迹；EF_{wr} 代表区域水量生态足迹；EF_{wq} 代表区域水质生态足迹。

3. 演化概念："虚拟水"

2008 年，来自伦敦大学国王学院的托尼·艾伦（Tony Allan）教授提出"虚拟水"概念，用以定义用来生产农产品的水。虚拟水又被称为"嵌入水""内涵水"或"隐含水"，用以描述不同商品进出口之中需要被耗费的水资源。比如凭经验判断生产 1 公斤小麦需要蒸发掉的水量大概为 1000 升，那么在交换时就可以以 1000 升作为商品的等值参照物。虚拟水交易的概念就是一些水资源丰富的国家，将一些高耗水的农产品出口到缺水国家，鼓励将稀缺的水资源用到价值更高的用水行为上，进而提高全球的水生产力。[①]但一些经济学家将这种水的价值融入所有产品，并对假定市场将会发生哪些交易的虚拟水概念表示怀疑，并暂时无法对所有外部性条件（比如环境损害、盐碱化/盐渍化、渔业退化等）进行定价。

（二）水脆弱性评价及其评价方式

水资源脆弱性评价源于地下水脆弱性研究，指生态系统及系统的组成要素受到影响和破坏，缺乏抗干扰及修复的能力。1983 年，韦鲁斯（Vilumsen）等在研究地下水的过程中，指出地表污染物中化学物质导致水质污染，进而提出水质脆弱性一说。1996年，气候变化专门委员会（the International Panel on Climate Change，IPCC）基于气候变化影响水资源的理论，提出水资源脆弱性概念。国内外水资源脆弱性评价方法主要包括指标法和函数法两种，具体评价模型包括 DRASTIC、EPIK、Vierhuff、GOD、SIGA、Legrand、SINTACS、SEPPAGE、SPA 和神经网络等智能算法。在气候变化背景下，"3S"技术在水资源脆弱性评价中逐渐得到广泛的运用，水资源脆弱性空间特征得以精确揭示。20 世纪 80 年代，美国阿勒（Aller）等人首次阐述了 DRASTIC 在地下水资源脆弱性分析中运用过程，为水资源脆弱性评价奠定了重要方法基础。[②]随后道格菲戈（Doerfliger）将 EPIK 法引入到喀斯特地区水资源脆弱性评价中，丰富了喀斯特水资

---

① 值得注意的是，只有少数几个国家是主要的虚拟水输出国，比如美国、阿根廷、法国和澳大利亚，而撒哈拉以南非洲的所有国家都依赖于进口粮食作物，在很多情况下，它们还是完全的粮食净出口国。对于那些依赖西方粮食种植者的地区，如果不解决水生产力的问题，这就会成为经济增长与发展的主要障碍，因此，对非洲多数国家而言，并没有克服经济性缺水的制约，提高生产力的"快车道"可走。

② Robert C. Knox 1985. *Subsurface Transport and Fate Processes*, CRC Press.

源脆弱性评价模型；随着"3S"技术的应用，国外研究者开始用 GIS 技术进行脆弱性
定量评价，且研究热点也逐渐集中于水资源脆弱性空间制图方面。[①]如迪克松（Dixon）
针对地下水资源脆弱性做出了具体的评价，还据此制作了详细的脆弱性分布图。[②]之后，
还有学者利用 GIS 软件、COP 方法对四个不同水文地质气候特征的含水层的脆弱性进
行了评价，用测定系数对得到的结果进行统计分析，以确定哪个因子在易损性指数中
具有更大的重要性。[③]2000 年，美国环保署（USEPA）与国际水文地质协会（IAH）提
出，地下水资源的脆弱性是对于其本底条件与自然作用或人类表现出来的敏感性，并
引发了其他的一些相关研究。研究大多数注意到河流作为重要的地表供水水源，是水
循环的主要组成部分之一，是制约区域经济社会发展的基础，因此，对河流水资源进
行脆弱性评价，成为保护区域地表水资源的重要手段之一。

（三）系统分析的 DPSIR 模型和基于熵权法的模糊综合评价

1. DPSIR 模型

DPSIR 模型是从系统分析的角度将目标层分成驱动力（Drivingforces）、压力
（Pressure）、状态（State）、影响（Impact）和响应（Response）五大中间层。驱动力
包括人口密度（X1）、人均地区生产总值（X2）和三产比重（X3）；压力包括人均日
用水量（X4）、人均耕地面积（X5）和工业 COD 排放浓度（X6）；状态包括干旱指数
（X7）、年降水量（X8）、人均水资源量（X9）和实际耕地灌溉亩均水资源量（X10）；
影响包括产水模数（X11）、水温气温比值（X12）、含沙量（X13）和单方水粮食产量
（X14）；响应包括造林面积（X15）和森林覆盖率（X16）。数据预处理的方式、筛选
的各评价指标具有不同的量纲，为消除各指标之间的相互影响需进行数据的预处理。
现将指标分成两大类，越大越不脆弱型和越小越不脆弱型，按照公式（1-9）、（1-10）
分别进行计算。

① Philip E. van Beynen (ed.) 2011. *Karst Management*, Springer.

② Neven Kresic, Zoran Stevanovic 2010. *Groundwater Hydrology of Springs*, Elsvier.

③ 奥斯托伊奇运用数学综合评定模型对地表水脆弱性进行评价，并对改进脆弱性进行决策支持。米罗赛尼
利用水质数据，以一个指数为基础的模型，以量化地表水资源脆弱性在半干旱盆地中部伊朗土地利用变化。多尔
弗利格采用 GIS 工具及多重关联法分析对喀斯特地下水脆弱性进行评判并界定其需要保护范围。参见：Domenica
Mirauda, Marco Ostoich 2011. Surface water vulnerability assessment applying the integrity model as a decision support
system for quality improvement. *Environmental Impact Assessment Review*, Vol.31, No.3, pp.161-171。

$$r_{ij} = \frac{X_{ij} - X_{\min}}{X_{\max} - X_{\min}} \quad (越大越不脆弱型) \tag{1-9}$$

$$r_{ij} = \frac{X_{\max} - X_{ij}}{X_{\max} - X_{\min}} \quad (越小越不脆弱型) \tag{1-10}$$

式中（1-9）（1-10），r_{ij} 为第 j 个评价指标相对于第 i 个评价区域进行标准化处理后的数值；$X_{\max}$，$X_{\min}$ 为评价指标在各评价区域所达到的最大值和最小值；X_{ij} 为第 j 个评价指标相对于第 i 个评价区域的原始数值。

设有 n 个评价指标，m 个评价区域，数据预处理后建立 n 个评价指标关于 m 个评价区域的归一化矩阵 R，见式（1-11）。

$$R = (r_{ij})_{mn} = \begin{bmatrix} r_{11} & r_{12} & \cdots & r_{1n} \\ r_{21} & r_{22} & \cdots & r_{2n} \\ \vdots & \vdots & & \vdots \\ r_{m1} & r_{m2} & \cdots & r_{mn} \end{bmatrix} \tag{1-11}$$

2. 基于熵权法的模糊综合评价

熵权法能够避免主观因素干扰，操作简单、客观性及实用性强等特点。采取熵权法进行流域水资源脆弱性评价。熵值代表了评价指标的离散程度，第 i 个指标的熵按以下公式进行计算：

$$H_i = -K\sum_{j=1}^{n} f_{ij} \ln f_{ij} (i = 1, 2, \cdots, n) \tag{1-12}$$

式（1-12）中，$K = \dfrac{1}{\ln n}$；$f_{ij} = \dfrac{r_{ij}}{\sum\limits_{j=1}^{m} r_{ij}}$，当 $f_{ij}=0$ 时，令 $f_{ij}\ln f_{ij}=0$。

第 i 个指标的熵权可定义为：

$$\omega_i = \frac{1 - H_i}{n - \sum\limits_{i=1}^{n} r_{ij}} \tag{1-13}$$

式（1-13）中，$\omega_i \in [0,1]$, $\sum\limits_{i=1}^{n} \omega_i = 1$。

根据所求各指标熵权构建模糊权向量 $W=(w_1, w_2, w_3, \cdots, w_m)$，将模糊权向量 W 归一化矩阵 R 相乘得到模糊矩阵 $B=W\times R=(b_1, b_2, b_3, \cdots, b_m)$，$b_1, b_2, b_3, \cdots, b_m$ 为各评价区域的水资源脆弱度值。再根据这些数值，进行模糊集队（SPA），最终形成对于水资源脆弱性的评估。

第三节　环境史视域下的南部非洲水史

环境史通常从非洲各地的水承载力、国际河流、供应用水、水管理等角度来分析这一境况，其研究与非洲当代的政治经济生态有密切相关性。一方面，殖民影响大、经济发达地区的水资源研究有更好的进展；另一方面，水资源研究与当地城市化进程对水资源的需求密切相关，对现实的发展有直接的借鉴意义。非洲水史的研究与全球气候、地理和淡水分布的长时段变化有关，这就意味着要以多学科、跨学科的方法为主，越来越多地借鉴自然科学成果，以期形成环境史的某些固定模型，并影响到有可能更广的其他学科。因此，南部非洲水史不仅链接了次区域水历史、气候史和民族变迁史等专题史，也成为了欧美远洋史和全球史的重要组成部分。不过从总的发展来看，除南非等国外，非洲水资源研究仍处于较低水准，其研究受西方技术、资金支持的需求高，并亟待非洲本土知识的充实与完善。

一、热带辐合地区（ITCZ）对南部非洲水资源的影响

南部非洲次大陆西临大西洋，东接印度洋，容易出现干旱和降雨不均的情况。自然且缓慢发作的干旱灾害条件注定会对发展产生不利影响。在总体循环中，基本上有四个阶段：蒸发（Γ）、保留（K）、释放/创造破坏力（Ω）和重组（α）。一般来说是从缓慢的破坏阶段（Ω）开始，然后进入不确定的重组阶段（α），从而影响当地。在总体上，生态系统和社会系统都是趋于形成嵌套的适应性循环集。较大的周期较慢，并约束较快的周期。它们还倾向于保持完整性，而使更快的周期变得不可预测，并可能引起反弹效应。[1]

干旱经常被大规模的洪水阻断。在南非，印度洋沿岸经常发生洪水。在靠近大西洋的一侧，气候干旱，洪水少见。[2]南部非洲的降雨是该区域北部空气循环的直接结果，

---

[1] Gotts, 2007.

[2] Rowntree K. 2000. Geography of drainage basins: Hydrology, geomorphology, and ecosystems management. In Fox R., Rowntree E. (eds), *The Geography of South Africa in a Changing World*. Oxford University Press, p.408.

该区域的暖空气上升到热带辐合带（ITCZ）的大气中，创造了有利于降雨的条件。热带辐合带随太阳照射赤道的位置而移动。它在夏季向赤道以南移动，在冬季向赤道以北移动。由于热带辐合带的影响，赤道附近降雨丰沛，向南逐渐减少。热带辐合带的南部也有其他的气流运动，影响着降雨模式：下沉气流在印度洋上空形成一个高压气团，其在温湿的海上吹了很长一段距离，吸收了大量水分，然后进入次大陆带来降雨。另一个类似的高压气团位于次大陆西面的大西洋上，它所经之处为寒流，且距离较短，进入大陆后带来的降雨不是很多。由此造成的结果是，南部非洲次大陆的降雨量由东向西逐渐减少。[①]

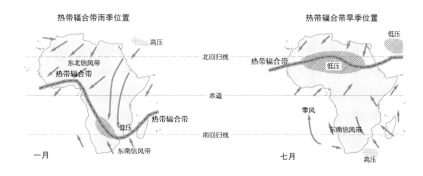

图 8　热带辐合带在非洲雨季与旱季的移动

资料来源：Movement of the ITCZ along Africa, img from edmc1.dwaf.gov.za。

　　南部非洲的雨季基本上是 11 月—次年 4 月，旱季是 5—10 月。南非西开普是一个冬季降雨地区，受南大西洋上东移冷锋的影响很大。冷锋越过开普南部的山脉，带来了寒冷潮湿的天气。不过，南部非洲的年平均降雨量估计为 497 毫米。[②]南非的降雨量更低，只有 450 毫米，这两个数值都远低于世界平均水平 860 毫米。[③]此外，不同年份的降雨量变化很大，在半干旱和干旱地区，降雨量近年来急剧减少，但蒸发率仍居高不下。

　　一方面，降雨量是由北部地区的空气循环直接导致的，这个地区的热空气上升进入热带辐合地区（ITCZ）的大气层，为下雨创造更有利的条件（图 8）。热带辐合带随

① Pallet J. (ed.) 1997. *Sharing Water in Southern Africa*. Desert Research Foundation of Namibia, p.13.

② Rowntree K. 2000. Geography of drainage basins: Hydrology, geomorphology, and ecosystems management. In Fox, R., Rowntree, E. (eds), *The Geography of South Africa in a Changing World*. Oxford University Press, p.394.

③ Department of Water Affairs and Forestry (DWAF) 2004. *National Water Resource Strategy (NWRS). First edition*. DWAF. p.15.

着太阳在赤道上的位置变化，夏季移动到赤道南面，冬季移动到赤道北面。另一方面，由于赤道辐合带的作用，降雨更多地落在赤道周边，并逐渐向南减少降雨。加之其他空气向热带辐合带的南部运动，南部非洲的降雨模式就此形成。下降的空气是高气压团经过印度洋的主要原因，它在海洋上空较长距离流动，吸收空气中的水分，然后进入次大陆，带来雨量。大西洋沿岸西边也有一个相似的高气压团，它在相对较短的距离吹动较冷的水域，结果造成了南部非洲的西海岸地区降雨较少。这样，水分从东部来到大陆，而降雨量向西逐渐下降。

二、水情对非洲传统文化的影响

在传统社会中，人们的日常生活具有普遍模式的习俗。生活习俗首先是社会的、集体的，具有一定的类型和模式，这些都与水相关。这具体表现在非洲传统社会的聚落特点、重要民俗、信仰体系等方面。

（一）非洲因水而变的聚落

由于非洲民族众多、发展水平参差不齐，无法完全使用部落、部族等予以概括，故而本书使用了一个比较中性的词语"聚落"来表述不同的群体之间对于水资源的利用方式。聚落通常是指固定的居民点，是人类聚居和生活的场所。只有极少数是游动性的。聚落由各种建筑物、构筑物、道路、绿地、水源地等物质要素组成，规模越大，物质要素构成越复杂。聚落的建筑外貌因居住方式不同而异，受经济、社会、历史、地理诸条件的制约。一般而言，历史悠久的村落多呈团聚型，开发较晚的区域移民村落往往呈散漫型，而非洲的聚落一般都是团聚型。

从学术层面来看，一般而言，聚落约起源于旧石器时代中期，随着人类文明的进步逐渐演化。在原始公社制度下，以氏族为单位的聚落开始进入农业村社阶段，之后进入奴隶制社会，又出现了居民不直接依靠农业营生的城市型聚落；进入资本主义社会以后，城市或城市型聚落广泛发展，乡村聚落逐渐失去优势而成为聚落体系中的低层级的组成部分。

聚落作为人类适应、利用自然的产物，其外部形态、组成形式等都有地理环境的烙印。同时，聚落是地表上重要的人文景观，其建筑用材、所占位置、发生发展的原因，都反映了人类活动和自然环境之间的综合关系。早期人类的聚居地一般都选择在地形、气候等自然条件比较优越、自然资源比较丰富的地点。一般而言，非洲的聚落形式以平原地区聚落较为集中（多为集村），聚落住宅排列有序，形态多为团状；也有在山区的聚落，这些聚落居民点多依山而建，高矮参差，成为一种山村或山区集镇。非洲的聚落一般也会尽量与水源形成安全用水的距离，特别是有方便清洁的生活用水，故多在沿河流两岸、湖泊四周一定区域内分布。在沙漠地区，聚落则分布在绿洲地区或取地下水方便的地区。

非洲同时存在着迁徙民族和定居民族两种聚落形态，对于迁徙民族而言，牧草是最重要的聚落影响因素。牧草价值在 6%—10% 左右的木质覆盖物中最大化，生物多样性最大化在 30%—40% 左右。[①]目前的生态研究显示，在非洲迁徙民族的聚落中，稀树草原中的生物质积累是人为二氧化碳排放的陆地汇，可以抵消因砍伐森林而损失的部分碳。许多被侵占的土地被用作牧场，木本植物被视为对生产生活的威胁，也有人认为，不可持续的放牧是造成牧场侵蚀的最重要因素。但无论如何，正是在人类与生态的互相调试中，非洲迁徙聚落不断地演化发展。

对非洲较为固定的定居聚落而言，各个地区降水量直接影响到房屋建筑的地理位置和形态。降水丰富的地区，聚落住宅房屋多为斜顶，有利于雨水下流，降水越丰富，屋顶坡度越大，而且降水较多的地区，一般也较潮湿，聚落住宅还要防潮，所以很多非洲民居建筑采用木竹架屋顶，覆盖上茅草的形式，以利于通风、消暑、防潮。在非洲，气温高的聚落地区墙壁较薄，房间较大，窗户较小，从而达到防暑的效果；气温低的聚落地区墙壁较厚，房间较小。在大多数的泥土和茅草结合的房屋是用原木或枝条做成框架，抹泥做墙面，顶上再辅以灯芯草而成。屋子中会放置一个取暖的炉火，屋子为圆形，屋顶和周边再做通风小孔。而在降水较少的地区，聚落住宅的屋顶坡度较小，在气候资源特干旱的地区甚至屋顶都是平的。

在被迫进入殖民时期，尤其是受到种族隔离的影响后，非洲的民居形式出现"铁棚"式简易屋棚。南部非洲大多数的住所类似于蒙古包的形式，成圆形。一方面，非洲高原气候季节性强，一般比较干燥、多变，牲畜对气候和草场的依赖性促使牧民一年数次地逐水草而居，有时甚至距离很远。因此，易建易拆、冬暖夏凉是这些圆形住所为适应自然环境所具备的特性。一般而言，这些住所由土门或者木门、泥土做出的圆形围壁、方形或圆孔通风窗、木架屋顶等部分组成。这些住所以圆形为总风格，无

---

① Fernando T. Maestre, David J. 2016. Eldridge and santiago soliveres, a multifaceted view on the impacts of shrub encroachment, *Appl Veg Sci*. Vol.19, No.3, pp.369-370.

棱无角，呈流线型，包顶为拱形，其承受力最强，包身近似圆柱形，上下形成一个强固的整体。因此，草原上的沙暴和风雨，可以很快地经由住所循环向外。另外，当天冷或者做饭时，可以在住所里利用天然的牛羊粪生火。同时，这样的住所装载搬迁也很轻便：只需要以当地的木、草为基本材料，混合水分即可，不用金属、砖、瓦、水泥等。享誉世界的南部非洲的石头建筑可能与戈科美雷遗址以及后来的济瓦、日索遗址有关，就地取材、未经加工的石块主要用于修筑田地和梯田的堰坝及简单围墙。石造建筑的传统在公元 1000 年左右已经非常普遍，以至于铁器时代后期更进一步地提高和发展了，大津巴布韦遗址本身的石头建筑群完全属于铁器时代后期的遗物。[①]南部非洲其他地区也因时就地而显示出聚落的不同特点。比如岛国马达加斯加文化从东方文化吸收了很多东西，如绝大部分的住宅样式，种植水稻的水流梯田，崇拜祖先为特征的宗教信仰以及一整套的工艺技术，其中包括两个活塞的风箱、弦外有桨插支架的独木舟，多孔的火山岩装配的地下炼铁炉，可以开椰子的有支架的锉刀。从他们绘制的地图和著作中可以看出他们原先并不居住在马兰比奇湾的沿岸，直到最近三个半世纪以来，他们放弃了航海习惯。据说中西部地区和中央高原的津巴人也是如此。

21 世纪后，欧盟曾主导祖鲁兰前首都乌伦迪的社区长老和当地历史学家进行过传统社区用水的定点调研和讨论。这项迄今为止较新的田野研究显示，就传统而言，发展中国家的水供应一般采用本土技术，以降雨作为水资源系统的基础。如今，大家逐渐意识到，整个世界范围都无法在变动性的气候条件下得到饮用水保障，而是应该更多地依赖社区为基础的供水策略，采取地方性的知识来达成合作。史前（pre-historic）阶段，南部非洲由中央集权管理水资源的机制比较宽松，是"一种基于低人口密度和土地和水的可用性"的管理模式。[②]雅各布斯（Jacobs）在其研究中，注意到前殖民时代"按照广泛粮食生产的逻辑，水资源的开发是初步的，这些开发的方式包括耕种者在潮湿地点清理田地，干旱季节在河床上挖水井供人和牲畜使用"。[③④]斯卡伯勒（Scarborough）提出，文化的适应性通过劳动任务、技术任务和多元任务的多维方式

---

① 联合国教科文组织编写《非洲通史》国际科学委员会：《非洲通史（第二卷）》，联合国教科文组织出版办公室，2013 年，第 614—615 页。

② Samuel N.-A. Mensah, Vannie Naidoo, 2011. Migration shocks: Integrating lesotho's retrenched migrant miners. *International Migration Review*, Vol.45, No.4, p.1017.

③ Patrick Bond 2011. Political economy traditions in South Africa. Sean Jacobs and Krista Johnson(ed.) *Encyclopedia of South Africa*. Lynne Rienner Publishers.

④ Ibid.

重塑环境，同时促进复杂的土地和水社会系统的演化。[①]

（二）非洲的水神话和水信仰

神话传说是普遍存在于各文明发展初期的现象。[②]在现代人看来，神话传说是荒谬可笑和非理性的象征，但在古代人眼里，它却曾经是真理的象征。英国历史语言学家缪勒指出，神话传说的荒谬性是"不可回避的事实""人的存在，需要神话，人无神话无以立。天下体系讨论的是未来的可能的世界，而不是现实的世界"。[③]高尔基说："如果不知道人民的口头创作，就不可能知道人民的真正历史。"[④]斯坦福在《历史研究导论》中指出："有此一说：神话所述是大谎言，却能彰显较多的真相。"[⑤]18 世纪启蒙运动以后，人们把神话与科学对立起来，认为神话是一种迷信，否定神话的教育价值。后来经过深入的研究，特别是人类学、民俗学的调查研究，人们从整个历史发展的角度，用辩证的具体分析方法，发现神话中虽然有很大的幻想，但是也有一些科学、道德、文学等成分，对人类的发展是有利的，又重新肯定了神话在现当代社会中的教育作用。神话对学科的价值的重新判断，和对非洲的认识，对人类、对学科的认识是一致的。

不可否认，神话对社会的各种习俗、制度也有肯定的作用，通过神话证明它们是"古已有之"的。这对于社会稳定也起到了好的作用。而稳定是人类进行生产、维持正常社会生活和社会发展的重要条件。很多神话故事"并不是实际上的事实，而是思想上或心理上的事实"，它们反映的是这些观念形成时代的人的想法。[⑥]同样地，美国科学家斯托塞斯对广泛流传于中世纪的"巨龙"的传说也进行了类似的研究，认为它们是由生活在古典时代的真实动物蟒蛇和鲸鱼与原始时代的神话相结合而产生的形

---

① 联合国教科文组织编写《非洲通史》国际科学委员会：《非洲通史（第二卷）》，联合国教科文组织出版办公室，2013 年，第 614—615 页。

② "神话"一词发源于古希腊，它在古希腊地位的变化也最能说明问题。1940 年，德国古典学家涅斯特尔在《从神话到逻各斯》一书中指出，代表神话的"mythos"和代表理性的"logos"都指"说"和"话"。只不过，"mythos"为"讲故事"，是具体的、有情节的；而"logos"为"讲道理"，是直接表达的、理论性的。在形式上，"mythos"一般以"诗"的形式出现，它们往往以口传心授的方式传播；而"logos"则一般以"散文"形式存在，更易于以文字形式流传。从"mythos"到"logos"的转变，大约发生在公元前 6—前 5 世纪。

③ 赵汀阳："天下体系的未来可能性——对当前一些质疑的回应"，《探索与争鸣》，2016 年第 5 期。

④ 〔苏〕高尔基：《苏联的文学——在苏联第一次作家代表大会上的讲话》。

⑤ 刘世安译：《历史研究导论》，台北麦田出版社，2012 年，第 368 页。

⑥ 〔日〕津田左右吉：《日本的神道》，商务印书馆，2011 年。

象。他发现公元前 327—前 325 年亚历山大远征印度和公元前 256 年罗马军队在北非巴格拉达斯河流域遭遇巨型爬行动物的事件,对"巨龙"传说的形成起了重要的作用。动物学方面的证据既证明了"巨龙"的传说并非完全属实,又揭示了传说产生的集体心理过程。[1]

从外向内,神话传说与历史构成了一种包含的关系,大部分神话传说都或多或少地包含着历史的真实。随着研究方法的多元化、研究水平的提高,越来越多的证据会不断被发现,位于外圈的神话传说有可能向内圈移动,一步一步接近历史的真实面目。对非洲而言,尤其如此。

非洲大量的自然、社会、人群活动方式与方法的记录都集中在传说、神话等组成的口述历史中。这些内容涵盖了非洲在漫长的人类进化过程中的天文、地理、社会、人文等领域的各个方面。英国人类学家弗雷泽在《金枝》中对世界各文化中的原始祭祀和神话做了考察,提出了交感巫术在民族神话起源中的重要作用。心理学家弗洛伊德把神话看作与梦境类似的心理反常现象,认为它们都是人类意识和潜意识互相作用的结果。弗洛伊德的学生瑞士心理学家荣格发展了导师的研究,提出神话是集体无意识的反映。但无论如何,这些仪式也是了解非洲文化、习俗、制度的有效手段。

水作为与人生活密切相关的客体,渗透了古往今来人文精神、人类心理、情绪、意志、个性、人格、感知、认同、哲理等多重寄托。凡举衣食住行、婚丧嫁娶、生产技术、天文地理、节庆礼仪、占卜禁忌、宗教信仰等人民生活的各个方面,都有与水相关的内容。"水神"是非洲传说和故事中的主角之一,非洲的水神多以当地常见的水蛇、鳄鱼等作为初始参照物进行演变,并与当地人的社会生活和宗教仪轨密切相关。

根据极为丰富的神话和民间传说,埃及人相信,天地之初是完全黑暗的。暧昧又无限、无形的水构成了世界,世上第一块陆地从水中冒出。[2]而人们的生活方式也是类似的,夏季的降雨形成大湖,吸引动物以及追随这些动物的游牧民入驻。生活在广袤空间的原初居民,他们依赖野牛群。对他们而言,既有实用价值又有象征意义的物件包括:死亡、水牛、太阳和星辰。野牛群是一种行走的"肉食储藏柜",或者说是"走动的血库",为人们提供牛奶和血液,使其形成人所需要的蛋白质,直到今日,东非的马赛部落仍然沿袭着游牧的传统,而野牛群也代表着部落和牧民的财富。日常生活的

---

① 何顺果、陈继静:"神话、传说与历史",《史学理论研究》,2007 年第 4 期。
② 〔英〕乔安·弗莱彻著,杨凌峰译:《埃及 4000 年:主宰世界历史进程的伟大发明》,浙江文艺出版社,2019 年,第 1 页。

肉食补给则还需要通过猎杀瞪羚、野兔、鸵鸟，以及约公元前 6000 年，从近东引进的绵羊和山羊种群得到。[1]因为要依赖雨水提供补给，因此提供准确的预测非常重要，这样，除了千百年来积累的天文知识外，人们也通过制作最为基础的石刻地图以及在壁画上记下相关图片来指引后辈。

早期的水崇拜有两个主要的原始文化内涵，第一个目的是祈求适量的雨水，促使农作物的生长，以获得维持生存的生活资料。第二个目的是祈求人类自身的生殖繁衍。[2]不同地区、不同社会阶层的民众，在水信仰的广度和深度、目的和心态上有很大差别。对农民和渔民而言，他们的生产生活都离不开水，他们习惯于通过祭祀活动来祈求水神护佑。求雨、祛病、除水患、利济航运。因此，在社会发展过程中，很多关于水的信仰、禁忌和仪式都内化为了民众语言和心理，也成为了生活的一部分。

民众赋予了水以种种神秘的力量，对其顶礼膜拜，历经世代传承演变，最终形成了复杂的水信仰和水祭文化体系。维多利亚瀑布（当地称为"Mosi-oa-tunra"等），意即"雷鸣之烟"，位于今津巴布韦和赞比亚交界处，是一座长达 97 千米的"之"字形峡谷，落差 106 米。1855 年，由苏格兰传教士和一些探险家发现了现赞比亚一端的瀑布，当赞比西河的河水充盈时，每秒流过的水量高达 7 500 立方米，汹涌的河水冲向悬崖，形成了水花飞溅的维多利亚瀑布，即便在 40 千米外都能看到如云般的水雾，而"魔鬼池"则是由瀑布冲击形成的天然岩石水池。整个瀑布被利文斯敦岛等 4 个岩岛分为 5 段，因流量和落差的不同而分别被冠名为"魔鬼瀑布""主瀑布""马蹄瀑布""彩虹瀑布"和"东瀑布"。当地部族有通加人、洛兹人、莱雅人（Leya）、托卡人（Toka）和苏比亚人（Subia）。通加人每年在瀑布旁举行雨祭，将黑色公牛扔入峡底祭奠河神。

（三）非洲的水日常、仪式及传承

目前关于非洲水仪式的最早书面记载[3]存在于早期探险家们的日记叙述中，[4]结合当代非洲学者重新整理的田野访谈和口述史，呈现出一些区别于殖民探险家的一些视角的描述，似乎更贴近传统的非洲水仪式及日常用途。

在南部非洲的聚落生活中，葫芦和鸵鸟蛋是盛水的主要工具，女性负责运输水。

---

① 〔英〕乔安·弗莱彻著，杨凌峰译：《埃及 4000 年：主宰世界历史进程的伟大发明》，浙江文艺出版社，2019 年，第 11—12 页。

② 向柏松：《中国水崇拜》，上海三联书店，1999 年，第 6—7 页。

③ 从这个意义上来说，发现、界定和研究陶片文化的考古学也是水历史最重要的佐证科学之一。

④ 之后章节也会专门涉及相关内容，此处主要是非洲当代的学者研究，从本土文化和口述史料的搜集整理。

传统的陶罐则是用来储水的，这些罐子用黏土手工制作，为罐子提供了独特的保鲜机制。非洲陶罐独特的椭圆形状，一般都是盖着的，这样可以最大限度与土保持距离，也避免爬虫入内。由于女性需要同时承担运水和抚养孩子的任务，她们不得不采取把水器放在头顶的方式，以保持运输中的平衡。在很多关于非洲的图片中，这已然形成了一道独特的风景线。①

祖鲁人视水为无限的资源，但他们把不同的水源做不同的用途。来自河流的水被认为是不干净的，因为动物在河流中饮水和游泳。喷泉和泉水只用于饮用和烹饪，因为祖鲁人相信喷泉和泉水是由土壤净化的。②小屋的门口总是放着一个陶盆，用来洗手。根据乌伦迪祖鲁族长老的说法，祖鲁族土著人会挖出他们的排泄物并将其掩埋。因此，固体废物与液体废物自动分离。固体的人类排泄物会变干，与土壤混合，或者被冲到附近的河里，做自然的净化和循环。③此外，祖鲁人还保持了良好的卫生习惯，比如人们会在上完厕所后洗手，出于卫生目的，每天都要换水（主要是女性的责任）。这种生活一直延续到 19 世纪南部非洲内部战争和白人的到来。值得注意的是，在前殖民时期没有任何化学物质来清洁或净化水，但在祖鲁人的口述史中，该民族没有出现过因水传播的疾病。

从南部非洲津巴布韦这片区域来看，在桑托斯（Joaodos Santos）1609 年发表的著作中，他用"Quiteve"这个称谓形容他们的国王（King），不仅掌握着传统宗教，具备直接与祖先对话和交流的能力，而且可以确保下雨。④直到如今，当你问津巴布韦丹德（Dande）地区的人们这些人现在是不是精神领袖，村民们还会认为"Quiteve"不仅可以保护村庄，还可以让村民和蔬菜免受野生动物及雷电的袭击。在过去的 150 年里，丹德所有的政治和经济都发生了改变，但国王和灵媒（Mhondoro）共同带来降雨庇护村庄的传统仍在继续。酋长的存续还是要在皇家中进行选择的，一方面是这些孩子长成的教育体系不一样，另一方面是由于这是"祖先"的愿望。一般来说，这些祖

---

① 近年来，越来越多的塑料罐取代了陶罐，成为主要的载水装置。

② Jacobs, Nancy 1996. The flowing eye: Water management in the upper kuruman valley, South Africa, c.1800-1962, *The Journal of African History*, Vol.37, No.2, pp.237-260.

③ Haarhoff, Johannes, Petri Juuti, Harri Mäki 2007. A short comparative history of wells and toilets in South Africa and Finland, in Petri Juuti, Tapio Katko, Harri Mäki, Ezekiel Nyangeri. Nyanchaga, Sanna-Leena Rautanen and Heikki Vuorinen (eds). *Governance in Water Sector Comparing development in Kenya, Nepal, South Africa and Finland*, Tampere, Finl Tampere University Press, ePublications, pp.128-148.

④ Seed and Rain, Zimbabwe Impress. 2018.

先的愿望得通过灵媒的口说出。①在丹德，所有的灵媒都接受"雨主人"（SAMVURA）的授意，但"雨主人"并非只有降雨的能力，它还有战争的能力。

20 世纪 60 年代开始，南部非洲的游击队队员们留下了他们对于当地水仪式和水日常生活的口述记载：

"有一段时间我们的同类经常遇到死亡事件。有一次我们一天就埋葬了 8 个人。所以我们去看住在附近的精神灵媒。他告诉我们，我们不应该在河里洗澡，我们应该远远地从河里提水回来，然后再洗澡。他没告诉我们，当我们返回帐篷的时候，有一个孩子可能会死，但是这是我们会因为这件事情死去的最后一个人。他对了。这都是发生过的事情。"②

很多关于解放战争（当地称为"Chimurenga"）的歌谣，都是由游击队队员和农民们唱颂祖先的。比如：

"我们从加沙进入津巴布韦

我们要亲手解放津巴布韦

祖母为我们烹饪

我们沿着祖父的足迹

继承穆塔帕（Mutapa）和穆兰博（Mulambo）祖祖辈辈的

战争精神。"

是什么让游击队队员们致力于解放国家，是什么领导推行社会主义意识形态并致力于推进津巴布韦进入现代世界？游击队队员们是如何形容他们在战争中的经历？他们的信仰似乎非常简单：因为和他们的祖先在一起，所以他们必须去战斗，而且这些战斗甚至不需要去仔细思考就可以完成。

"经过了好几百年的非现实，经过了沉溺在这异乎寻常的幽灵后，在最后的天真里，拿起武器面对面站着，只有抗争他们的生活：反对殖民主义。"

从这个殖民国家成长的年轻人，面对着枪炮的环境，他们有可能会嘲笑，有可能会污蔑他们的祖先。他们用最传统的方式来揭示真相，然后在暴力中实践，最后取得自由。③

---

① 这也是作者 2018 年在南部非洲，尤其是津巴布韦访谈过多个酋长家族后的调研结论。

② David Lan 1985. *Guns and Rain: Guerrillas and Spirit Mediums in Zimbabwe*, Zimbabwe publishing House, p.svi.

③ David Lan 1985. *Guns and Rain: Guerrillas and Spirit Mediums in Zimbabwe*, Zimbabwe publishing House, p.45.

毫无疑问，那个掌握了水权和后世命运的祖先，最终会带领非洲的传统部族找到自由。

三、"共享水体"所串联的南部非洲共同历史

一般而言，流域是有比较明确的地理区隔的，但对于南部非洲而言，无论是河流还是湖泊，尤其是地下水系统，基本上都是互联互通的。这样的"共享水体"为南部非洲区域的生态和人文历史发展都带来了很大的共通性。

（一）水环境塑造的人类体格

一些科学家（比如阿里斯特·哈迪）认为，水上环境不仅促进了生命出现，而且推动了人类发展。摩根夫人把人类的某些特征还归因于水上环境，如人类的皮下脂肪层，女子性器官缩进和男子性器官伸长，以及人类是唯一会哭的灵长类等。所有这些生物适应性的变化都逐渐成为遗传的，成为永久性特征。对于环境的适应性也支配了人类最先使用工具的式样。克莱顿·加贝尔认为，卡普萨型的工具原是土产品，刀剑、刻刀、刮刀的式样都是为适应特殊材料，即黑曜石而产生的。[1]

（二）水环境变化带来的定居分布

从历史的角度来看，水的供应一直是南部非洲人类定居的一个重要考虑因素。从文本记录的角度看，19世纪60年代，开普殖民地植物学家 J. C. 布朗（J. C. Brown，1808—1895）认为，南部非洲正处于干燥过程中。他意识到许多地区严重缺水后出版了一本著作，认为该地区缺水的主要原因是水文问题。[2]布朗的观点受到旅游者和探险家威尔逊的影响，而威尔逊探索干旱的内陆开普殖民地后认为，南部非洲的"干燥"起因是近来的变化，应采取措施植树造林"绿化"次大陆。[3]在研究南部非洲干旱情况时，两位作者都注意到该区域居民的分布情况。从17世纪的荷兰，到18世纪末的

---

[1] 联合国教科文组织编写《非洲通史》国际科学委员会：《非洲通史（第一卷）》，联合国教科文组织出版办公室，2013年，第612页。

[2] Hydrology of South Africa 2016. Or, details of the former hydrographic condition of the cape of good hope, and of causes of its present aridity; *With Suggestions of Appropriate Remedies for This Aridity*, Palala Press.

[3] Wilson, J. F. 1865. Water supply in the basin of the river orange, or ''Gariep'', South Africa. *Journal of the Royal Geographic Society of London* No.35, pp.106-129.

英国，历届殖民政府都发现次大陆上居住着不同的族群，他们所居之地的水资源利用情况差异　很大。①

从语言学的角度看，语言学家认为桑人（布须曼人）可能是非洲次大陆最早的居民，他们往往生活在干旱地区，其中，该区域人口最多的族群主要居住在次大陆的东北部，他们与黑人相似，说各种与该区域有关的方言，并且为了便于交流，语言学家还为这些人交流所用的语言创造了"班图语"这个词。②

非洲民族在非洲大陆中不断迁徙，并形成了当今非洲民族的分布形势。据说南部非洲说班图语的民族起源于现代喀麦隆和尼日利亚的边境地区。其中一组是原始的西线班图人，他们会狩猎、捕鱼、养山羊，还会种植山药；后来他们开始使用铁器。他们在加蓬和刚果布拉柴维尔的踪迹可以追溯到公元前 1050—前 350 年。东线班图人穿越大陆来到东非湖区，熟悉谷物的种植并饲养绵羊、山羊和牛。乌鲁威（Uruwe）陶瓷文化，与东西两线的班图人都有联系，在公元前 350 年的东非很明显。③

从人类学、民族学的角度看，不同民族居住在水的不同区域。说班图语的民族与他们肤色较浅的邻居，如桑族猎人和采集者以及后来以畜牧为生的科伊族人也有不同："黑色的"非洲人居住在次大陆的东部，那里土地较肥沃，大部分地区被绿色植被覆盖。这一区域从南非东北部的德拉肯斯堡山脉附近一直到东开普省。次大陆的中心地区是贝专纳人（Bechuana）的领地，该地区以起伏的平原和"干旱的草原"而闻名，几乎没有泉水，也没有河流或森林。然后是最西部的地区，也是纳马夸人（Namaqua）和布须曼人（Bushman）的领地。这是一个干旱地区，极端贫瘠，零星的雷暴往往会让干旱的河床洪水暴溢——其实此地更响亮的名称是纳米布沙漠。贝专纳人是与桑人部分融合的非洲人，其中很像班图人的科伊牧民具有代表性。到了 20 世纪，人们对于班图语民族的分布情况有了更加复杂的解释：他们往往居住在平均降雨量超过 200 毫米的地区，并在冬季降雨区以东。他们的科伊桑邻居似乎更喜欢居住在次大陆的西部和北部干旱地区。

与前殖民时期人类选择充裕便捷的水源附近定居的模式相反，南部非洲在殖民时

① Johann W. N. Tempelhoff, water, migration and settlement in the southern african iron age, https://www.sahistory.org.za/.

② Parkington, J. and Hall, S. 2012. The appearance of food production in southern Africa. In Hamilton, C., Mbenga, B.K., Ross, R. (eds), *The Cambridge History of South Africa. Volume 1: From Early Times to 1885*. Cambridge University Press, p.69.

③ Mitchell, P. 2002. *The Archaeology of Southern Africa*. Cambridge University Press. pp.260-261.

期形成了新的格局：在这片淡水资源不充足的次大陆上聚集了相对大量的人口。该区域有历史悠久的大型水运输和存储方案，但主导型的"供给"思维占据了发展的潮流，以致现代非洲城市的发展和资源存量之间存在脱节和不配套的局面。因此，可以很容易想到，南部非洲这片殖民者选择的"现代化工业"的区域，本身就有水资源发展的相关特殊问题。

南非约翰内斯堡和金伯利人口聚集，原因是 19 世纪中期在此发现的黄金和钻石，"掘金潮"带来了现代化的城镇，但由于当时的殖民者并没有在此规划城市的初衷，水资源及其设施很快就超过了建立之初的规模。

（三）水基础设施不均带来的现代化挑战

正是由于上述两个历史时段水资源的历史发展，南部非洲的历史格局也产生了很大变化。时至今日，南部非洲大多数区域的人民生活仍在贫困线以下，多数人没有足够的安全用水和基本卫生设施以满足日常生活需要，这与高发的艾滋病结合，形成了该区域最大的发展和政治问题。然而，由于经济发展和水资源的投入不同，即使明确知道区域内水利基建普遍不足，特别是没有有效的运行或维护，非洲国家层面仍无法满足发展和服务不断增长的需求，且没有足够的资金和国家执行能力去完善所有不足。

另外，国家之间水资源基础建设的不均衡发展导致了历史上的水资源分布及积累福利的不均衡。水资源信息管理的不足与不一致，以及共享水道的合作和计划等相关问题。规章制度的执行力不足、法律制度和政策的不健全，以及区域和国家层面之间的联系，为区域倡议的一致实施提出了挑战。区域内国际组织、国家水务局的执行能力不足，且指令不畅，都是当下南部非洲水资源面对的现实困难和挑战。

从历史上来看，南部非洲的国际河流在殖民者到来之前虽然是民族分类的重要地界，但属于自然利用阶段。殖民时期后，这些国际河流的开发使用主要基于双边或多边协议的签署。然而，从 20 世纪 80 年代开始，这些国际河流及其水资源区域合作由联合国环境规划署参与决定，更多的国际组织参与到区域的水资源利用和分配之中。1985 年，南部非洲区域为此创建了"纳米比亚委员会"（但没有安哥拉参与），另外的12 个国家则分别在内罗毕（1985 年）、卢萨卡（1986 年）和哈博罗内（1987 年）举行会议，认为 SADC 区域应该"采取协调一致的行动计划"。此后，赞比西流域组织成立。该区域的水资源利用也进入了新的阶段。

（四）非洲历史与文化发展中的水线索

水的重要性深深地烙印在南亚次大陆民族文化中，他们通常就以这种方式进行交流。在莱索托，雨量充沛，供水充足，当人们互相问候时，他们说："普拉！"（Pula，意思是：可能下雨）①而在干旱的博茨瓦纳，该国的货币就是普拉（雨）。根据麦卡恩的观点，降雨超过了极端温度，就会给非洲的粮食生产和民生带来巨大影响，自 2000 年前铁器时代以来都是如此。由于长时段的气候变化带来的降雨变化，最终塑造了非洲区域的生态结构和水资源结构。

从 20 世纪 70 年代可考的历史数据记录来看，非洲各区域内部年均降水差异越来越大，尤其是南部非洲，在 1990 年前后，已经由正向的降水量变成了负向的降水量，差异达到两倍之多。但从来"降雨的时机、耕种模式和特定农业投入，是农村社会经济历史和当代发展至关重要却被忽视的方面。毕竟，季节性降雨模式触发了社会和经济的劳动过程，决定了资源的恢复（粮食、种子作物和饲料等）和收获丰富与否"②。

因此，掌握好天然水资源是传统非洲社会最重要的议题之一。在早期非洲民族迁徙时期，降雨的精神力量在分享中得以传递，通婚则更加深了不同的水资源知识的掌握和分享的路径。③早期的非洲人还逐渐习得了利用昼夜温差和鸵鸟蛋壳来储水等多种技术，积累和传承了本土知识。这不仅确保了非洲人基本的日常用水，也使各种丰富的水植物茁壮成长，成为早期非洲农耕社会的必要助力。④

是否有充足的水供给，也是开启非洲殖民进程的重要因素。为了更好地选择区域进行殖民统治，殖民科学家们在前期探险家们的基础上进行了学术论辩，尤其注重研究所在区域是否可以长期定居及相应的政策。威尔逊是殖民前期著名的旅客和探险家，他认为南部非洲的"干涸"是最近那几年才发生的，殖民者应正确地采取植树措施，

---

① Berger, I. 2009. *South Africa in World History*. Oxford University Press:2; *Good Hope, and of Causes of its Present Aridity, with Suggestions of Appropriate Remedies for this Aridity*. Henry S. King and Co., pp.iv-23.

② McCann, J. 1999. Climate and causation in African history. *The International Journal of African Historical*.

③ Alcock, P. G. 2010. *Rainbows in the Mist: Indigenous Knowledge, Beliefs and Folklore in South Africa*. South African Weather Service, pp.199-203.

④ Barnard, A. 1992. *Hunters and Herders of Southern Africa: A Comparative Ethnography of the Khoisan Peoples*. Cambridge University Press, pp.43-44; Van Wyk, B.-E., Gericke, N. 2007. *People's Plants: A Guide to the Useful Plants of Southern Africa*. Briza Publications, chartper.4-5.

使南亚次大陆"变绿"。[1][2][3]19 世纪 60 年代殖民地植物学家布朗发表了几篇开普水问题与该地区居民分布的文章。这间接促使了 17 世纪开始的历任殖民政府，从最初的荷兰到 18 世纪末的英国，对当地统治的"分而治之"政策出台和实施。他们都通过科学研究意识到，非洲各种族及其居住的地区可用水资源分布变化非常大，无法采用完全统一的政策。

非洲被殖民的历史，改变了非洲传统水资源的利用手段。传教士深谙非洲"水"作为净化身心重要媒介的重要性，不仅在宗教仪轨中适时地加入基督教"洗礼"仪式，融合非洲传统信仰，更好地融入了当地社会。

殖民者在不断地获取权力时，通过多种手段来使非洲本土居民边缘化。为了让殖民者们的定居有更好的环境，殖民者一方面开始抢占自然条件较好的区域定居、驱赶原生居民和动物，片面发展经济作物；另一方面开始进行国家公园、森林保护地、梯田水坝的建设，促进殖民经济可持续性发展。殖民者通过宣传各种"科学发展"观，主导了一系列社会变革，通过掌控酋长的资源管控权，剥夺非洲当地居民的生产资料，迫使非洲人成为流动劳工，或间接导致非洲人加入反对殖民主义的民族运动。

白人政府修建的水坝、灌溉引水渠目的是满足白人农场和工业用水，完全排除非洲人，非洲人非但没有搭上殖民"现代化"的顺风车，反而因为快速畸形的工业化、城市化，被迫转移到拥挤、污浊的环境中。一系列的环境生态变革也随之而来，比较典型的一个例子是，为了增加商业捕鱼量，殖民科学家把尼罗河的河鲈鱼引入维多利亚湖，导致当地丽科鱼迅速消失，食物链遭到破坏。河鲈鱼的饮食习惯发生改变，逐渐演化出新物种，而此间水草疯长，大湖的生态环境不可挽回地发生了变化。

20 世纪 60 年代后，非洲相继建立民族独立国家，各国纷纷开始了掌控水资源和本国经济及资源的努力。一开始，非洲国家以赎买、没收、宣布收归国有等形式对原

---

① Grove, R. H. 1995. *Green Imperialism: Colonial Expansion, Tropical Island Edens and the Origins of Environmentalism, 1600-1860*. Cambridge University Press, pp.468-469.

② Brown, J. C. 1875. *Hydrology of South Africa: Or Details of the Former Hydrographic Conditions of the Cape of Good Hope, and of Causes of its Present Aridity, with Suggestions of Appropriate Remedies for this Aridity*. Henry S. King and Co.

③ Special Issue on the Politics of Conservation in Southern Africa, *Journal of Southern African Studies*, Vol.15, 1989, No.2; D. M. Anderson and R.Gove (eds.) 1987. *Conservation in Africa: People, Polices and Practice*, Cambridge; Goldschmidt T. 1998. *Darwin's Dreampond: Drama in Lake Victoria*, MIT Press, p.225. 转引自包茂红：《环境史学的起源与发展》，北京大学出版社，2012 年，第 94 页。

有资源进行了重新分配，并通过提高农产品价格、改进供水状况、实行灌溉计划、植树造林等政策，提升国家对资源的管控和发展。20 世纪 60—70 年代，东南非洲耕地面积增长率达 19.9％，萨赫勒地区达 18.2％，增长率最小的中部非洲也有 9.1％，而同期世界耕地面积的增长率只有 6.1％。农田灌溉面积也有增加，其中尼日尔为原有基础的 8.5 倍、贝宁增长 6 倍、马拉维增长 4 倍。①在一些水运条件较好的地区，如尼日尔下游、扎伊尔河中游等地区，内陆航运有了较大发展。

　　然而，非洲国家虽然在政治上取得独立，经济发展的基础却非常薄弱，又一直未能彻底根除殖民地性质的"奴仆经济"体系，严重依赖于自然资源发展，过程十分艰辛。20 世纪 70 年代开始，非洲国家经济发展出现了停滞、衰退和恶化的局面。不仅国内生产总值出现了负增长，而且由于旱灾等自然条件的变化，出现了粮食危机和难民危机。难民不仅给流入国带来沉重的经济负担和社会、安全问题，而且影响到当事国之间的关系，以及有关地区的经济发展和政治稳定，在世界局势中增添了动乱因素。

　　20 世纪 70—80 年代，非洲严重的自然灾害也使各种困难和矛盾爆发出来，非洲沦为世界发展最滞后的区域。根据非洲统一组织 1984 年的数据，非洲有 36 个国家在当年受到旱灾的严重破坏，不少国家粮食减产 50％，27 国受到国际社会紧急救助，2 亿多人口面临饥饿威胁（图 9）。至 1983 年底，因为饥饿和各种营养不良造成的疾病，非洲约有 1 600 万人死亡，被联合国非洲经济委员会比喻为"国际经济中的病孩"。②

　　从 20 世纪 70 年代至 20 世纪末，整个非洲受到自然灾害影响的四个因素分别是：干旱、洪水、饥饿和传染病，几乎每个因素都与水的因素息息相关。而与之相关的非洲贫困人口比例，则由 47％上升至 59％。③

　　19 世纪 80 年代后的非洲局势牵动着世界的视线，非洲经济被迫进入结构调整阶段。④然而，尽管非洲参与了当前各类活动，这片大陆仍然像是一个"独特的世界"。就在全球化已经把相距遥远地区的命运越来越紧密地连接到一起，多年的衰退已将非洲经济削弱到了无足轻重的地步，非洲甚至丧失了过去作为重要商品和矿产生产者的地位。⑤

---

① 陆庭恩：《非洲农业发展简史》，中国财政经济出版社，2000 年，第 181—182 页。

② 陆庭恩、艾周昌编著：《非洲史教程》，华东大学出版社，1990 年。

③ United Nations Economic Commission for Africa 2008. *Africa Review Report on Drought and Desertification*.

④ 关于结构调整的论述，可参见舒运国著：《失败的改革》，吉林人民出版社，2004 年。

⑤ 〔美〕埃里克·吉尔伯特、乔纳森·T. 雷诺兹著，黄磷译：《非洲史》，海南出版社，2007 年，第 403 页。

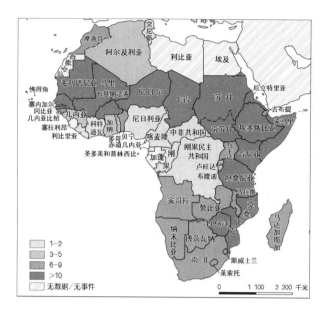

图 9   1970—2004 年撒哈拉以南非洲的干旱事件

资料来源：https://www.researchgate.net/publication/340390538_Climate_variability_absorptive_capacity_
and_economic_performance_in_Sub-Sahara_Africa/figures?lo=1。

　　非洲对于气候变化的抵御更加脆弱。1984 年，埃塞俄比亚干旱影响了 870 万人口，
100 万人死亡、成千上万人口饥馑、上万牲畜死亡。1991—1992 年南非大旱，2005 年、
2014—2016 年南部非洲大旱，都造成了粮食短缺。过去 40 多年降水量的持续减少和
不合理的人类活动导致的土地退化，进一步迫使农牧民迁徙，演变成达尔富尔问题等
影响非洲不稳定的重大危机。

第二章　"共享水"时期

第一节　长时段时空视野下的南部非洲水情

一、长时段历史的编年基础

从世界范围来看，目前不少学者把对于环境史的关注范围从某个专题史扩大到了全球环境史，并产生了一些成果，形成了"狭义环境史"和"广义环境史"的分野。比如雅克西姆·纳德考的《自然与权力：全球环境史》和约翰·麦克尼尔的《阳光下的新事物：二十世纪世界环境史》，分别探讨了从史前到现在、世界范围内的人与自然环境相互作用的历史，以及从地球的岩石圈、土壤圈、大气圈、水圈和生物圈不同的视角，以化石燃料为基础的现代文明给全球环境带来的破坏。由于这些内容没有完全统合人与环境的关系，所以被界定为"狭义环境史"。而戴维·克里斯蒂安的《时间地图：大历史导论》和弗雷德·斯皮尔的《大历史的结构》等，通过重塑传统的"人类中心主义"的历史编纂原则，把人和自然都还原到他们应有的位置上，把人类史置回它发生的宇宙或地球史中，有效地把自然规律和社会规律统一起来，从而形成了"广义环境史"。

不过，从非洲的区域来看，对非洲的水资源及人类产生影响的时期，应该从6 700万年前新生代（Cenozoic Era）的全新世开始。新生代时地球的面貌逐渐接近现代，植被带分化日趋明显，哺乳动物、鸟类、真骨鱼和昆虫一起统治了地球。新生代可划分为第三纪和第四纪（人类至今所处的仍是第四纪，又被称为"人新世"）。[1]在这个时期内，具有全球影响的有两件大事，一是大规模冰期出现，二是人类和现代动物的出现。更新世约为全球范围出现冰川作用的时期，在约一万年前最后一次冰川消退之后进入了全新世，或称"冰后期"，又称"冲积世"。[2]全新世开始时，人类进入了农业文明时期，对自然的影响日趋扩大，尤其是进入工业文明后，整个地球的面貌为之改变。

在距今 200 万年的时间内，世界的气候和环境变化巨大，通过深海钻探计划对地球历史较晚时期变动的断续沉积记载可以看出，在过去 500 万年里，地球磁场一直从正常到逆转交替变化，这直接导致非洲主要的气候区分为赤道、亚赤道带和热带、亚热带。[3]因为地质和气候变化带来的影响，非洲在第四纪中最引人注目的是一些湖泊面积扩大的地区，但现在已经变为干旱；但一些曾经是沙丘扩展的区域，现今的气候则变得比较湿润。

有丰富的地质资料表明，在更新世的几个时期中，本书地理区域划分的撒哈拉区域客观上并不干旱，但造成现在撒哈拉沙漠侵蚀的风蚀作用[4]在多大意义上与现代气团分布形式产生关系，并在多大意义上对植被与动物、河谷与河道产生作用，仍是科学界讨论的话题。不过，非洲 12 个湖泊具有非常一致的演变过程、撒哈拉地区植被消失让风能把沙丘向赤道方向和露出水面的大陆架推进 400—800 千米，类似这样的科学判读[5]为我们带来了启示：在未来的历史研究中，一方面要更多地关注气候知识的证据，另一方面也要积极研究相关因素，比如水资源的变化速度和趋势，来确定在人-水互动中自然与人文相互的作用机制。

人猿揖别后，"只要具有一般的知识和想象力，就能据而想出（石器）时期的经济

---

[1] 第三纪又可分为古近纪和新近纪；第四纪可划分为更新世和全新世，开始于大约 200 万或 300 万年前，具体时间并未确定，如今也是第四纪。

[2] 又有"冰川时代"冰期和间冰期不断交替，对应气候寒冷和温暖时期的交替，没有冰川的地区，则有潮湿和干旱时期的交替，称为"洪积期"和"间洪积期"，因此，更新世又称"洪积世"。亚马孙广袤的热带雨林在干旱时期曾经退缩成岛状。更新世时动植物曾受到巨大的影响，许多如今的动物地理和植物地理现象皆源于此，而在我国南方的动物群则一直比较稳定，如大熊猫-剑齿象动物群持续了很长时间。

[3] 联合国教科文组织编写《非洲通史》国际科学委员会：《非洲通史（第一卷）》，联合国教科文组织出版办公室，2013 年，第 293—294 页。

[4] 风蚀作用（Winderosion）是指风力对地表岩土的破坏作用。它包括风直接的吹蚀作用和风沙的磨蚀作用，这两种作用彼此相辅相成。风蚀作用的强度取决于风速和地表物质结构及地形状况。风蚀作用以近地面 23 厘米高度内最强烈，许多风蚀微地貌（如石蘑菇）都表现出了这个特点。

[5] 联合国教科文组织编写《非洲通史》国际科学委员会：《非洲通史（第一卷）》，联合国教科文组织出版办公室，2013 年，第 313 页。

和文化状况"①。但水资源及其利用对于人类历史进程起到关键作用的时期，还要从人类的定居时代开始说起。那基本可以确定为石器时代晚期②，岩石隐蔽所或者河/湖边的开阔地带，尤其是从这些地带与过去两千年人类活动密集的区域形成的交集开始讲起。这样，大致可以把水资源与人类的用水历史的时空划分为如下阶段：从时间来看，分为：铁器时代早期（200—900 年）：南部非洲农耕社区的初始定居；铁器时代中期（900—1300 年）：铁器时代社区与印度洋贸易间贸易关系的开始和扩张；铁器时代晚期（1300—1820 年）：新的国家形式的出现。③总体而言，定居有三个空间方向：④

第一组，被称为东部沿海分支，200—300 年，他们沿马普托和夸祖鲁-纳塔尔（今南非德班）沿岸，进入南部非洲寻求广泛的湿地和流域，以得到粮食生产的更多机会。⑤

第二组，被称为东部高原分支（也是主要分支）。他们在林波波河谷首先定居下来，其中的一些成为了牧民。在早期，他们通过津巴布韦向南迁徙，进入到南部非洲的内陆。他们更喜欢非洲南部的干燥地区，而不是德拉肯斯堡山脉的西部和卡拉哈里沙漠的边缘地区。⑥

第三组，被称为西部分支，他们从安哥拉和/或乌干达进入非洲南部，然后移入南非北部地区的林波波河谷，并在 350 年左右完成定居。⑦他们有高度的流动性，800 年的时候到达了最南端的夸祖鲁海岸和东开普省。⑧博茨瓦纳北部的奥卡万戈三角洲地区

---

① 联合国教科文组织编写《非洲通史》国际科学委员会：《非洲通史（第一卷）》，联合国教科文组织出版办公室，2013 年，第 371 页。

② 根据丹麦考古学家克里斯蒂安·于尔根森·汤姆森（Christian Jürgensen Thomsen）于 1836 年提出的三时代系统（Three-age System）：石器时代、青铜器时代与铁器时代。

③ Huffman T. N. 2007. *Handbook to the Iron Age: The Archaeology of Pre-Colonial Societies in Southern Africa*. University of KwaZulu-Natal. Chapters 19-21; Badenhorst S. 2010. The descent of Iron Age farmers in southern Africa during the last 2000 years. *African Archaeological Review*, Vol.27, No.2, pp.87-106.

④ Silva F., Steele J. 2012. Modelling boundaries between converging fronts in prehistory. *Advances in Complex Systems*, Vol.15, No.1 and 2.

⑤ Hall M. 1987. *The Changing Past: Farmers, Kings and Traders in Southern Africa, 200-1986*. David Philip. pp.36-38.

⑥ Parsons N. 2008. South Africa in Africa more than five hundred years ago: Some questions. In Swanepoel N., Esterhuysen A., Bonner P. (eds), *Five Hundred Years Rediscovered: Southern African Precedents and Prospects*. Wits University Press, pp.41-54.

⑦ Denbow J. R., Wilmsen E. N. 1990. Dvent and course of pastoralism in the Kalahari. *Science*, Vol.234, No.4783, pp.139-175.

⑧ Parsons N. 2008. South Africa in Africa more than five hundred years ago: Some questions. In Swanepoel N., Esterhuysen A., Bonner P. (eds), *Five Hundred Years Rediscovered: Southern African Precedents and Prospects*. Wits University Press, pp.41-54.

曾在 7 世纪的时候是当地狩猎采集的中心区域，这时逐渐成为英国农牧民定居者的乐园。[1]

尽管对第三组仍有不确定的争议，但很明显，拥有足够的水资源供牲畜饮用，并且能在半干旱地区放心放牧，是每个定居选择的重点。

二、历史的水动力

对铁器时代早期的农耕社群迁徙到南部非洲有各种各样的解释，其中一个强有力的解释就是气候的改变。公元前 55 000 年至公元前 5500 年，降雨带在不同时间周期进一步向北方推移，这样，维持地貌绿草茂盛的雨水基本上是足够的。草原上点缀着金合欢和桂柳，还有多种多样的野生动物，从狮子到长颈鹿、从大象到骆驼、从瞪羚到野牛，当然还有人类。大约 12 000 年前，北非的古帝街是一条畅通的常规水路。在连接尼罗河与红海的若干线路中，巉岩嶙峋的地表间有着反复出现的岩画图像，显示有多把橹桨的船只跟着上方高悬的孤星天狼星航行。而另一幅图像被描述为世上最古老的地图，很可能被用在复杂的地域环境中帮助导航。虽然缺乏详细资料，但环境研究显示，东部非洲的夏季降水"从第二王朝开始，平均看起来都比第一王朝时日渐减少"。而且也确实如此，尼罗河水位计的读数记录表明："从（埃及）第一王朝末期后，每年一度的洪水及平均水位高度有显著下降。"随着雨水减少，小湖区的人们无法继续在湖滨的田园乐土上居留。大草原逐渐消失，沙地不断蚕食推进，人们最终被迫向东行前往最近的水源地。[2]

公元 200—600 年，在南非西北省地区和博茨瓦纳卡拉哈里地区分散着一些铁器时代早期的农耕社群。这些社群的存在意味着当地气候温暖湿润，而这些存在于南部非洲的丰富食物和水及资源，足以接纳持续流入的、来自北方移民的生计。[3]此时，东部

① Turner, G. 1987. Hunters and herders of the Okavango Delta, Northern Botswana. *Botswana Notes and Records*, Vol.19, pp.25-40; Miller D. E., Van der Merwe N. J. 1994. Early iron age metal working at the tsodilo hills, Northwestern Botswana. *Journal of Archaeological Science*, Vol.21, No.1, pp.101-115.

② 〔英〕乔安·弗莱彻著，杨凌峰译：《埃及 4000 年：主宰世界历史进程的伟大发明》，浙江文艺出版社，2019 年，第 65 页。

③ Huffman, T. N. 1996. Archaeological evidence for climatic change during the last 2000 years in Southern Africa. *Quaternary International*, Vol.33, pp.55-60.

非洲人与环境的互动关系也影响了局部的气候。[①]复杂的陶瓷文化开始在东非定居的村庄兴盛起来，这代表了当地农业、畜牧业与冶金业的共同发展。因为使用木炭烧铁、冶炼，人们开始大量砍伐森林，当地生存条件也开始改变，气候条件恶化。大型定居点不再适合居住，居民纷纷外迁。

另一个关键因素来自向南迁徙过程中的降雨。降水决定了林波波河流域定居的模式，社群规定了特别的疆界以区别用水的合法性与否。在疆界以内用水是珍贵的，在疆界以外则是缺乏或者有可能有问题的。深入来看，水的可用性不仅是土地内在价值的关键，也是统治阶层的权力来源。统治阶层不仅有决定用水区域的权力，也有用水的分配权，是求雨的精神引领者。[②]

因气候原因从干旱地区迁徙到南部非洲的人们，不断寻求充足且具有稳定降雨量的地区。此时，声称土地所有权是次要的，因为人们很容易移居到雨水更丰富的地区，且新移民们更有选择的灵活性。但一般而言，因为基本生计条件不佳，新的定居者往往可以直观地避开低降雨地区。[③]当然，并不存在一个明确的界线，用以区分低降水量时期的人口流动。

与此同时，最远来自马尔加什、阿拉伯和波斯的外国商人、水手，与非洲沿海岸线的社群接触越来越多，双方之间越来越多的经济活动自然产生了文化交流与新思想的传播。印度洋沿岸世界因为贸易产生了定居，并形成了不断的供需要求。随着对象牙、黄金和奴隶的需求增加，需要不断扩大与尚未联系过并未被贸易渗透的地区的紧密联系。为了安全起见，一开始的沿海城市交易中心是在离岸群岛上或在附近河流的靠近海岸的海湾地区进行，这样可以方便交易双方通过水路和航船进入内陆。[④]

---

① Phillipson, D. W. 1994. *African Archaeology* (*Second edition*). Cambridge University Press. p.188.

② Alcock P. G. 2010. *Rainbows in the Mist: Indigenous Knowledge, Beliefs and Folklore in South Africa*. South African Weather Service. p.198; Isichei E. 1997. *A History of African Societies to 1870*. Cambridge University Press. p.141.

③ Turton A. R., Meissner R., Mampane P. M., Seremo O. 2004. A hydropolitical history of South Africa's international river basins. *WRC Repor*, Water Research Commission, No.1220/1/04.

④ Freund B. 2007. *The African City: A History*. Cambridge University Press. p.25.

三、重溯南部非洲干涸原因

自古以来，水，特别是降雨，决定了非洲人的生活。[①]但它的可利用性变化非常大。南非东北部地区的年降雨量达 1 500 毫米，而这里也是过去两千年人类活动最密集的区域。南部非洲的西南部，如纳米布沙漠，年降水量低至 25 毫米，这使它成为地球上不宜人类居住的地区。[②]除公元前 50—550 年外，该地区没有显著的人类活动。[③]

降雨（比温度的作用更重要）是非洲人食物生产中最重要的气候决定因素。降雨的时机及其与特定农业系统中的劳动力、种植模式和资本需求的特殊关系，对农村社会和经济发展至关重要。然而，无论是过去还是现在，这种关系都被忽视。毕竟，正是季节性降雨的模式决定着劳动力的社会和经济过程、资源的更新（食物、种子经济作物和饲料）以及年成的丰歉。

在南部非洲，雨水的重要性成为文化链接和交往中的必要一环。[④]例如，在莱索托，如果雨量充沛，供水充足，人们互相问候时说："普拉！"在博茨瓦纳，南部非洲最干旱的国家之一，大型的集体聚会之前，一定会用"普拉"开场，值得一提的是博茨瓦纳的国家货币单位就是普拉（雨）——这是一个文化指标的象征，表明雨水极其宝贵。

距今 40 000—200 年，处于铁器时代的非洲其他区域的移民来到南部非洲，他们和当地仍处于石器时代的原住民进行了融合。[⑤]这些移民和原住民科伊桑人的通婚历史非常悠久，特别是在非洲南部的干旱地区，这使他们能够不断适应正在发生改变的社会和生态条件，并在水资源并不丰富的地方生存下来。[⑥]他们学会了用鸵鸟蛋壳储存水

---

① Collins R. O., Burns J.M. 2014. *A History of Sub-Saharan Africa (Second edition)*. Cambridge University Press. p.160.

② Pallet J. (ed.) 1997. *Sharing Water in Southern Africa*. Desert Research Foundation of Namibia. p.1.

③ Carruthers J. 2003. Past and future landscape ideology: The Kalahari Gemsbok National Park. In Beinart W., McGreggor J. (eds), *Social History and African Environments*. James Currey, pp. 255-266; Avery D. M. 1995. Physical environment and site choice in South Africa. In *Journal of Archaeological Science*, Vol.22, pp.343-353.

④ Etherington N. 2010. Historians, archaeologists and the legacy of the discredited short Iron-Age chronology. *African Studies*, Vol.69, No.2, pp.361-375.

⑤ Mitchell P. 2002. *The Archaeology of Southern Africa*. Cambridge University Press. pp.135-137; Lombard M., Schlebusch C., Soodyall H. 2013. Bridging disciplines to better elucidate the evolution of early Homo sapiens in southern Africa. *South African Journal of Science*, Vol.109, No.11/12, pp.27-34.

⑥ Barnard A. 1992. *Hunters and Herders of Southern Africa: A Comparative Ethnography of the Khoisan Peoples*. Cambridge University Press. pp.43-44; Van Wyk B.-E., Gericke N. 2007. *People's Plants: A Guide to the Useful Plants of Southern Africa*. Briza Publications. Chapter 4-5.

的技术、天然水资源的管理策略，他们也传承了降雨的精神力量。[1]与此同时，他们还学会了利用火准备食物，在陶罐中煮肉汤等当地人的烹调方法。[2]他们具有惊人的适应能力，每当干旱地区的水资源枯竭时，他们就能够靠各种含水量高的植物生存下去。

在非洲南部的历史上，很少提到新石器时期，这个时期是石器时代社会向更复杂的文化和技术创新转化的中间过渡时期。最近，一些考古学家认为，两千年前在博茨瓦纳北部的牧羊人，很可能是该地区新石器时代的代表。[3]不过，主流思想并不认可在前殖民地的南部非洲有这样的可能。历史记录表明，那些在两千年前不知不觉进入铁器时代的南亚次大陆农耕族群，处在文化创新和社会、政治及经济生活方式转变的风口浪尖。他们对该地区的影响是如此强大，使得新石器时代在铁器时代面前黯然失色。

18世纪，南部非洲早期的定居原因多为环境因素。从铁器时代早期，人们定居在热带草原地区，享受充足的夏季降雨（东非以200毫米降水量为分水岭）；随着环境变化，非洲大陆部族迁徙，至1860年左右，与西方的工业革命差不多时期，南部非洲开始逐渐干燥。非洲大陆人口更趋复杂，来自世界上许多地区的居民居住在该地区。不变的是干旱依然存在、间歇性的洪水依然发生，即使在先进的科学和技术时代，也无法准确预测热带辐合带的趋势，降雨无法满足现实需求。地理学根据岩石断层的河流痕迹可以推测河流在长时段的变化规律，而这一历程似乎也可以从全球气候变化的角度来理解，非洲和整个世界因为气候和环境的变化形成了别样的格局：人口定居的格局、干旱或是洪水。[4]全球气候变化的大背景，有助于我们更全面地了解局部地区的气候变化以及这些地区的地貌景观在长期内必然会发生的变化。

有趣的是，南部非洲铁器时代社区的定居周期并不一定意味着相应的部落发展起起落落。相反，这种轮替可以理解为一个复杂的周期：兴起、维持、崩溃，然后在一

---

[1] Klein R. G. 2001. Southern Africa and modern human origins. *Journal of Anthropological Research*, Vol.57, No.1, pp.1-16.

[2] Alcock P. G. 2010. *Rainbows in the Mist: Indigenous Knowledge, Beliefs and Folklore in South Africa*. South African Weather Service. pp.12, 24, 199-203.

[3] Sadr K. 2003. The neolithic of South Africa. *Journal of African History*, Vol.44, No.2, pp.195-209; Robbins L. H., Campbell A. C., Murphy M. L., Brook G. A., Srivastava P., Badenhorst S. 2005. The advent of herding in southern Africa: Early AMS dates on domestic livestock from the Kalahari Desert. *Current Anthropology*, Vol.46, No.4, pp.671-677; Wilson J. F. 1865. Water supply in the basin of the river orange, or "Gariep", South Africa. *Journal of the Royal Geographic Society of London*, Vol.35, pp.106-129.

[4] Kokot D. F. 1948. An investigation into the evidence bearing on recent climatic change over southern Africa *Irrigation Department Memoir*. Government Printer.

个具有新视野的新社会出现之前又逐渐恢复元气。

例如，13世纪马蓬古布韦（Mapungubwe）的逐渐崩溃是一个创造性的破坏过程，这导致了大津巴布韦帝国的出现。相似地，大津巴布韦也在创造性破坏的循环中改变了自己；铁器时代南非东部的恩古尼科萨族（Nguni Xhosa）、祖鲁族社会以及索托族和茨瓦纳族社会的定居浪潮也大致如此。水、区域和部族社会的相关性构成了创造性转变过程的一部分，也正是在这种不断变化中，水作为重要的自然资源和生活之基，是社会繁荣的必要基础。

从社会的角度来看，在了解次大陆的水史动态方面我们似乎仍处于探索阶段。对过去两千年人类与水打交道的过程有一个更全面的认识是必要的。南非普马兰加省的博科尼和津巴布韦高原上的尼扬加构建了传统的、庞大的水利系统，这个系统是非洲社会在两千多年时间里构建的更为庞大的水利系统的一部分（目前尚缺乏对此的研究）。此外，我们对水历史进程的理解应该从相对较遥远的过去一直延伸到现在。更进一步地说，非洲水资源的利用与人类的出现、迁徙，部落的保护、崩溃、改变都有密切相关性。非洲社会正是在这样的复杂循环中，不断进行更迭的。

第二节　早期非洲水史的时段

一、铁器时代早期（250—400年）

在250—400年，铁器时代早期的定居时期是在一段较长的时间内逐渐发生的，其间也有入侵和定居的时段，这塑造了社会群体和区域人口的多元性，也自然地带来了南部非洲文化的重要转型。在如今的夸祖鲁-纳塔尔沿海区域有河流冲积的平原低地，人们种植庄稼。典型的地点是在该地区的圣卢西亚河口、曼德勒沼泽（Lake St Luciaestuary and the Mdlanziswamplands）和穆库兹河（Mkuze River）。[①]一些族群转向进入内陆低地和德拉肯斯山脉的边缘。这个陡峭的山脉从北部延伸到南非南部海角，似乎一直是一个向西迁徙的障碍，然而，向南迁徙的路途却没有停滞，移居有时靠近印度洋，有时则是农业社区向内陆转移。

---

① Hall M. 1987. *The Changing Past: Farmers, Kings and Traders in Southern Africa, 200-1986*. David Philip. pp.36-38; Turner S., Plater A. 2004. Palynological evidence for the origin and development of late Holocene wetland sediments: Mdlanzi Swamp, KwaZulu-Natal, South Africa. *South African Journal of Science*, Vol.100, pp.220-229.

在南非东北部的迁徙表明，当时已经很流行作物种植了。起初，牛并没有构成社区生活的很大一部分，锄耕农业似乎才是占主导地位的。[①]在南部非洲耕种的作物包括高粱（Sorghumsp.）、小米（fingermillet/Eleusinecaracasna）、豇豆（Vignaunguiculata.），内陆的种植种类也差不多，不过加入了更多的耐旱作物、地下作物、草类和薯类。至公元 550 年左右，在今天的夸祖鲁-纳塔尔省（uKhahlamba-Drakensberg）的东部约 100 千米的内陆农作物种植区，已经有了蓄养牛、绵羊和山羊的传统，这个传统甚至延续至今。[②]东部沿海地区人群分布突出了粮食和水供给的重要性，因为他们依赖的特有粮食具有极强的地域性，且只有在存在灌溉可能的区域才可能生存，水至关重要。

650—950 年，从如今的东开普省开始，早期的农牧群体再次向南行进，他们喜欢居住在沿海地区潮湿的河流集水区，在半干旱区域的人口减少了。[③]除了水源的寻找以外，新定居者们还在不断寻找矿藏。一般在南部非洲的聚居区附近都有矿业或者铁业加工的遗址。650—750 年，在夸祖鲁-纳塔尔省的图盖拉河（Thukela River）附近，钢铁工人在炉外锻造冶铁，并与附近居民进行一些交换活动。他们还进行一些手工艺活动，包括陶瓷陶器制造与耕种、畜牧等。早期的定居地在灌溉便利的河谷地带，土地肥沃，附近的大草原林地以高产著称。在靠近当地河流和半落叶林地的地方，也有旱地锄耕作物，特别是小麦。由于土壤湿度低，陡坡很少用于种植。随着定居点的扩大，耕种活动扩展到住宅区的外围，农作物种植趋于多样化。[④]

了解南部非洲铁器时代早期东部高原定居点（中支）的关键在于马蓬古布韦。这是次大陆上最早的大型人类定居点之一，位于沙谢河和林波波河的交汇处，靠近今天的南非、博茨瓦纳和津巴布韦的边界。历史上，河流和溪流一直是人类在定居过程中用得最多的水源。虽然湖泊比河段的蓄水多，但通常人类在湖边定居的密度较低，这可能是因为湖岸的可达范围小于河岸。约 350—450 年，马蓬古布韦的第一批居民开始

① Poland M., Hammond-Tooke D., Voigt L. 2004. *The Abundant Herds: A Celebration of the Cattle of the Zulu.* Fernwood Press. p.15.

② Wright J., Mazel A. 2007. *Tracks in a Mountain Range: Exploring the History of the uKhalamba-Drakensberg.* Wits University Press. p.46.

③ Feely J. M., Bell-Cross S. M. 2011. The distribution of Early Iron Age settlement in the Eastern Cape: some historical and ecological implications. *South African Archaeological Bulletin*, Vol.66, No.194, pp.105-112.

④ Greenfield H. J., Fowler K. D., Van Schalkwyk L. O. 2005. Where are the gardens? Early Iron Age horticulture in the Thukela River basin of South Africa. *World Archaeology*, Vol.37, No.2, pp.307-328.

了他们的农耕生活。①

在林波波河谷中下游，农民住在离这条河很近的地方。在内陆地区，他们倾向于选择开阔的草原地区，尤其是水草丰美的小湖边，而不是住在河边的森林或内地的丛林地带。早期的家畜主要有绵羊和山羊。虽然居民也养牛，但数量没有山羊多。②除了种植常见的谷子和高粱作物，他们还像南部非洲其他当地社区一样，炼铁、用骨头和象牙雕刻器具或工艺品、用皂石制造陶瓷锅碗瓢盆。他们从含盐矿泉中提取盐，并创造了潜在的贸易平台。③

铁器时代早期的社区倾向于定居，并与当地以狩猎采集为生的原住民自由融合。他们生活在相对和谐的环境中。④尽管狩猎采集者为自己保留了迁徙到其他地方的权利和自由，但许多人倾向于适应并融入一个转型的、开放边境的社区系统，这样，技术之间和族群间关系得以发展。狩猎采集者很快就适应了新来者的文化和技术，尤其是学会了如何利用水资源，如何管理现有资源促进农业生产。许多人是东非湖区居民的后代，曾拥有繁荣的铁器时代文化。除了农耕，他们还会捕鱼，知道如何依水而居。与此同时，新来的定居者向土著人学习依山就势开发梯田。土著人熟悉当地气候，能够预测降雨，还可以通过巫师祈雨。这些对规划作物种植至关重要。

渐渐地，居民的生活逐渐从山谷和附近的水源地转移到更高的海拔定居。⑤这有安全方面的考虑，也有疾病威胁的因素。铁器时代早期农业社区的形成代表着原始城市聚居地的开始，后来这些聚落变得更加复杂。人口密集之后，人们患病的可能性也增加了。在炎热、干燥地带以及接近水源的潮湿条件下，疾病相对较多。在南部非洲低地地区，水生疾病盛行。血吸虫病多见于古埃及和东非，也是南部非洲水域的一大威胁。在河流附近地区，由按蚊（Anophelesmosquito）携带的疟原虫引发的疟疾也是一

---

① Huffman T. N. 2000. Mapungubwe and the origins of the Zimbabwe Culture. *Goodwin Series*, Vol.8; *The Limpopo Valley 1000 Years Ago*, pp.14-29; Solomon S. 2010. *Water: The Epic Struggle for Wealth, Power and Civilization*. Harper. pp.12-13.

② Robbins L. H., Campbell A. C., Murphy M. L., Brook G. A., Srivastava P., Badenhorst S. 2005. The advent of herding in southern Africa: Early AMS dates on domestic livestock from the Kalahari Desert. *Current Anthropology*. Vol.46, No.4, pp.671-677.

③ Hammond-Tooke D. 1993. *The roots of black South Africa*. Jonathan Ball Publishers. p.27.

④ Robertson H., Bradley A. 2000. A new paradigm: The African Early Iron Age without Bantu migrations. *History in Africa*, Vol.27, p.312.

⑤ Robertson H., Bradley A. 2000. A New Paradigm: The African Early Iron Age without Bantu migrations. *History in Africa*, Vol.27, pp.315-316.

大威胁。虽然随着时间的推移，对疟疾的免疫力会增强，但并不是所有铁器时代的社区都对这种疟疾发烧免疫。①

采采蝇在非洲有着悠久的历史，它们在家畜和某些野生动物物种中传播纳格纳的锥虫寄生虫，人类被叮咬后就会引发昏睡病。有证据表明，在现今博茨瓦纳的北部地区，牧民在两千年前就已经存在了。他们生活的地区动物疾病盛行，其中就有采采蝇传播的锥虫病。②霍夫曼认为，很可能在两千年前，有属于乌鲁威人班图语传统的族群从西非南下，进入南部非洲。这次迁徙是由于气候的波动造成的。这种气候变化使一些地方不受采采蝇困扰，为移民南下开辟路径。③

铁器时代早期的变迁与气候变化有关。从约 600 年之后的三个世纪里，在沙谢河-林波波河（Shashe-Limpopo）地区都有更寒冷的气候条件，并对马蓬古布韦地区的农业产生了影响：此时并没有农业迹象。到了公元 800 年，林波波河谷的气候条件发生了变化，人们开始通过烧垦农业（swidden agriculture）来清理土地播种庄稼，不过，这并非普遍现象。④在南部非洲东部低洼地区的其他地区，比如居住在夸祖鲁-纳塔尔省定居点的居民，自铁器时代开始，他们已经居住了几个世纪，他们倾向于不使用垦烧的方法，而更愿意利用林间空地种植作物。根据考古木炭残留物测试，可以推断出当时的谷物储存地甚至是求雨所在地的痕迹。考古记录凸显了祈雨的重要性，这表明当地农业对用水供应的需求非常迫切，不是风调雨顺的年份需要当地头领采取干预措

---

① 较多研究：Cox F. E. G. 2002. History of human parasitology. *Clinical Microbiology Reviews*, Vol.15, No.2, pp.601-602; Morgan J. A. T., De Jong R. J., Adeoye G. O., Ansa E. D. O., *et al.* 2005. Origins and diversification of the human parasite Schistosoma mansoni. *Molecular Ecology*, Vol.14, pp.3889-3902; Farley J. 2003. *Bilharzia: A History of Imperial Tropical Medicine*. Cambridge University Press; Packard R. 2001. Malaria blocks development revisited: the role of disease in the history of the agricultural development in the Eastern and Northern Transvaal Lowveld, 1890-1960. *Journal of Southern African Studies*, Vol.27, No.3, pp.591-612.

② Robbins L. H., Campbell A. C., Murphy M. L., Brook G. A., Srivastava P., Badenhorst S. 2005. The advent of herding in southern Africa: Early AMS dates on domestic livestock from the Kalahari Desert. *Current Anthropology*, Vol.46, No.4, pp.671-677.

③ Huffman T. N. 2007. *Handbook to the Iron Age: The Archaeology of Pre-Colonial Societies in Southern Africa*. University of KwaZulu-Natal. p.357.

④ Ekblom A., Gillson L., Notelid M. 2011. A historical ecology of the Limpopo and Kruger National Parks and lower Limpopo Valley. *Journal of Archaeology and Ancient History*, Vol.1, pp.2-29; Delius P., Maggs T., Schoeman M. 2012. Bokoni: old structures, new paradigms? Rethinking precolonial society from the perspective of the stone-walled sites in Mpumalanga. *Journal of Southern African Studies*, Vol.38, No.2, pp.399-414.

施带来降雨，缓解迫在眉睫的干旱威胁。①

二、铁器时代中期（900—1000 年）

至 900 年，马蓬古布韦地区寒冷、干燥的气候结束了。受志佐（Zhizo）陶瓷文化影响的一批新的农民进驻这里并开始了农业活动，这标志着非洲南部铁器时代中期的开始。

在林波波河下游，950 年后的木炭总量减少，这被认为是降雨增加的一个迹象，而这也与欧洲中世纪暖期（MWP）有关。马蓬古布韦最好和最富有成效的土地用于农业生产，而当地精英通常居住在次优耕地上。在这个阶段，没有什么动力来保证剩余的作物，这意味着每个人都在酋长领地中义务参与耕种。城镇居民有权获得农业用地以养活自己的家庭。随着人口的增加，土地的需求也增加了。②

在政治上，农业城镇催生了强有力的领导者。在马蓬古布韦西部，人口众多的新生茨瓦纳酋长国坐落在开阔地带，这是为了防止强盗团伙的袭击。这里充足的供水是定居所需，而草原上可食用植物可为社区居民提供食物来源。在马蓬古布韦也出现了类似的人口集聚趋势，但与茨瓦纳的定居点相比，规模相对较小。马蓬古布韦的头领们住在山上，生活较为富裕，那里的艺术品和手工制品非常有名，这说明他们开始与东海岸进行贸易。③

早在 8 世纪，南部非洲就出现了城市萌芽的迹象。在马蓬古布韦，城市开始崭露头角。到了 10 世纪，沙谢河-林波波河盆地的象牙、黄金和粮食生产为马蓬古布韦与印度洋沿岸贸易商之间的贸易创造了理想的环境。早期人类聚落形态往往是在低洼地区，现在则是在相对高的山麓，这里可以俯瞰林波波河和支流及平原的城市群的增长。铁器时代进入晚期的一个显著特征是定居点牲畜数量的增加。④

---

① Huffman T. N. 2009a. Mapungubwe and Great Zimbabwe: The origin and spread of social complexity. *Journal of Archaeological Anthropology*, Vol.28, No.1, pp.37-54.

② Huffman T. N. 2000. Mapungubwe and the origins of the Zimbabwe Culture. *Goodwin Series*, Vol.8, The Limpopo Valley 1000 Years Ago, pp.14-29.

③ Freund B. 2007. *The African city: A history*. Cambridge University Press. pp.4-5.

④ Manyanga M., Pikirayi I., Chirikure S. 2010. Reconceptualising the urban mind in pre-European southern Africa: Rethinking Mapungubwe and Great Zimbabwe. In Sinclair P. J. J., Nordquist G., Herscend F., Isenahl S. (eds), *The Urban Mind: Cultural and Environmental Dynamics*. Uppsala University, pp.573-590.

气候条件明显改善从地方人口的增长上就可以看出来。900—1000 年，马蓬古布韦志佐农村地区，有多达 1 900 名居民。[①]大量的城镇居民需要食物供给，而当时显然还没有大型的畜群来提供食物。[②][③]为了满足日益增长的粮食需求，农民主要依靠洪泛区农业。沙谢河与林波波河交汇处汇聚了相当多的水资源，而且滞留时间比现在长，有利于高粱、小米等庄稼的种植。汇流区下游的泛滥平原粮食产量最高。该流域汇流区下游有一个短小狭窄的峡谷，起到大坝的作用，遏阻了林波波河湍急而下的水流，迫使河水回流进入支流。这一带的洪泛区边缘有一个叫克洛普（Kolope）的小三角洲，那里的农业定居点繁荣发展。据霍夫曼研究，该地区有许多农业定居点，位于高出泛滥平原天然形成的台地上。900—1300 年，降雨充沛，作物生长季节供水充足，气候温暖，非常有利于农业生产。

1000 年左右，新移民来到了马蓬古布韦。他们一部分自豹丘而来，组成了现今津巴布韦的绍纳语文化的一部分。他们控制并建立了新的聚居点，考古学家们将其命名为"K2"。"K2"地区 1000—1230 年的豹丘团体，增加了当地的作物生产率。这些居民与今天的居住在姆普马兰加省的民众也有一定的联系。从这一点来看，沙谢河-林波波河流域似乎有新的文化传统的发展和扩散出来。

从政治上看，有重要直接影响的变化是祈雨仪式。祈雨一直是中央政治的核心权力。并在不同地方举行，有时仪式发生在住所外（在自然环境）或山上。狩猎采集者最初都参加这些活动。但在后期，统治精英们掌控了祈雨。在严重干旱时，如果祈雨不成功，当地居民可能会有一些意想不到的极端手段，甚至推翻政权。[④]公元 1000 年后，马蓬古布韦的祈雨仪式越来越多地受到津巴布韦高原传统的影响。绍纳商人和农民们都成为了马蓬古布韦的居民，并推动着这些改变。因为他们此时已经处于统治阶层，成为了祈雨仪式的权威，因此他们的祈雨方式逐渐为当地社区接受。

最终，贸易也开始发挥作用。13 世纪时，东海岸对黄金的需求让马蓬古布韦的领

---

① Huffman T. N. 1996. Archaeological evidence for climatic change during the last 2000 years in Southern Africa. *Quaternary International*, Vol.33, pp.55-60.

② Badenhorst S. 2010. The descent of Iron Age farmers in southern Africa during the last 2000 years. *African Archaeological Review*, Vol.27, No.2, pp.87-106.

③ Huffman T. N. 2000. Mapungubwe and the origins of the Zimbabwe Culture. *Goodwin Series*, Vol.8, The Limpopo Valley 1000 Years Ago, pp.14-29.

④ Delius P., Schoeman M. H. 2008. Revisiting Bokoni: populating the stone ruins of the Mpumalanga escarpment. In Swanepoel N., Esterhuysen A., Bonner P. (eds), *Five Hundred Years Rediscovered: Southern African Precedents and Prospects*. Wits University Press, pp.135-168.

导者们开始更多地向北津巴布韦高地的金山区域开疆拓土。在这个移居津巴布韦的过程中,马蓬古布韦的头领们失去了掌控祈雨的特权。不久之后,一个新的精英阶层掌控了与东海岸的贸易。①

在 1220 年左右,当地居民抛弃了"K2"区域,择居于马蓬古布韦附近的小山丘上。驻地没有牲畜,预示着对牛的所有权的限制;住地的庭院原先只允许男性进入,现在转为全体居民可进入。也有可能是当地的牧场已经枯竭。②③1000—1230 年,"K2"定居点的人口有 5 300 人,分布在 3 800 个住宅中。而在 13 世纪末之前,有 9 000 人居住在大约 400 个家园中。当时的马蓬古布韦控制着大约 30 000 平方千米领地,除了接受津巴布韦式的祈雨传统外,当地社区也越来越多地用大津巴布韦社会的定居模式取代其传统的牛栏居中住地布局。在政治上,马蓬古布韦被北方文化吸纳,进一步的变化即将发生;14 世纪时该地区有一次大疏散。

三、铁器时代晚期(1000—1820 年)

传统上,南部非洲的铁器时代晚期据说始于公元 1000 年左右。④然而,在 20 世纪 80 年代,根据更广泛的研究结果和随后对全球气候变化的认识加深,出现了一种新的分类。新的周期性同步表明,铁器时代晚期开始于 1300 年左右,也即南部非洲铁器时代的关键中心之一马蓬古布韦被遗弃之时。此外,新的分类在全球范围内也与小冰河期的开始相吻合。在小冰河期(1300—约 1800 年)的南非,平均气温可能比现在低 1℃,当然也有波动。在欧洲中世纪温暖期(MWP),南部非洲在 1000—1400 年呈现出明显的增温趋势,此时平均气温可能比现在高 3℃。⑤温度的这些显著变化很可能对刺激次

---

① Ibid. Huffman T. N. 2009a. Mapungubwe and Great Zimbabwe: The origin and spread of social complexity. *Journal of Archaeological Anthropology*, Vol.28, No.1, pp.37-54.

② Plug I. 2000. Overview of Iron Age fauna from the Limpopo Valley. *Goodwin Series*, No.8, pp.117-126, 240; Huffman T. N. 2000. Mapungubwe and the origins of the Zimbabwe Culture. *Goodwin Series*, Vol.8, The Limpopo Valley 1000 Years Ago, pp.14-29.

③ Huffman T. N. 2009a. Mapungubwe and Great Zimbabwe: The origin and spread of social complexity. *Journal of Archaeological Anthropology*, Vol.28, No.1, pp.39-40.

④ Parkington J. 2001. Presidential address: seasonality and Southern African hunter-gatherers. *The South African Archaeological Bulletin*, Vol.56, No.173/4, pp.1-7.

⑤ Tyson P. D., Karlen W., Holmgren K., Heiss G. A. 2000. The Little Ice Age and Medieval warming in South Africa. *South African Journal of Science*, Vol.96, pp.121-126.

大陆的极端干旱和/或洪水条件产生影响。这些气候条件变化的一个明显迹象是,马蓬古布韦居民开始撤离沙谢河-林波波河流域。一些人搬到了南方的斯特潘索堡地区,即今天林波波省的文达。另一些人则向北迁徙到今天的津巴布韦。

　　然而,博茨瓦纳的研究发现使霍夫曼的气候变化论受到争议。有学者认为,14世纪的政治和地方经济问题可能比气候变化的影响更大,而且当时并不存在水资源短缺情况。[1]也有人认为,正是由于气候变化才出现了政治冲突。由于气候条件的变化,社区的生计自然会受影响,冲突必然会随之而来。在南部非洲干旱地区,旱季时,狩猎-采集型社区通常会采用互惠利他的行为,如跨越遗传亲缘关系交换礼物,旨在互补现有资源。这种交换行为也意味着在面对潜在的灾难性生态环境时,不同社区能更加团结,共克时艰。这也为原本距离遥远的社区之间(有的距离200千米或更远)打开了沟通渠道。[2]它也表明当时的社会和政治制度旨在控制当地自然资源:在水资源较为丰富的次大陆东部地区,水资源由地方控制,而在卡拉哈里等十分干旱的地区,水资源往往要进行区域性集中调配。

　　历史记录表明,干旱会引发诸多问题:造成次大陆许多地区农民减少;为寻求新的宜居环境而迁徙;引起生产方式和分配形式的改变。[3]800—1803年发生在该地区的马德拉图利(Madlathuli)干旱摧毁了祖鲁兰的农作物和牲畜,这导致了严重的贫困。铁器时代晚期,即便生活在同一地区的人们,由于干旱和文化不同,也会互不信任,并继而引发政治上的连锁反应。由于夸祖鲁-纳塔尔的新兴祖鲁族之间的政治斗争,这一时期南部非洲许多地区出现了大规模的人口迁移。[4]

第三节　早期非洲史中的水使用

　　水资源的使用是人类生存的基本条件,非洲水资源的使用是早期人类图景的再现。

---

① Denbow J. R., Wilmsen E. N. 1990. Advent and course of pastoralism in the Kalahari. *Science*, Vol.234, No.4783, pp.1509-1515.

② Mitchell P. 2002. *The Archaeology of Southern Africa*. Cambridge University Press. pp.215-216.

③ Beinart W., McGreggor J. 2003. Introduction. In Beinart W., McGreggor J. (eds), *Social History and African Environments*. James Currey, pp.1-24.

④ Alcock P. G. 2010. *Rainbows in the Mist: Indigenous Knowledge, Beliefs and Folklore in South Africa*. South African Weather Service.

一般而言，可以得到的重要食物来源，基本上都与牧场和水源的周期变化相关。非洲传统狩猎和放牧者的长期幸存，使人们可以进行系统的研究，人类学家在技术和社会组织方面的研究，为考古学家解释其他地区已经灭绝的族群的遗物，提供了极有价值的参考样板。尽管人们相宜的地方非常遥远，但是他们使用了相似的技术和一些非技术的特征，如语言体质类型和经济特征等，因此可以判断他们有相同的文化基因。①

一、非洲水资源的本土知识

研究表明，公元 4 世纪或 5 世纪时，非洲使用铁器的族群转移到了林波波河以南地区。②同时期，德兰士瓦和斯威士兰区域的居民以务农和放牧为生③。在当地居民和铁器时代的居民相遇后，掌握更新技术的铁器时代的族群逐渐瓦解了当地狩猎和采集为生的族群，并开始取而代之或者部分混居。只有在很偏僻的一些区域，比如德拉肯斯山脉陡坡等地，最初的原住民成分才比较单一。16 世纪中叶，从开普地区开始，非洲开始了第二次人口扩张。这次扩张主要是与殖民主义的进程相关的，而带来的影响是将非洲本土的更多的文化进行了彻底改造。和大多数人认知一致，15 世纪后期，葡萄牙航海者最早与当地居民发生了接触。1652 年葡属东印度公司决定在周湾建立一个食品补给站，这个决定加速了与当地居民的接触。之后便是漫长的殖民主义在非洲的进展。

因此，这里所涉及的"传统"的非洲水资源利用，主要是指非洲同外界接触尚少的时期，是比较持久和相对稳定的时期。鉴于非洲各地发展不同，无法简单用 15 世纪或者 16 世纪来进行简单时段划分，但所述的"传统"时期，多数仍发生在 16 世纪之前。

4—5 世纪，以大津巴布韦为中心曾先后建立过一些班图人的王国，并成为南部非洲至今都非常重要的文明中心。按照当地的传统哲学，生命是用河流来进行标识的。生命与河流一样，进程有高有低。现在的老人们就是河流的一些支流，他们在生命的河流中向着故去慢慢行进。但当他们的生命河流的堰坝打开的时候，生命又将循环继

① 联合国教科文组织编写《非洲通史》国际科学委员会：《非洲通史（第二卷）》，联合国教科文组织出版办公室，2013 年，第 571—656 页。

② P. B. Beaumont and J. C. Vogel 1973, pp.66-89; R. J. Mason, pp.324; M. Klapwijk, 1974, pp.19-23.

③ 他们制造的陶器比亚和马拉维已发现的同期陶器相仿（参见：联合国教科文组织编写《非洲通史》国际科学委员会：《非洲通史（第二卷）》，联合国教科文组织出版办公室，2013 年，第 27 章）。

续，不过是在不同的水平上。男性和女性有他们有限的力量，有他们的无知和弱点，但他们的祖先和巫师（Midzimu）都知道这些，祖先会让他们成为完美的父母，人类的生命是向结束时逐渐加强的。①

祖先掌控着呼吸（Mweya）。祖先们也有其他的一些形式同时起作用。但他们一直都是很高级的存在，他们可以看到也可以听到，有情感也有主张。祖先让他们从不轻浮或者是薄情，后代是祖先唯一牵挂的人。后代之所以生病，是因为祖先想要通过生病来对后代施加影响，祖先通过对后代叹气来警告他们会有灾祸发生。所以非洲人坚信不应该抱怨或忘记祖先，而应该纪念他们，用他们的名字来命名孩子，以获得更好的祝福。按照祖先的律法，非洲人可获得庇护，否则祖先则会降下干旱，而让后代颗粒无收。

河流和水与动物之间也有密切的相关性，代表着权力的归属。对于南部非洲文化而言，有光明和黑暗的两种权力力量，比如丛林中有狮子，也有鬣狗和鳄鱼。狮子会吃人，但他们总是在光天化日下吃，所以它们代表的是正面创造性的野外力量。鬣狗和鳄鱼是在晚上、私下里或者是水下来处理人的尸体的，它们代表着消灭性的、邪恶的力量（比如乱伦、谋杀和巫术等），而这些力量导致干旱。

酋长会宣称他们的祖先控制着降雨。这种力量像人力一样，是丛林的力量，像狮子一样。因此很多酋长都有狮子的意志和精神，他们统治着野外，进行着礼教，是降雨和丰收的给予者。

在很长的一段时间内，非洲因循着这种哲学体系构建着社会与自然的平衡。当然，不得不指出的是，非洲水资源的传统利用所根据的材料，多数基于考古学和早期殖民者的记录。其中，较多的材料出现在开普的西部地区，而这又因为这个地区的大量考古佐证而得以加强，岩画与石器的丰富记载也加强了这些区域的研究。对南部非洲更多区域的研究，有可能要等到有更多的考古发现和人类学积淀，来进行知识更新。但毋庸置疑的是，南部非洲许多地方的环境自狩猎者和游牧者到来以后，仍保持较为稳定的社会形态，并未发生根本的变化。经过 250 多年的农业活动之后，现在仍可找到可供追溯当时的环境、空间和季节的因素，这些因素在某种程度上足以决定史前时代人们聚居情况及其性质。

---

① Gums and Rains.

二、传统非洲水资源利用形式

在南部非洲的其他地区，有的地方降雨少，按全年分布均衡。有的地方降雨量大，夏天高温。这些地方食物来源可能十分不同，但同样都有供应的高峰和低落期。非洲旋角大羚羊和南非小羚羊等鹿群在卡罗地区（在本土语中意为"干旱"或者"无雨"的意思。在南非专指两个特定地区，小卡罗在开普省西南，大卡罗在开普省北部延伸到奥兰治河）的进出，以及它们在夏雨草场和冬雨草场之间的移动会影响桑族居民的分布。有证据表明存在着适应食物来源变化的各种聚落形式，包括季节性流动在特定时间对某些食物的限制，社会单位大小的改变，食物的储存及建立广泛的亲属联系，以保障本地缺乏食物时的供应等。

开普西部的桑族人在冬天和初春当粮食和水果来源最缺乏的时候，就会转向采集沿海的食物如贝类。对贝冢的贝壳进行氧同位素比例测量，并结合现代海洋表面温度变化相比较，证明贝冢只是在冬天才堆积起来。[①]

情况一再表明狩猎采集者族群活动的人数不时变化，以提高利用资源的效率，资源分布稀少时，他们分散成较小的家族集团，当谋生方式需要变化而使用大量劳力或者资源高度集中，又能够供应较多人形成大的群体。这种模式有利于在相邻群体之间保持亲属关系，也可以利用大集合的机会互相传递消息，交换物品技术有些时候还可能是女性。在大灾难面前，这些亲属关系会变成一条生命线，一个群体暂时使用另一个群体的资源而生活下来。这些大多来自历史记载，也有些是来自岩画。

夏季雨量充沛的地区，农业是更加可取的谋生之道，而流动性大、不种庄稼的牧民可能穿过纳米比亚和开普北部的干旱地区进行扩展到开普西部和南部的草原。

大量的沿海贝冢在洞穴内外发现表明桑族人曾经充分利用海产资源，沿海居住的群体捕捉鱼、海豹和海鸟，并且采集大量水生贝壳类动物，特别是帽贝和淡菜。河生资源包括淡水软体动物和鱼也得到了利用，甚至还有一些鱼干的制作。在开普东部和西部有证据表明，人们采集淡水中的贝类；在开普西部和莱索托，食用淡水鱼已经得到证实。莱索托和东格里夸兰的许多岩画描绘着捕鱼的情景。[②]

---

① 联合国教科文组织编写《非洲通史》国际科学委员会：《非洲通史（第二卷）》，联合国教科文组织出版办公室，2013年，第584页。

② 联合国教科文组织编写《非洲通史》国际科学委员会：《非洲通史（第二卷）》，联合国教科文组织出版办公室，2013年，第575—576页。

奥兰治河下游地区用编成漏斗形的芦苇筐捕鱼。利希滕·斯坦因和巴罗两人对此都有叙述,他们认为这类捕鱼器就是当地人使用的。这类捕鱼器放在小溪中,据记载是用柳条树枝和芦苇编成尖形或漏斗形,这与当前仍然在卡富埃河和林波波河使用的捕鱼器相仿。虽然迄今并未发掘出这种捕鱼器的遗物,但是在莱索托和东南发现的一批岩画,肯定地描绘了成套的这类的捕鱼器。他们用芦苇或木料编成的篱笆连接起来可以捕获大量的淡水鱼,特别是一种叫巴布斯的黄鱼。[①]淡水鱼骨已经在相距遥远的开普西部和莱索托的遗址中发现,但使用何种捕鱼技术还搞不太清楚。凯特曾倾向于把一些微型细长的骨钩当作鱼钩,但是他也认为可能有其他解释。在莱索托的储利凯发现的捕鱼图好像是站在小船上,用可能装有倒刺的长鱼矛捕鱼。

在开拓南部沿海一带的遗址中,发现的有孔陶和石质物体坠子如果属实,就足以证明沿海的桑人曾用网捕鱼。由于发现了大量用纤维做成的绳索和在内陆遗址中确实存在之外,所以桑人用网捕鱼的说法并不会令人惊奇。古温德报告中发现一块做鱼饵用的小骨块,系在一根固定在捕鱼实验的线上,在史前时期末可能还使用了其他捕鱼技术。另外,据记载,那些生活在沿海一带的人,常用死鱼和搁浅的鲸鱼充饥。

在不少内陆地区,居民会制作蜂蜜酒,即使用格里(Gli,当地一种有伞形花序植物名),将其晒干后研成粉末,然后放在木槽里加进凉水和蜂蜜,经过一夜的发酵形成蜂蜜酒。[②]当地人还会制作网兜,用来携带鸵鸟蛋做成的水壶。这些网兜大多是用双股通心草属植物性纤维做成的。桑伯格曾在 18 世纪将此称为"纸莎草纱"(Cyperustextilis)。另一项非常重要的技术是制造各种盛水的容器。历史文献记载有用鸵鸟蛋壳做成的水壶,有的刻上花纹。那些盛水容器在许多遗址中已被发现,不过往往是破损的。也有用动物的膀胱来汲水的,但是并没有用陶器提水的记载。

三、嵌入到社会发展中的水利用

(一)巫师用水与祈雨仪式

在生活的各方面,巫师通过对"水"赋予"功能",来给酋长做出预测,或村民开

---

① 联合国教科文组织编写《非洲通史》国际科学委员会:《非洲通史(第二卷)》,联合国教科文组织出版办公室,2013 年,第 579 页。

② 旅行记录自: C. P. Thunberg's Trav. Ⅱ. 31.

处方。这些重要的本土知识一直由巫师家族传承，这样就可以保证继位的巫师可以根据知识经验积累，预测洪水涨落；也会根据村民的病情，给他们开出某个拥有"灵力"山泉的"药水"。

从自然的角度看，雨一直是非洲社会发展上天所赐的重要"灵力"。雨不仅意味水源补充，也意味着作物丰收，社会可以持续得到补给和发展。非洲最早的祈雨仪式形式还保留在当代非洲的社会群体中，尽管目前的研究尚不太能明确其演变的过程，但最早的传教士记录，作为重要的文献记录，可以对此进行一定的探究。

在"非洲探险先驱"利文斯敦的记载中，他描写了1847年前后因为雨水稀少酋长决定移居他地的事件，同时也描写了他跟随当地巫师"学习"祈雨的过程：

大巫师压轴好戏是祈雨。他首先在一大堆兽骨上点起大火，奉上两只公牛，再烧一大堆药草和树叶。与此同时，他口中念念有词。随着他不断地念叨，烟开始不断上升，并在高空中冷却成为一朵乌云。随着草叶的越烧越多，乌云的面积也逐渐扩大，如果这时候高空的气温够低，就有下雨的可能。[①]

利文斯敦的这次记载却是巫师祈雨失败的案例，因为"正当巫师得意时，吹了一阵风，把乌云吹走了"。这时，巫师就指着利文斯敦骂说："都是你，才让风把雨吹走！"利文斯敦没有辩解，但当地的大酋长西比为却因为这次"神力"的"检测"，宣告："从今天起我不再吃大巫师的任何草药，只单单祈祷依靠真正的上帝。"

（二）提取盐

我们日常说的盐特指氯化钠，这对人的生存和发展来说意义重大。从人类的生存来看钠对于身体的基本机能非常重要，运送营养和氧气，发送神经信号等，氯化钠有助于消化和呼吸，一个健康人体内大概有250克盐，但人类只要正常生存，就会不断消耗体内的盐储备，因此盐是人类发展的重要物质。从人类的生活来看，盐可以防腐，不仅可以保障食物的鲜度，还可以防止食物被微生物入侵而腐坏。正是盐的存在，使得保存食物进而进行长途旅行成为可能，尤其对于渔业而言更是如此。因此，盐也是古代社会最重要的资源。古代政府对盐控制严格，类似于现代人对石油的管控。在古代中国，甚至形成了比较繁复而随时更新的《盐铁法》等法案，用以对此进行监控。

人类最早是通过刮取海滨咸土，淋卤煎盐的方法采集自然界存在的卤水和盐，包括地表天然卤水和岩盐及海滨洼地自然结晶的盐，供给食用。这也是人类主动利用水

① R., David Livingstone 1970. *The Truth Behind the Legend. Kingsway Publications Eastbourne*, U.K., p.53.

的重要一环。从整个世界历史中人类发展的历程来看，随着农业生活方式的开始，人们对盐的需要大量增加。在非洲，靠狩猎和采集食物为生的人，需要用盐保鲜；干旱区域的人，需要用盐来对身体出汗做必要的健康补充。根据750—1000年的阿拉伯文献记载，在公元前1000年时，盐就是撒哈拉贸易的重要货物，非洲不同地方开采盐的历史与开采铜的历史都非常悠久。

从长时段的角度看，公元前7000年时，撒哈拉地区仍是水草丰美之地。公元前1000—公元250年，撒哈拉经历了一个干燥化的过程，盐逐渐沉积于地表容易得到。这样南下寻找新的有水定居点的"班图人"迁徙过程中，自然地将盐及汲取工艺传播到非洲大陆；而跨撒哈拉的商贸也在尼罗河谷附近随着骆驼的驯化慢慢发展起来。不过，在1000年以前，除了沿莫桑比克境内的河谷、拉维以及贾万津巴布韦外，贸易几乎没有影响到非洲内陆。

第三章 "掌控水"：南部非洲王朝时期

第一节 嵌入到历史发展中的水利用

虽然畜牧业在南部非洲王朝时期是主要的粮食生产模式，但随着时间的不断推移，向南迁徙的民族慢慢转变了畜牧和农业生产模式。[①]不断变化的气候条件，例如干旱和饥荒，以及放弃移徙的传统，加上某些地区的人口增长，对农业产生了决定性的影响。人们的生活方式随之变化了。在今天博茨瓦纳的部分地区，由于畜牧业活动的增加，可供狩猎采集者食用的野生食物开始减少，畜牧业变成了必需，人们只在季节性地恢复狩猎活动。在津巴布韦诸如豹丘这样的定居点，当地的供水也影响到定居点的其他活动。地下水位的季节性上升迫使所有的采矿活动停止，这时候，暂时性农业活动就会兴起，水资源在不知不觉中改变了人与环境的关系。

一、水与耕作：农业用水的社会功能与生态影响

殖民前南部非洲所拥有的农业和水渠，通常被认为是非洲的"土著"技术无法企及的。有学者认为这些技术可能来自埃及、突尼斯和中东很流行的引水技术，因为在撒哈拉以南非洲，早期农民定居环境中已经有大量可用的食物来源，因此，灌溉和相关水资源技术似乎不需要像北半球那样复杂。他们总结说，大约两千年前，从石器时

---

① Mace R. 1993. Transitions between cultivation and pastoralism in sub-Saharan Africa. *Current Anthropology*, Vol.34, No.4, pp.363-382.

代到铁器时代的过渡时期，南部非洲缺乏新石器时代的集水意识。①

但其实，在欧洲人定居之前，南部非洲的湿地耕种随处可见。这种类型的农业，在早期农业社区的民间传说中有重要地位。②这些社区通常选择居住在湿地环境，因为这里靠近地表的含水层一年内大部分时间有水，而这些水分使水草和莎草旺盛生长。在旱季，湿地的动植物种类丰富。传统上，农民在这些地区种植高粱、南瓜和各种葫芦。③其他农作物包括香菇（tzentsa）、葫芦瓜、山药和各种蔬菜。后来，这些作物逐渐被玉米所取代。在洪水泛滥的涝原草地（dambos）（比如莫桑比克部分地区），19 世纪时已经种植了水稻。④19 世纪中期，用浅井抽取地下水的简易技术，津巴布韦的农学家大力开发该国中部的集水区高原。⑤殖民当局在 20 世纪停止了这一做法，理由是这种开发造成水土流失。⑥但无论如何，新技术的出现加强了人们对涝原草地农业的兴趣。在涝原草地上务农的非洲农民开始利用牛耕技术，大片的土地被开发利用。20 世纪后期，津巴布韦有约 1.3 万平方千米的土地被确定为涝原草地农田。⑦

在马蓬古布韦，洪泛平原农业施展了更多作用。洪泛区与湿地不同，它的水会周期性地干涸。在马蓬古布韦以东，卢夫胡夫湖和林波波河的山谷交汇之处，是一片泛滥平原，平均降雨量约为 430 毫米，地面平坦。在夏季，由于排水不畅，该地区经常容易发生洪灾，其中，14 世纪繁荣的塔拉姆（Thulamela）已经开始在沙谢河-林波波河流域由盛转衰，再后来，1450 年左右，大津巴布韦开始衰落。不久，津巴布韦西南部的哈米（Khami）文化开始繁荣起来。这些条件有利于恢复塔拉姆的发展，因为它吸引了拥有大量牛群的"精英"阶层进驻。⑧类似的情况也发生在世界上最大的内陆三

① Denison J., Wotshela L. 2009. Indigenous Water Harvesting and Conservation Practices: Historical Context, Cases and Implications. Report TT 392/09, Water Research Commission. p.40.

② 被称为 dambos、mapani、matoro、amaxhapozi、shiramba 或 mashamba 和 vleis 等，参见：Wood A., Dixon A., McCartney M. (eds). 2013. *Wetlands Management and Sustainable Livelihoods in Africa*. Routledge。

③ Shaw M. 1974. Material culture. In Hammond-Tooke W.D. (ed.), *The Bantu-Speaking Peoples of Southern Africa*. Routledge and Kegan Paul, pp.85-134.

④ Van Wyk B.-E., Gericke N. 2007. *People's Plants: A Guide to the Useful Plants of Southern Africa*. Briza Publications. South African Institute of Mining and Metallurgy, Vol.100, No.1, pp.49-56.

⑤ Ibid. p.197.

⑥ Whitlow R. 1990. Conservation status of wetlands in Zimbabwe: past and present. *GeoJournal*, Vol.20, No.3, pp.191-202.

⑦ Shoniwa F. F. 1998.*The effects of land-use history on plant species diversity and abundance in dambo wetlands of Zimbabwe*. MSc. West Virginia University. p.6.

⑧ Ekblom A., Gillson L., Notelid M. 2011. A historical ecology of the Limpopo and Kruger National Parks and lower Limpopo Valley. *Journal of Archaeology and Ancient History*, No.1, pp.14-15.

角洲：奥卡万戈三角洲。这里洪泛区在早期的历史文献记录相对较少，直到 19 世纪 80 年代该地区被英国视为殖民地时，其记录才被流传下来。当时这个片区的农业模式是以间歇性洪泛区的形式推行的，被称为莫拉波（Molap）。但是这个形式除了依靠三角洲和湖泊地区的季节性洪水进行耕作外，其他的更多形式还有待做进一步的深入调查。但无论如何，因为洪泛农业的成功开展，这里的人口和土地数量都得到了大量扩展。①

　　南非北部的低地松加（Tsonga）地区，人们展现了更多与环境相融合的农业活动形式。女性会在排干了的湿地上开垦洼地，如今你还可以在利卡特拉附近看到有一个天然洼地，洼地中心长满纸莎草和纤细的香蒲，这些植物的根和茎被收集起来，堆成大约一米高，然后晾干。人们不会对它们做什么处置，只是任其腐烂，然后再用来种植南瓜。再往南，在卡罗莱纳附近的博科尼地区，也就是现在南非的普马兰加省，还留有早期农耕的遗迹，包括漫滩灌溉、平地上的一些灌溉水渠和水坝的形制。

　　如果再看梯田，其实就更有趣了。在非洲有着悠久的历史，尽管有人认为这是从中东传播到非洲的，或者说是由亚洲传入。②在非洲，农民要在山坡或陡坡上种植作物时就开发了梯田。梯田有很多功用：防止水土流失，把清理出的石头用于垒砌，增加土壤深度，加大坡地梯度耕作面积。修筑梯田也被看作是一种资本投资，一旦修建者认为作物可以收获，土地就可以有"来生"。这种观念使得修筑梯田与人生相结合，加深了人们对土地寿命的认识。③尤其在南部非洲，石头还被认为和水资源利用有密切的关系。这里的石头被人类大量地用作建筑材料，并形成了铁器时代典型的石墙结构（被认为有"津巴布韦模式"和"牛栏居中模式"），人们在这些石墙的旁边通过平整土地来建造梯田。

　　人们认为梯田无处不在，在西非和东非，开发坡地梯田是传统做法，能保证多产。直到 19 世纪末，这种土地利用方式在南部非洲一直还在流行。④马达加斯加岛上也发

　　① 多篇文章都对相关领域做出了研究：Wood A., Dixon A., McCartney M. (eds.) 2013. *Wetlands Management and Sustainable Livelihoods in Africa*. Routledge. Chapter 3; Mackenzie L. A. 1946. Report on the Kalahari expedition. Being a further investigation into the resources of the Kalahari and their relationship to the climate of South Africa. Government Printer, Pretoria. p.5; Kgathi D. L., Mmopelwa G., Mosepele K. 2005. Natural resources assessment in the Okavango Delta, Botswana: Case studies of some key resources. *Natural Resources Forum*, Vol.29, No.1, pp.70-81。

　　② Widgren M. 2007. Pre-colonial landesque capital: a global perspective. In Hornberg A., McNeill J. R., Martinez-Alier J. (eds). *World-System History and Global Environmental Change*. Alta Mira Press, pp.61-77.

　　③ Soper R. 1994. Zimbabwe: Ancient fields and agricultural systems: new work on the Nyanga terrace complex.

　　④ Dick-Read R. 2005. *The Phantom Voyagers: Evidence of Indonesian Settlement in Africa in Ancient Times*. Thurlton Press. p.102.

现了类似的构建，主要用于农业。这里的梯田自然向下倾斜，以确保利用引力自然灌溉，水沿着山坡达到不同的层面。在安哥拉也发现了类似的梯田；在南部非洲，梯田的开发似乎主要是为了清理石块和控制水流，它们在诸如津巴布韦东部高地的陡坡上相当常见。①

二、水与景观：尼扬加（Nyanga）梯田的文化实践

19世纪后半期是考古学作为一门学科的奠基时期，欧洲科学家逐渐将考古学发展为系统化的学术研究。此时也正值欧洲列强对非洲殖民扩张的高峰期，殖民者试图通过对当地历史和文化的探索，进一步巩固其统治的合法性。殖民者对于考古的兴趣，部分出于对当地文明与欧洲殖民者"优越感"的对比，他们希望通过发掘历史证明"非洲本土文明的低下"。当然，还有一个更加实际的动力，寻找更多的矿产资源。正是在所有这些综合的驱动下，殖民者和开发者无意间发现了许多古代遗址，激发了进一步的考古探索。

当代津巴布韦东北部高地的尼扬加地区，正是在这时首次为外界所知。②津巴布韦的用水文化也在尼扬加得到了充分的展现。

作为16世纪早期兹瓦（Ziwa）文化的一个代表地，尼扬加人的主要生产生活可能是基于牧民的存在，他们放养山羊和绵羊，在溪流上游筑起水坝拦截季节性雨水，并用此来灌溉农田。他们还有可能是高地文化梅塔遗址（Metasite）的创始人，③后者虽然在制陶技术上不及低地文化，但从17世纪开始，这种文化开始繁荣。

尼扬加遗址占地面积约7 000平方千米，于1200年左右建立，比先前估计的1500年要早得多。④至今还为当地带来颇具特色的水景观：梯田农业、水渠、家园和防御工

① Denison J., Wotshela L. 2009. Indigenous Water Harvesting and Conservation Practices: Historical Context, Cases and Implications. Report TT 392/09, Water Research Commission. p.23; Trevor T. G. 1930. Some observations on the relics of pre-European culture in Rhodesia and South Africa. *The Journal of the Royal Anthropological Institute of Great Britain and Ireland*, Vol.60, pp.389-399.

② Chirawu C. 1999. Ancient terrace farming in north eastern Zimbabwe. *Paper presented at The archaeology of farming communities at the World Archaeological Congress*, Vol.4, No.10-14. University of Cape Town. pp.1-2.

③ Chirawu C. 1999. Ancient terrace farming in north eastern Zimbabwe. *Paper presented at The archaeology of farming communities at the World Archaeological Congress*, Vol.4, No.10-14. University of Cape Town. p.8.

④ Soper R. 1994. Zimbabwe: Ancient fields and agricultural systems: new work on the Nyanga terrace complex. *Nyama Akuma*, Vol.42, pp.18-21.

事。尼扬加的石筑梯田修建在山脚的陡坡和斜坡上，附近孤立的山丘上也有。在一些地区，坡地上的梯田多达 100 阶，其海拔高度在 900—1 700 米之间。梯田的类型如此丰富，既包括家庭、牲畜和菜园浇水的多用途梯田，也有纯粹灌溉的、引水防涝的、缓坡梯田、不用于灌溉的。这也间接证明了此地就具有悠久且较为发达的灌溉农业。①

当然，殖民情怀的思想家们还是希望把这些水文遗址归到欧洲殖民者的功绩之下，萨默斯提出，建造灌溉沟可能是居住在莫桑比克腹地贸易定居点的葡萄牙人干的，但随着近些年热烈的辩论，又增加了尼扬加区域金矿储量丰富，大量的梯田似乎和当地许多独特的建筑与该地区密集的采矿活动有关的理由。

从地理位置来看，尼扬加的坡脊种植网络位于陡坡下部石块较少的坡地上，跨度 60 多千米，这比常见的梯地要广阔得多。这些垄脊呈平行状，通常出现在排水不畅的湿地或山谷两侧，内部田塍呈线条状，垄脊约宽 10 米，高 1 米，其中有一块农地的面积甚至超过了 10 平方千米。在高原上部地区，尼扬加的水沟大都保持良好状态，它们似乎既是生活用水的来源，也是牲畜引水和浇灌菜园的水源，甚至还有可能是向蓄水的坑井输水。②

从环境社会学的角度来看，尼扬加地区还提供了一种有趣的用水维度。随着牧牛人移民的进驻，梯田成为了一种劳动配置，组成了社会体系和社区定居模式。③一方面，垒筑梯田可以清理田地里的石块，也能保护水土流失。在尼扬加，梯田并不是沿着等高线平整修建；这为纵向排水以及利用满溢之水进行灌溉提供了便利。在一些地方，下坡上修有石砌的排水沟，用来输送多余的径流；而一些田壁被凿穿，让虹吸的水通过。但对大多数梯田来看，似乎并没有灌溉水源。④另一方面，这些梯田不一定是密集劳动短期内建成的，而是逐步建造的结果。在修建梯田中，利用了当地的许多石头，而利用清除石块后留出的空间，则有利于庄稼种植。有意思的是，虽然养牛是尼扬加的标签，但考古中几乎没有找到牛粪的遗迹。因此，人们普遍认为牛粪一定是被用作

① Soper R. 2006. *The Terrace Builders of Nyanga*. Weaver Press; Steverding D. 2008. The history of African trypanosomiasis. *Parasites and Vectors*, Vol.1, p.56.

② Soper R. 2005. Nyanga Hills. In Shillington K. (ed.). *Encyclopedia of African History: Volume 2 H-O*. Fitzroy Dearborn, p.1165.

③ Soper R. 1994. Zimbabwe: Ancient fields and agricultural systems: new work on the Nyanga terrace complex. *Nyama Akuma*, Vol.42, p.228.

④ Soper R. 2005. Nyanga Hills. In Shillington K. (ed.), *Encyclopedia of African History: Volume 2 H-O*. Fitzroy Dearborn, p.1184.

肥料了。尼扬加地区种植的作物有小米、高粱、豇豆、花生，以及传统的块根作物马铃薯和芋头。[①]

三、水与建筑：博科尼（BOKONI）的社会环境适应

以普马兰加省靠近德拉肯斯堡悬崖的卡罗莱纳镇附近的一个定居点为研究对象，一群历史学家发起了"五百年倡议"（FYI），这是对南非殖民前历史的一次跨学科的全面探索，其中一项重要研究是对南非博科尼的建筑及其历史进行调查。2010 年，参与该项目的人利用各种先进的当代考古和人类学技术手段，成功地揭示出南非历史上的土著和物质遗存地形之间的高度相关性。[②]

博科尼位于南非德拉肯斯堡北部奥瑞斯塔（Ohrigstad）和南部卡罗莱纳之间，跨度约 150 千米，是石头围砌的定居点，约存续了 500 年。此地四周有围墙，房屋呈圆形，住地附近也有梯田，其中的一个村落房舍多达 200 间。历史学家和考古学家对此兴致很高，以为其与尼扬加梯田遗址有亲缘关系，但研究结果表明这两个社区群落之间不存在种族联系。[③]

博科尼的一个突出特点是地形的复杂性：四通八达的道路网连接着住房和梯田。但它们有自己的一些独特特点：人们在山坡上开垦梯田，专门处理土地，以使其地块平整、起垄成畦、灌溉、在畜栏中饲养牛羊、施肥、堆肥/覆盖田地、特定作物轮作，以及引进新作物，包括种植指粟、珍珠粟（Eleusinecoracana, E. glaucum）和高粱，[④]但

① Soper R. 2005. Nyanga Hills. In Shillington K. (ed.), *Encyclopedia of African History: Volume 2 H-O*. Fitzroy Dearborn, p.1165.

② 到 2013 年，学界关于之前研究的"五百年倡议"的研究重点发生了重大的变化，转向更全面地收集口头传统和历史材料，以便更好地解读博科尼定居点等考古遗迹。参见：Davies M. 2010. A view from the east: An interdisciplinary ''historical ecology'' approach to a contemporary agricultural landscape in Northwest Kenya. *African Studies*, Vol.69, No.2, pp.279-297; Schoeman 2013, *The archaeology of Komati Gorge: forming part of the broader project exploring precolonial agriculture and intensification: the case of Bokoni South Africa*. University of the Witwatersrand. p.5。

③ Maggs T. M. O' C. 2007. Iron Age settlements of the Mpumalanga escarpment: some answers but many questions. The Digging Stick, Vol.24, No.2, pp.1-4; Delius P., Maggs T., Schoeman M. 2012. Bokoni: old structures, new paradigms? Rethinking precolonial society from the perspective of the stone-walled sites in Mpumalanga. *Journal of Southern African Studies*, Vol.38, No.2, pp.399-414.

④ Hattingh T., Schoeman A., Bamford M. 2014. A phytolith analysis of Bokoni soils. Paper presented at the 14th Congress of the Pan African Archaeological Association. University of the Witwatersrand.

出乎所有人预期的是没有种植玉米的痕迹。[①]因为他们的领地在当时的大部族派迪（Pedi-Sotho）的控制之下，但是也会受到恩格尼（Nguni）部落骚扰，一些博科尼人更愿意进入山区寻求更安全的避难所，并继续建造石墙梯田。[②]

博科尼人都居住在山谷地带，如科马提河、萨比河和斯蒂尔波特河的支流，这些河流最后都流入里奥因科马提河，并在马普托湾汇入印度洋。因此，有学者认为博科尼人是铁器生产社区、象牙猎人、德拉戈阿湾贸易商之间的中间人，但确切的证据是他们与东海岸的贸易以象牙、金属和珠子为主，他们会制造铁器，但他们没有直接得到铁矿，大概是从佩迪和其他在斯蒂尔波特山谷采矿的社区获得的原材料。[③]

受到普马兰加河谷水资源的影响，博科尼人拥有大量的牛群，并从事农业。但由于普马兰加河水含镁量高，不适合灌溉，博科尼人就是在这里的坡地上开辟梯田，发展农业，并用牛粪给农田施肥。这种生活方式也给博科尼的组织方式带来了影响，他们的政治相对比较分权，军事体系乃至定居模式也受到集约农业的影响，防御能力不强。

第二节　水资源波动影响的民族与社会

非洲大陆的各部落迁徙一直持续到 19 世纪。迁徙导致民族大融合，加快了中、南非洲各民族的社会发展进程，非洲区域性的文明逐渐发展和壮大，但这些文明同样受到了气候变化的影响，尤其是自 16 世纪开始，南部非洲就开始受间歇性干旱周期影响。

一、南部非洲的旱涝周期与民族变动

在南部非洲，1600—1700 年显著的旱涝周期对当地社会和生态系统产生了深远影响，尤其是在农业和牧业领域。这种极端气候的长期作用，使得依赖自然资源的社区

---

① 玉米在一定程度上代表了与殖民世界的联系。参见：Maggs T. M. O' C. 2007. Iron Age settlements of the Mpumalanga escarpment: some answers but many questions. The Digging Stick, Vol.24, No.2, pp.1-4.

② Delius P., Schoeman M. H. 2008. Revisiting Bokoni: populating the stone ruins of the Mpumalanga, pp.150-151.

③ Delius P., Schirmer S. 2014. Order, openness, and economic change in precolonial southern Africa: a perspective from the Bokoni terraces. The Journal of African History, Vol.55, No.1, p.44.

面临巨大的生存压力。持续的气候波动削弱了稳定的定居农业，促使许多社区转向更具灵活性的牧业模式，同时也加剧了土地和水资源的竞争。传统社会的生产和生活方式在这种环境下被迫适应和改变，许多部落开始重新评估资源分配的优先级，土地争夺和社会冲突逐渐成为一种普遍现象。

1790—1810 年的干旱将这种压力推向了顶点，成为南部非洲历史上最严峻的气候危机之一。连续干旱导致河流和湖泊干涸，水源极度短缺，牧场枯萎，大量耕地荒废。土地和水源的匮乏直接加剧了部落间的冲突，抢夺资源的战争愈演愈烈。为争取生存机会，不同的部落组织通过武力扩张、联盟合作等方式争夺战略资源，这种竞争不局限于耕地，还包括关键水源。控制水源的部落在冲突中占据主导地位，导致权力格局发生变化。这样的社会紧张局势进一步动摇了传统的社会秩序，为后来的社会大变动奠定了基础。

气候危机的持续性最终引发了南部非洲的大规模民族迁徙。由于无法维持生计，许多部落不得不离开原有的栖息地，寻找新的生存空间。这些迁徙过程导致了广泛的文化接触、融合甚至冲突。一些部落，如祖鲁人，在干旱和资源争夺中逐渐强化了军事化社会结构，并在后来的扩张中成为区域强权。而 1790—1810 年的干旱也被认为是 19 世纪初各部落迁徙的重要导火索，这场广泛的社会动荡改变了南部非洲的社会版图。这段历史表明，生态与社会的互动具有深远的连锁效应，气候变化不仅塑造了自然环境，也重塑了社会组织、权力格局和文化交流的方式。

尽管地理不是历史形成的唯一计量单位，但是正如有学者认为的，高原地形为津巴布韦民族居住模式和分布情况提供了所有的答案一样[①]，独特的山川河流确实会为传统生活带来独特影响。南部非洲的不少古村落都修建在河谷之上，是后来因为畜牧和社会发展才慢慢位移到虫害等更少的附近聚居点。

表6 印度洋非洲：不利的环境因素（1500—1830 年）

地区	干旱	极端降雨	饥荒	瘟疫
埃及	1621 年、1641 年、1694—1697 年、1718 年、1791—1792 年、1794—1796 年	1711 年、1743 年、1745 年、1810 年、1818 年、1822 年、1829 年	1621 年、1641 年、1694—1697 年、1791—1792 年、1799—1800 年	1620s、1690—1844 年

① G. M. Theal 1910. *History of South Africa before 1795*, Swan Sonnenschein, III, p.225; Posselt, *Fact and Fiction*, p.137.

续表

地区	干旱	极端降雨	饥荒	瘟疫
埃塞俄比亚	1518 年、1520 年、1553 年、1557—1559 年、1641 年、1650 年、1694 年、1715—1716 年、1750 年、1800 年、1826—1827 年	1801年、1817年、1818年、1822年、1829 年	1520s、1590—1610 年	Mid—1520s、1558 年、1611 年、1616 年、1618 年、1633 年、1683 年、1693 年、1694 年、1701 年、1709 年
大湖地区	1750 年、1800 年、1826—1827 年、1725—1729 年、1749—1755 年、1761—1769 年、1785—1792 年、1808—1826 年			
东南非洲	1527—1530 年、1543—1544 年、1580 年、1688 年、1700 年、1789 年、1790—1810s			
南部非洲	1600 年、1700 年			
中非	1692—1695 年、1702 年		1696—1703 年	1790s 早期
马达加斯加	1708s—1810s		1755—1756 年	1833—1835 年

资料来源：Gwyn Campbell, Africa and the Indian Ocean World from Early Times to Circa 1900, New Approaches to African History, Cambridge University Press, 2019. p.161.

表 7　南部非洲的降雨模式（1800—2000 年）

时期	事件
1800—1830 年	南部非洲的河流、沼泽和其他水源干涸，一些原本水源充足的平原变为半干旱的卡鲁（Karoo）地区
1820—1830 年	这是整个非洲经历的十年严重干旱期
1844—1849 年	南部非洲经历了连续五年的干旱
1870—1890 年	该时期某些地区湿润，在博茨瓦纳西北部的恩加米湖有了蓄水
1875—1910 年	南部非洲降雨量明显减少，但 1910 年经历了一次严重干旱
1921—1930 年	南部非洲地区经历了严重干旱期
1930—1950 年	该地区某些地方降雨异常偏高，但赤道地区的降水量低于正常水平
1946—1947 年	该年度是整个非洲大陆经历的特别严重干旱年
1950s	南部非洲经历了六年干旱
1967—1973 年	这六年间南部非洲大部分地区相对湿润
1974—1980 年	在 1974 年，该地区的年均降雨量比正常水平高出 100%
1981—1982 年	南部非洲大部分地区经历干旱
1982 年	热带非洲大部分地区经历干旱

续表

时期	事件
1983 年	干旱条件再次出现
1986—1987 年	南部非洲（不包括纳米比亚）经历严重干旱
1991—1992 年	气候条件有所改善，但前一年干旱的影响仍然持续
1992—1993 年	气候状况改善
1993—1994 年	SADC 大部分国家遭遇了有记录以来最严重的干旱，在某些地区超过了 1991—1992 年干旱的影响
1994—1995 年	SADC 大部分地区出现普遍降雨，农业产量预测乐观
1995—1996 年	大部分地区降水正常，包括东北部，尽管厄尔尼诺（El Niño）的影响仍然显著
1996—1997 年	大部分地区降水接近正常，除了东北部（坦桑尼亚），该地降水低于正常水平
1997—1998 年	SADC 大部分国家的降雨量处于正常或接近正常水平，但坦桑尼亚依然干旱
1998—1999 年	南部非洲多个国家发生严重洪灾，其中莫桑比克受灾最为严重，主要受伊琳飓风（Cyclone Eline）影响
1999—2000 年	南部非洲经历干湿交替的时期，其中某些时期降雨充足

资料来源：Chenje, 2000。

目前考古学发现的公元 7 世纪左右沙巴尼附近的马库鲁山村落，在 8 世纪开始以津巴布韦为代表的内陆出现从河里淘出金沙，设陷阱围捕大象，用象牙与东非海岸交换珠子和布匹的遗迹。14 世纪的时候，津巴布韦掌握了内陆黄金与沿海的贸易通道。他们对过境货物抽税或者抽取实物税（因为尚未找到确切的货币）逐渐扩展居住区，并以石墙作为居住的基本特点。

1100 年左右，南部非洲第一批讲恩古尼语（Nguni）的民族居住在现夸祖鲁-纳塔尔省的沿海地区，包括了东南开普的科萨人（Xhosa）和夸祖鲁-纳塔尔省的祖鲁人，最初来自铁器时代早期东支移民。也有分散在东开普省摩尔（Moor）公园定居阶段的恩古尼后裔，据说是在 1500 年以后就定居在该地区的。恩古尼人相信"自由"的桑人后代拥有神秘的造雨能力，他们的祈雨传统与住在西面的邻居截然不同。[1]他们通过蓄养牛来维系一种新型的社会关系，区域间牛、皮毛、象牙、鱼、食盐和其他矿物资源的交换表明南部非洲的一体化网络更趋复杂。

---

[1] Parkington J. and Hall S. 2012. The appearance of food production in southern Africa. In Hamilton C., Mbenga B. K., Ross R. (eds). *The Cambridge History of South Africa. Volume 1: From Early Times to 1885*. Cambridge University Press, pp.129-131.

二、依水而兴的大津巴布韦

1300 年，索托-茨瓦纳族顺利持续向南迁徙，与此同时，南部非洲区域的统治中心也于由马蓬古布韦转移到津巴布韦。

尽管这个过程的细节还没有非常清楚，但最重要的是这个兴起于 1100 年左右的国家，在此时控制了经由印度洋港口的黄金贸易。大津巴布韦（Great Zimbabwe）于 1250—1450 年繁盛一时，即使后来国运不昌，它对周边的许多小社区仍颇具影响，例如 1450—1760 年津巴布韦高原北部边缘的穆塔帕（Mutapa）、布拉瓦约（Bulawayo）附近的哈米河定居点等，这些地方于 1450—1700 年都是津巴布韦南部高原的繁盛之地。

位于萨比河附近，大津巴布韦政权统治着津巴布韦高原上大量从事农牧业的通加人。该国东南部灌溉水源充足，土壤肥沃，适宜耕种，使其成为连接东非基尔瓦（Kilwa）商业中心交通线路的一部分。①在鼎盛时期，这个早期的非洲城市综合体占地面积 7.2 平方千米，有 25 000 平方米的石头建筑，居民约 18 000 人。通往东海岸的通道多达 3 条，被认为是南部非洲铁器时代全面发展的非洲国家之一，势力范围超过 30 000 平方千米。②

大津巴布韦是一个理想的地方，不仅源自美好的河流及水资源条件，更在于其下的部落群分布在津巴布韦高原和莫桑比克海岸之间没有采采蝇的通道沿线上。③此外，这里还盛产珍贵的食盐，有众多大象资源（象牙贸易）、盛产黄金和谷类作物。1550 年，葡萄牙人将玉米引入南部非洲后，很快便成为津巴布韦的主粮。④玉米生长需水量比高粱更少，在干旱地带也能种植。玉米产量大，大量当地消费剩余的玉米被销往沿海，促进了与沿海地区的贸易。

对大津巴布韦的各个民族而言，特别是绍纳族而言，他们持续在林波波河流域以

① Collins R. O., Burns J. M. 2014. *A History of Sub-Saharan Africa. Second edition*. Cambridge University Press. pp.164-166.

② Mitchell P. 2002. *The Archaeology of Southern Africa*. Cambridge University Press. pp.300, 313, 322. Collins R. O., Burns J. M. 2014. *A History of Sub-Saharan Africa. Second edition*. Cambridge University Press. pp.169-170.

③ Mitchell P. 2013. *Early farming communities of southern and South-central Africa*. In Mitchell P., Lane P. (eds), *The Oxford Handbook of African Archaeology*. Oxford University Press, pp.657-670.

④ Huffman T. N. 2007. *Handbook to the Iron Age: The Archaeology of Pre-Colonial Societies in Southern Africa*. University of KwaZulu-Natal. p.41.

南地区的迁徙，并没有因马蓬古布韦王国的消亡而突然停止。他们与之前从马蓬古布韦搬来的索特潘斯堡人（Soutpansberg）等人群，一直保持着友好的贸易关系，索托人和茨瓦纳人甚至进入了索特潘斯堡山脉（range）的布什维尔德（Bushveld）灌木丛林地带，并在 1300 年左右，因为湿润气候的良好条件，跨越林波波河流域，依次进入今天的林波波省、西北省和博茨瓦纳东南部地区。①直到 18 世纪，南部非洲的各部落之间也有很好的关系，在这样的情况下，林波波省地区的文达族人口有了显著增长，他们的代表人物包括传奇人物巴洛贝德（Balobedo）、雨女王等。②③

但大津巴布韦始终是那个时代最有代表性的建筑群落，并说明南部非洲当时已经有较为复杂的行业分工。为数不少的人从农业转向了建筑业，因为这些实质的建筑物需要有石头切割、整理、运送、建造等系统的工程。大津巴布韦石头建筑和陶器的风格与形状的悬殊，也反映了当时贫富差距的显著性。统治阶层的宫殿建在山上，据说他们的妻子住在椭圆形建筑内，而矮墙则是穷人的居所；高墙内外的陶器，使用也是不同的，进口的波斯碗和中国的青瓷碟都从高墙方向挖出。在笔者对大津巴布韦遗址的田野考察中，还发现大津巴布韦有专门的烹调用地和蓄养牲畜用地，不少的暗道似乎是水渠的功用。大津巴布韦的中心处有一个阶梯型的露天平台，据说当年"津巴布韦的象征"皂石鸟就是在这里发掘的。祈雨、开耕、战争等大事小情，往往都在这个平台上发布和进行。

不过，从 15 世纪开始，大津巴布韦已经不再是南部非洲的重镇。不少学者提出，连续 300 年的大津巴布韦衰落的根本原因，也许是人口的膨胀、劳动的疏远，或者与水资源相关，因为大津巴布韦是一个多山地区，周边河流有限，随着人口的增加，地区不再满足居民需求。从考古的发掘证据中可以得到，在 1500 年前后的地层，已经没有发掘出什么东西了，这时的经济文化中心已经转到西南部的卡米地区。

1860 年 5 月 26 日，利文斯敦到达了南部非洲大津巴布韦地区，并记载了他在得福（Defue）村的经历："在最后一个村庄里，有一个男人假装他已经变成了一只狮子，

① Hall S. 2012. Farming communities in the second millennium. In Hamilton C., Mbenga B. K., Ross R. (eds). 2012. *The Cambridge History of South Africa. Volume 1: From Earliest Times to 1885.* Cambridge University Press, pp.128-129.

② Jensen Krige E., Krige J. D. 1980. *The Realm of the Rain-Queen: A Study of the Pattern of Lovedu Society.* Juta and Company. 同时可参见张瑾："雨女王"，《中国水利报》，2020 年 7 月 2 日。

③ Huffman 2000. Mapungubwe and the origins of the Zimbabwe Culture. *Goodwin Series*, Vol.8, The Limpopo Valley 1000 Years Ago, pp.14-29.

他进来坐在离我们很近的地方。我们的房子就在这个村子里的一棵大树下。他掌控了整个村子的迷信，并且给每个村民一点药，至于他们可以进入整个仪式当中来。"一个月之后，利文斯敦继续写道："那个进来的男人开始说道，他是这个地方的巫师（Pandora）。如果让他变成一只狮子的话，我们就可以看到并且相信他。他说只有心可以被改变，然后他说雨会到来。"[1]1862 年 6 月 10 日，葡萄牙战士阿尔比诺·帕切科（Albino Pacheco）记述了他看到的景象，认为在盲目的人面前表演没有任何意义。[2]

1871 年，德国地理学家卡尔·莫赫（Karl Mauch）最先把津巴布韦大石头城的奇迹公之于世，他说："那是一大片聚在一起的石造建筑物，全没屋顶，都用灰色的花岗岩石块以精巧的技术建成，有些石块还曾雕琢。山上那些高大的石墙，分明是欧洲式的建筑。"莫赫进入城内作了一番考察，认为有证据显示石头城的最初建造者们生活富裕、势力强大。然而，对于究竟是什么人、在什么年代以及为什么要建造这么庞大的石头城等诸多疑问，却没有找到任何线索。莫赫有关津巴布韦的报告于 1876 年出版，加之加入了示巴女王"黄金之城"的传说，引起了世界各地不少学者和探险者们的兴趣，而"寻金热"则是探寻通往东方航线的经济根源和社会根源。

三、部落迁徙中的水资源竞争与共融

在铁器时代晚期，南部非洲水资源的可用性和社区管理水资源的方式发生了转变，因为这里的农耕社区中养牛文化开始明显占主导地位，而农作物种植退居其次。争相使用稀缺的水资源，这使得当地的土著社区都想把水资源占为己有。大约从 1300 年开始，具有独特语言和生活方式、文化区分度明显的社区成为区域发展的一个特征。

此外，这些部族的流动性还是相当大的。随着索托-茨瓦纳社区在寒冷时期向南迁徙，去寻找气候较温暖的居所，他们与桑人和科伊社区也加深了接触。这些群体要么被融合，要么再度迁徙。在西部和南部卡拉哈里地区，一些桑人在茨瓦纳社区的地位低下，但有些茨瓦纳社区在 18 世纪开始，已经形成了中央集权的形式。[3]随着说班图

---

[1] Livingston, 1956. Vol.1, p.168.

[2] 译自津巴布韦大学历史系。

[3] Parkington J. and Hall S. 2012. The appearance of food production in southern Africa. In Hamilton C., Mbenga B. K., Ross R. (eds). *The Cambridge History of South Africa. Volume 1: From Early Times to 1885*. Cambridge University Press, pp.129-131.

语的社区越来越多，科伊桑牧民和南部非洲内陆干旱地区的狩猎采集者确实设法对他们居住的环境保持合理的控制。

茨瓦纳人和卡拉哈里的科伊桑人在社会发展、传统使用形式上有着明显不同，他们似乎对现有的水资源以及如何管理这些宝贵的地区有不同的本土知识。在博茨瓦纳南部，科伊桑人逐特定水潭而居，利用蓄积的雨水，形成相应的家庭群体。这些水潭通常成对出现，比如"雌"水潭蓄水时间更长，"雄"水潭水量小，潭水蒸发得更快。这些水潭经常会进行清理，清除沉积物，以扩大其容量，确保水源清洁。这些水潭所在的位置反映了当地的地貌特征，也决定了旅行者在干旱地区的行走路线。[①]

在卡拉哈里地区，科伊人和桑人的季节性迁移率很高。据说，他们经常拜访亲戚，花很长的时间搬到遥远的地方。这预示着水潭边的人口流动率很高，常住人口约为13%，有35%的人口在两个或两个以上的地点之间迁移。[②]至于那些常年有水的水潭，就成为了人们的定居点。

第三节 "枪与雨"：王朝的繁盛与解体

一、马拉维：湖区中心王国

马拉维（Maravi）是16世纪跨越当代马拉维、莫桑比克和赞比亚的王国，其发音与当代非洲国家马拉维的名称发音相同，语意为当地主要民族赤沉瓦族（Chichewa）所说的"水边"。马拉维的主要语言为齐切瓦语（Chichewa），也称尼扬贾语（Nyanja）等，使用民众遍及当代马拉维（南部和中部）、赞比亚、莫桑比克和津巴布韦东部的区域。

马拉维王国（Maravi Kingdom）的兴衰史也是一部以水为脉络的非洲政治文明史诗。约13世纪初，班图人从姆韦鲁湖（Lake Mweru）以西的刚果盆地迁徙至马拉维湖（Lake Malawi）流域。口述史诗表明，这些人起源于姆韦鲁湖以西的刚果盆地，该地区随后成为卢巴（Luba）王国的一部分。他们一直信仰造雨神。实际上，其传统认

---

① Shoniwa, F. F. 1998. *The effects of land-use history on plant species diversity and abundance in dambo wetlands of Zimbabwe*. MSc. West Virginia University. p.290.

② Parkington J. 2001. Presidential address: seasonality and Southern African hunter-gatherers. *The South African Archaeological Bulletin*, Vol.56, No.173, 174, pp.1-7.

为最早的国家就是由一个强大的、可以造雨的女性领导的。1480 年左右，班图人迁居至谢尔河（Shire River，河流尽头是尼亚萨湖），建立了马拉维王国，以卡隆加（Kalonga）为尊号。马拉维王国兴起后强盛繁荣，16—17 世纪，原始的其他几个部落成员脱离王国，建立新的部落王国。然而，尽管部落王国的分歧通常是主要的冲突解决机制，但马拉维政权还是建立了强大的军队以保护收益。在接下来的两三个世纪中，这一运动仍在继续，但似乎可以肯定的是，马拉维王国是 16—17 世纪非洲南部最大的政治实体。马拉维最早的书面历史记载见于 1616 年葡萄牙人加斯帕·博卡罗（Gaspar Boccaro）的旅行记录。1760 年，由耶稣会牧师曼努埃尔·巴雷托（Manuel Barretto）神父所提供的图片显示出当时的马拉维王国是一个强大的、经济上活跃的联盟，分布在赞比西河和克利马内（Quelimane）海湾之间的莫桑比克海岸数百英里的地区。18 世纪后，其疆域北抵德万瓦河（Dwangwa River），南达谢尔河下游，西接卢安瓜河（Luangwa River）和赞比西河谷，马拉维王国的迁徙路线始终追随水文网络——考古学家在谢尔河中游发现的陶器残片显示，该部族已掌握利用雨季洪水脉冲进行作物轮作的灌溉技术。[1]马拉维的传统社会以近水源和可耕地而建立的大家庭为中心，这些地方通常与溪流或河流相邻，以林地、草地和肥沃的冲积土为特征。在高地地区，村庄分散在常年流淌的山间溪流和可耕地附近。

马拉维王国有其独特的统治策略，而这往往与其依托水资源构建的水文政治体系密不可分。世俗行政首都曼亭巴（Manthimba）位于谢尔河冲积平原，控制着连接内陆与印度洋的黄金-象牙贸易路线；而宗教圣地曼卡哈巴（Mankhamba）则毗邻马拉维湖，由班达（Banda）氏族的雨师主持祈雨仪式。居于中间的马拉维湖、谢尔河及卢安瓦河不仅为农业提供灌溉水源，而且成为重要的交通与通信通道，促进了跨区域贸易和部族间的和平共处。葡萄牙探险家加斯帕·博卡罗在 1616 年的记录中描述："卡隆加的权威如同洪水般不可阻挡——他的战士乘独木舟沿谢尔河征收贡赋，拒绝者将失去灌溉渠的使用权。"这种水权治理模式使王国维持了三个世纪的区域霸权。[2]

基于水体构成的天然走廊，马拉维王国集中地控制了贸易路线，保障了从内陆到沿海的物资运输。湖边的冲积平原为粮食作物提供了优越的生长条件，而王国内部更

---

① Trade 1980. Warfare and social inequality: The case of the lower shire valley of Malawi, 1590-1622 A.D. Matthew schoffeleers. *The Society of Malawi Journal*, Vol.33, No.2, pp.6-24.

② Hamilton R. A. 1954. The route of gaspar bocarro from tete to kilwa in 1616, society of Malawi: Historical and scientific. *The Nyasaland Journal*, Vol.7, No.2, pp.7-14.

通过对水路的精细管理，实行地方化的水利利用策略，大大提高了粮食生产能力，为中央政权提供了持续稳定的经济支持。这种繁荣的、可持续的发展持续了 300 余年。

葡萄牙人与马拉维接触后，通过中间商开展贸易，不仅进口中国瓷器、珠子等商品，同时也借助水路开展跨海贸易，一方面给葡萄牙人的原始经济积累奠定了基础，另一方面也提升了马拉维在区域经济中的地位。19 世纪马拉维湖沿岸开始有了较大的定居点，一开始是起源于奴隶的收集点，后来发展成为湖畔港口。

19 世纪中期王国衰落后，马拉维持续面临来自邻居爻（YAO）族、恩古尼族、祖鲁王国和奴隶贩子的多重入侵，国民不断被掠走，并在基尔瓦和桑给巴尔的奴隶市场上被当作俘虏出售，国家人口急剧减少，政治能力降低，其控制水路的战略优势才被削弱。

之后，外部势力通过水路和贸易网络介入马拉维的深层次变革。19 世纪 60 年代，斯瓦希里奴隶贩子把伊斯兰教引入该地区，其他新教传教士也随着 1859 年利文斯敦访问尼亚萨湖的脚步抵达该地。1873 年新教教会建立，传教士们既反对奴隶制又反对土著传统，这为未来的马拉维国家形成产生了重要影响。[1]1883 年，一名英国领事被派驻在此地任职；1891 年，英国成立尼亚萨兰地区保护国；1893 年更名为英国中非保护国；1907 年更名为尼亚萨兰。在殖民统治下，公路和铁路得以修建，欧洲移民也开始种植经济作物。然而，和其他所有的非洲国家一样，殖民政府只照顾欧洲移民的利益，没有为非洲多数人口的福利做出任何改善。马拉维王国失去了往日光辉。

二、穆塔帕帝国及其河流贸易网

穆塔帕帝国（The Mutapa/Munhumutapa Empire）成立于 15 世纪，由尼亚次巴·穆托塔（Nyatsimba Mutota）在赞比西河谷建立，其起源可追溯至南部的大津巴布韦帝国。该政权的核心领土主要位于赞比西河南部，并向东扩展至印度洋沿岸。穆塔帕统治者称为"穆塔帕的领主"（Mwenemutapa；绍纳语：Mwene we Mutapa；葡萄牙语：Monomotapa）。

历史学者认为，穆塔帕帝国的王室与赞比亚的姆韦内王国（Mwene Kingdom）有关，该王国的统治民族包括本巴族（Bemba）和姆本达族（Mbunda），他们在更早的

---

① "圣徒，灵魂和陌生人：来自马拉维的面具"，https://web.archive.org/web/20060109071410/；http://www.axisgallery.com/exhibitions/maravi.

时期从北方迁徙至赞比西河谷。穆托塔建立王国后，其继任者穆埃内穆塔帕·马托佩（Mwenemutapa Matope）进一步扩展了王国疆域，使之成为涵盖塔瓦拉（Tavara）至印度洋的大型帝国。在这个过程中，马托佩的军队征服了托尔瓦王国（Torwa Kingdom）、马尼卡王国（Manyika Kingdom）以及沿海的基特韦（Kiteve）和马丹达（Madanda）王国，并鼓励各地政权自愿加入，使不同民族得以统一，并形成了以帝国大议会（Imperial Grand Council）为核心的政治体系，1480 年穆塔帕帝国达到鼎盛。鼎盛时期，穆塔帕帝国拥有稳固的宗教、政治和军事结构，类似的还有两个更负盛名的南部非洲王国：马拉维王国和洛兹（Lozi）王国。[①]在这些王国中，宗教机构特别重要，对王国上下的精神和政体都起到了重要作用。对绍纳族（Shona）而言，他们尊崇唯一、至尊和崇高的创世神，名叫魔力（Mwari），[②]而河流通常是至高神与人间护佑神们展现其力量的对象。

凭借赞比西河流域丰富的资源，特别是奇祖尔格韦（Chidzurgwe）的铜矿和中部赞比西的象牙贸易，穆塔帕帝国迅速积累财富，并成为南部非洲最具影响力的绍纳政权（Shona State）。但对其而言，得以称霸的经济命脉是深植于赞比西河流域的资源网络。

在穆埃内穆塔帕·马托佩统治时期（约 1450—1480 年），奇祖尔格韦铜矿成为帝国财富的核心支柱。这一矿区位于今津巴布韦北部的马佐韦（Mazowe）河谷，考古发掘显示其冶炼工艺已采用阶梯式熔炉——工匠们将矿石与木炭分层填装，通过山谷自然风力维持高温，每炉可产纯度达 92％的铜锭。[③]这些铜锭被铸成十字形货币（nhambu），经由赞比西河支流运抵太特（Tete）贸易站，再换购印度洋输入的玻璃珠与中国瓷器。

赞比西河中游的象牙贸易网构成了帝国的另一条经济动脉。每年旱季，帝国派遣"象牙使团"（vashambadzi）深入今赞比亚的卢安瓜河谷，用铜器与布匹从洛兹部落换取象牙。这些象牙在河畔集镇齐贡贝（Chikombe）进行初步加工后，通过独木舟船队沿赞比西河下行至索法拉（Sofala）港口。斯瓦希里商人记录显示，1487 年单季从该港出口的象牙达 12 000 支，其中 60％标注"穆塔帕火印"——以三叉戟符号标示王

---

① 洛兹王国在本书的第六章有所涉及。

② Michael O' Flaherty 1998. Communal tenure in Zimbabwe: Divergent models of collective land holding in the communal areas. *Africa: Journal of the International African Institute*, Vol.68, No.4, pp.537-557.

③ Swan L. 1994. *Early Gold Mining on the Zimbabwean Plateau*. Societas Archaeologica Upsaliensis.

室垄断。①这种贸易不仅为帝国积累财富，更通过控制赞比西河航运节点（如卡布拉巴萨峡谷）巩固政治权威。

然而，葡萄牙人的介入从根本上瓦解了这一经济生态。

1511 年，葡萄牙探险队首次溯赞比西河抵达奇祖尔格韦矿区，其日志记载当地"铜山延绵如血，熔炉星火彻夜不息"。②至 1515 年，葡萄牙人已经占据了非洲东南部沿海的大部分地区，控制了索法拉和基尔瓦等重要港口，因为他们的主要目标是主导与印度的贸易，所以他们派遣探险家进入绍纳人的领地。1512—1516 年，葡萄牙人安东尼奥·费尔南德斯（António Fernandes）成功穿越穆塔帕帝国的核心地区，通过其掌握的绍纳语和斯瓦希里语等语言优势，号称可以成为帝国的口译员和政治顾问，然后凭此收集了大量关于该国的信息。

一开始的双边进展显得愉快又各有收益。在政治与经济层面，穆塔帕帝国与斯瓦希里和葡萄牙人保持了密切的贸易往来，并借助他们的支持维持对林波波河的控制。③斯瓦希里和葡萄牙人在流域内设置了许多集市（feiras）和贸易站，主导包括象牙在内的商品在赞比西河上的运输。这些贸易往来促进了如奎莱曼（Quilemane）等印度洋小镇的建立。这些小镇不仅成了重要的贸易枢纽，也是跨地区的经济网络的关键节点。穆塔帕帝国的财富不断累积，不同文化得以交流。这些小镇不仅是殖民经贸互动的直接产物，更是非洲城市化浪潮中的独特代表，反映了殖民贸易网络对区域发展的深远影响。在非洲许多地区和国家，类似的小镇往往在跨文化交流与经济往来中逐步兴起，成为城市化进程的重要节点。

葡萄牙人最终在 16 世纪 60 年代与穆塔帕时任国王穆埃内穆塔帕建立了直接关系，并试图通过宗教手段影响帝国。1561 年，一名葡萄牙耶稣会士成功让国王皈依基督教，但随即被穆斯林商人策划刺杀。这成为葡萄牙介入穆塔帕事务的借口。1568 年，葡萄牙指挥官弗朗西斯科·巴雷托（Francisco Barreto）率领千人远征军深入赞比西河流域，试图控制黄金和象牙贸易。然而，由于热带疾病，远征军几乎全军覆没。1569 年，《蒙胡穆塔帕条约》签订后，葡萄牙人以火药武器为筹码（这可能是殖民者向南部非洲人们提供的第一批武器），迫使穆塔帕帝国开放矿区，以便殖民者在马佐韦河谷建造水力

---

① Newitt M. 1995. *A History of Mozambique*. Hurst, p.325.

② Manuel T. 1963. *Efemérides Religiosas de Malaca*. Agência-Geral do Ultramar, p.17.

③ Gregorich E. G. and Ellert B. H. 1993. Light fraction and macroorganic matter in mineral soils. In: Carter M. R. Ed. *Soil Sampling and Methods of Analysis*. Lewis Publishers, pp.397-407.

破碎机，将铜矿日产量提升3倍，然而，葡萄牙人却通过苛税制度将收益的80%输往里斯本。至1580年，传统铜币因欧洲白银冲击贬值75%，帝国经济陷入恶性通胀。[①]

1572年，葡萄牙人重返穆塔帕，屠杀斯瓦希里商人，并将葡萄牙移民和混血后裔（prazeiros）安插到贸易网络中。尽管此时穆塔帕国王仍保持了一个强势地位，以确保每位上任的葡萄牙莫桑比克队长获得补贴，还对进口的所有贸易商品征收50%的关税。然而，由于内部权力斗争，穆塔帕内部派系开始寻求葡萄牙的军事支持，葡萄牙对穆塔帕的影响已经举足轻重。

在象牙贸易领域，葡萄牙人通过克利马内港重构了流通网络。他们在赞比西河口设置检疫站，以"防治瘟疫"为由强征每支象牙20%的"健康税"，迫使商队改道至葡萄牙控制的塞纳（Sena）贸易站。1593年葡萄牙总督的账本显示，经其手出口的象牙中仅12%仍携带穆塔帕火印，其余皆被替换为里斯本鹰徽标记（Arquivo Histórico Ultramarino, Lisbon）。

1629年，国王穆埃内穆塔帕终于意识到经济政治都举步维艰，他试图摆脱葡萄牙控制，但遭到失败，最终被葡萄牙推翻，并由葡萄牙扶植的马武拉·曼德·费利佩（Mavura Mhande Felipe）继位。此后，穆塔帕名义上仍为独立帝国，但实际上成为葡萄牙的附庸国，金矿被葡萄牙控制。由此，葡萄牙在南部非洲的殖民统治完全确立。

葡萄牙人也开始加强了对非洲东南部大部分地区的控制，并控制了贸易路线。

1695年，南部非洲的另一个政权罗兹维（Rozwi）强势出现。其国王昌加米雷·东博（Changamire Dombo）成功挑战穆塔帕帝国的权威，并在1684年的马洪圭战役（Battle of Mahungwe）中击败葡萄牙支持的穆埃内穆塔帕。1695年，他进一步摧毁了葡萄牙在东部的马西奎西贸易站（Masikwesi Fairtown），并夺取了黄金贸易控制权。

尽管穆塔帕于1720年左右重新退让并获得所谓独立，但此时其已经几乎将津巴布韦的所有高原都输给了罗兹维帝国，穆塔帕帝国大势已去。

1759年穆塔帕国王穆埃内穆塔帕去世，王位内战自此再没有结束，直至1917年，王朝的最后一位国王曼波·丘科（Mambo Chioko）在与葡萄牙人的战斗中丧生，穆塔帕帝国彻底灭亡了。

穆塔帕帝国凭借河流网络的兴盛，一度成为欧洲探险家寻找传说中的所罗门王矿藏（King Solomon's Mines）的最有利证据。黄金的魔力推动了葡萄牙深入非洲腹地，

---

① Isaacman A. 1972. Mozambique: The africanization of a European institution. *The Zambesi Prazos, 1750-1902*, University of Wisconsin Press, p.209.

并促进了当地早期的发展。

　　尽管穆塔帕最终被外部势力所吞噬，但其曾建立的商业网络、政治制度以及文化遗产，仍对南部非洲的历史产生深远影响。帝国对南部非洲的历史产生了另一种间接的副作用。来自帝国的黄金激发了欧洲人的信念，即穆埃内穆塔帕拥有传说中的所罗门王的地雷，在《圣经》中被称为俄斐。这里位于南部非洲穆埃内穆塔帕帝国内部，是导致葡萄牙人在 16 世纪探索索法拉腹地的因素之一，这一传说被广泛使用有助于莫桑比克的早期发展。一些文件表明，大多数早期殖民者梦想在南部非洲寻找传说中的黄金之城，这一信仰反映了南美洲早期殖民地寻找金矿的可能，并且很可能受到它的启发。随着矿山的耗尽，早期的黄金交易即告结束，穆塔帕国家的恶化消除了对进一步开发黄金来源的财政和政治支持。

三、斯威士兰等小部族的水权解构

　　斯威士人（Swazi）是非洲南部的班图民族之一，主要分布在斯威士兰（今埃斯瓦蒂尼）、南非以及莫桑比克南部。他们的语言是史瓦济语（siSwati），属于恩古尼语支。

　　斯威士人的祖先可以追溯至 15 世纪末所奠定的蓬戈拉河谷的生态适应与国家雏形。当时的恩古尼部族南迁跨越林波波河，并逐步定居在马普托（Maputo）地区，即现今莫桑比克南部的沿海地带。大约在 17 世纪初，恩格瓦尼（Ngwane）部落进入了今天斯威士兰的领土，并在 18 世纪中叶，由德拉米尼（Dlamini）家族领导，开始在蓬戈拉河（Pongola River）和卢邦博山（Lubombo Mountains）之间定居，1750 年，德拉米尼三世建立恩格瓦尼王国，被视为现代斯威士兰的先声。这时的王国定居策略显现出典型的环境适应性——蓬戈拉河谷的冲积平原提供了农耕基础，而卢邦博山地则作为军事屏障，可以抵御恩德万德（Ndwandwe）等敌对部族的侵袭。

　　考古学家在卢邦博山脉东麓发现的梯田灌溉系统显示，17 世纪的恩格瓦尼人已掌握洪水脉冲农业技术：每年雨季利用蓬戈拉河泛滥的泥沙增肥农田，旱季则通过分流渠网维持作物需水。这种适应性策略使河谷地带玉米产量达到高原地区的 3 倍，支撑了人口聚集。[①]

　　19 世纪初，索布扎一世（Sobhuza I）通过卓越的外交与军事手段，在南部非洲的乱局中实现部族整合。尤其是面对被征服的索托部族，他允许其保留对科马蒂河

① Maggs T. 1984. The iron age south of the zambezi. In Klein, R. G. (ed.), *Southern African Prehistory and Palaeoenvironments*, Balkema, pp.85-105.

（Komati River）支流的传统取水权，仅要求每年向王室进贡雨季首场洪水的"水礼"——十头浸泡过河水的公牛。这种象征性贡赋既维护王权神圣性，又避免水利纠纷。①面对恰卡（Shaka）祖鲁帝国的扩张压力，他采取"军事威慑+文化包容"策略：一方面组建年龄军团（emabutfo）强化战力，另一方面保留被征服索托与桑人群体的语言习俗。1828 年祖鲁军队劫掠斯威士兰南部的关键战役中，索布扎通过向恰卡进贡 200 头牛与 50 名少女，换取战略缓冲期。②

与此同时，斯威士兰通过控制蓬戈拉河航运成为难民中转站。英国传教士记录显示，1832 年单季有超过 2 万头牛经蓬戈拉河渡口进入斯威士兰，其中 30% 作为税收充实王室储备。③河流在此既是地理屏障，更是经济融合的血管。

战乱中对南部非洲其他部族的怀柔策略，一度让斯威士兰的疆域涵盖今普马兰加省至莫桑比克马普托的广大地区，形成以洛班巴（Lobamba）为核心的中央集权体制。

19 世纪中叶的布尔人（Boer）在南部非洲的迁徙深刻改变了王国命运。1838 年的"血河战役"（Battle of Blood River）中，布尔人通过击败祖鲁人，逐步在南非内陆建立德兰士瓦共和国（Transvaal Republic）。在布尔人扩张的过程中，斯威士兰因为贯彻怀柔策略，通过割让部分领土给定居于莱登堡（Lydenburg）附近的布尔人殖民者而获得布尔人与英国人的承认。

"友谊"似乎是维持王国平稳的基础，但殖民者的最终目的不过是以各种手段抢夺最佳河岸栖息地。通过 1846 年《温克尔斯条约》将 1.8 万平方千米土地割让给德兰士瓦共和国，并将河流定义为"永久可航界河"——允许布尔船只自由通行并征收航运税。自此，王国经济基础削弱，持续的土地纠纷频发。

1875 年英国测绘员发现，布尔农场主通过伪造地契非法占据蓬戈拉河沿岸最佳牧场。④1887 年英国南非公司获得科马蒂河铁矿开采权后，建造的水坝使下游传统灌溉区干涸。而 1903 年英国殖民当局实施的《水资源法典》彻底瓦解了传统水权体系，根据这个体系，德兰士瓦甘蔗种植园拥有蓬戈拉河流量的 60%；斯威士兰的王室"水礼"

---

① Kuper H. 1986. *The Swazi: A South African Kingdom (Case Studies in Cultural Anthropology)*, Holt Rinehart and winston.

② Kuper H. 1986. *The Swazi: A South African Kingdom (Case Studies in Cultural Anthropology)*, Holt Rinehart and winston, p.267.

③ London missionary society archive, Box 47, https://digital.soas.ac.uk/content/AA/00/00/08/85/00001/LMS.pdf.

④ Booth A. R. 1983. *Swaziland: Tradition and Change in a Southern African Kingdom*. Westview Press.

仪式需经殖民官员批准，在卢邦博山泉处需要付费取水（每桶 0.5 便士）等，这种制度性掠夺使 1968 年全国可灌溉耕地仅存殖民前的 23%。[1]

姆班泽尼国王（Mbandzeni）在其统治的 1868—1899 年，将许多商业、土地、矿业特许权授予英国和布尔定居者，这在后来的王位继承人争战中似乎得到了相应的回报，但这也意味着王国的水权完全解构。第一次布尔战争（1879—1881 年）和第二次布尔战争（1899—1902 年）后，斯威士兰成为英国的保护国，直到 1968 年，斯威士兰才重获独立。

---

[1] Funnell D. C. 1988. Water resources and the political geography of development in Southern Africa: The case of Swaziland. *Geoforum*, Vol.19, No.4, pp.497-505.

第四章 "发现水"的时期：非洲与世界的链接

水是非洲各文明古国建立的核心要素，也是欧洲认为可以入主非洲的"高速通道"，对于非洲内部河流的探索，开启了西方对非洲殖民统治的探索。

第一节 航路探险与征服

一、全球"探索时代"的开始

公元前 2000 年，古埃及人曾经认为，撒哈拉以南非洲是一片堆满着黄金与象牙的宝地，他们甚至曾组探险队，但是最终受阻于撒哈拉大沙漠，铩羽而归。公元 3 世纪，希腊罗马时代有一批地中海冒险家，想借助尼罗河上溯，探索这个世界上最神秘的角落，结果在上游的一条小支流迷路了。但他们根据路途中的感受，认为非洲一定有很大的湖泊，否则无法提供巨大的水量。通过远眺两座巨大的山峰（有可能是鲁文佐里山脉 "Rwenzori Mountains"），他们认为尼罗河河口就在那里。中世纪时，关于非洲内陆的传言更多，但大多数是关于钻石、黄金，以及女巫统治的王国等。因为撒哈拉沙漠、卡拉哈里沙漠、中部非洲热带雨林、采采蝇等原因，非洲以外的人们一直无法进入非洲内陆，直到 1841 年，在世界地图上的非洲中部是一片空白，地理学家称这里为"黑暗大陆"。

从全球史的角度看，更能理解非洲与世界发生联系的契机。探索时代的开始，是由于商业贸易上急迫需求的刺激。15 世纪，西欧各国纷纷进入资本主义原始积累时期，最初的远洋航行，是为了寻找从西欧前往亚洲的海路航线聚敛财富，在黄金这个字眼的驱使下，纷纷通过新的航道争先恐后地扑向东方。然而，奥斯曼帝国兴起后，从地中海驶向印度、中国等东方国家的海上商路受阻。为了寻找通往东方的新航路，欧洲国家将船队驶向了非洲。

15 世纪之前，欧洲对非洲的了解仍主要集中于北非以及西北非和东北非的沿海地区，当时的了解往往反映在希罗多德、斯特拉博之类古典作家的著作，或者《红海巡航纪》《汉诺回航记》之类书籍以及内容零散单薄的商人和航海家记录中，还有一些阿拉伯人的旅行记录，对于中南部非洲广大地区，特别是内陆地区的情况，外界仍知之甚少，有的也都是模糊的猜测，尽管一些猜测在后来被证明有一定的确定性内涵。[①]

1415 年，葡萄牙人以武力强占了北非沿海城市休达，建立了非洲的第一个殖民据点。之后最擅长航行的葡萄牙探险队曾试图通过西部的赞比西河进入非洲内陆，但是遇到了赞比西河一连串的川流瀑布和漩涡，最终没能成功。100 多年后，葡萄牙人组成了一支 400 人的探险队，由非洲东部的莫桑比克进入中部非洲，但是这 400 人有去无回，全部死在了疟虫丛生的雨林里。

16 世纪初期后，荷兰人、英国人和法国人步葡萄牙人的后尘，相继来到非洲。欧洲人对非洲的记录开始多了起来，特别是奴隶贸易发展起来后，去往非洲的欧洲人越来越多，出现了一些与奴隶贸易本身相关的商业性记录，也出现了一些参与奴隶贸易的商人和船运者的日记、游记之类的资料。这些殖民者在非洲沿海地区修筑堡垒、建立据点、开设商栈，开始攫取非洲的黄金、象牙等贵重物品，并以工业品的方式进行交换。"黄金海岸""胡椒海岸""象牙海岸"等非洲沿海地区的名称，实际上就是按照殖民者在这一带掠夺的主要物品的名称来对这些地区进行的称谓，而这些名称也充分表明了当时殖民掠夺的商业特点。直到 1788 年"非洲协会"的成立，非洲大陆进行系统的"探险"时代才正式拉开帷幕。这个协会以英国著名科学家约瑟夫·班克斯为首，其宗旨是"促进科学和人类的事业，探测神秘的地理环境，查明资源改善这块招致'不幸'的大陆的条件"。

世界格局的变迁从来不会落下非洲。随着资本主义经济的发展，各国之间的贸易往来日益增多。由于当时的世界贸易通道主要在海上，荷兰人通过传统的行商，很快将国家打造成"海上的马车夫"，累积了大量财富。1652 年，荷兰东印度公司在好望角，这个东西方的交通要冲，修筑要塞、营建殖民地，并在那里开辟种植园，保证过

---

① 刘伟才：《非行者言，19 世纪英国人非洲行居记录的史料价值及其利用》，上海社会科学院出版社，2018年，第 26—27 页。

往船只的淡水、粮食的供应。为了更好地保障当地发展，东印度公司说服欧洲各政府，鼓励人们到南非定居。1910 年之后，开普人口逐渐增加，并推动殖民地进一步繁荣。此时期在南部非洲定居的白人群体一般是农民，推动了开普敦等地的农产品丰收。在"地理考察"发现南部非洲拥有众多矿产后，又有不少工人来到此地。

17 世纪现南非地区的土著人包括：索托人、恩格鲁人、科伊人（被荷兰称为霍屯督）、桑人（布须曼人）和其他的一些"班图人"。[1]土著们对早期的荷兰人比较友好，也与他们进行一些交易。但面对白人不断向内地扩展、侵占土著土地和牲畜的野心，土著们开始与之发生严重纠纷，导致了三次战争，分别发生在 1659 年、1673 年和 1674—1677 年。在这个过程中，非洲土著的力量被逐渐瓦解，而居住地区也逐渐移向缺乏水源的地区，整个土著群体逐渐被边缘化。

南部非洲其他地区的情况大概也如此。商业帝国的构建野心，特别是在发现钻石（1867 年）和黄金（1886 年）之后，进一步推动了殖民者在南部非洲的拓展，并在后来较长的时段内形成竞争和对抗的态势。1885 年，南部非洲大致已被分为几个殖民地区。1879—1915 年，南部非洲发生了一系列的战争和起义，[2]对整个南部非洲地区产生了持久影响。

二、河流溯源

以河流为框架，进行有意识、有目的的勘测工作是探险工作的主要线索，尤其是对于河流空地或分水岭地区进行探查，被认为是可以填补当时非洲地图上存在的空白的重要科学发展。协会首先把注意力直接放在尼日尔盆地和西非的勘探上，不过由于尼日尔河上游一次损失惨重的商业性探险，探险家们纷纷将兴趣转到了东非：尼罗河的源头问题。

1840 年，利文斯敦开始在非洲探险，并于 1849 年穿越卡拉哈里沙漠，1855 年在赞比西河发现由他命名的维多利亚瀑布。由于利文斯敦在几次旅行中所做的详细记录，尤其是非洲的河道、水路、湖泊信息，使非洲地图原来的许多空白处逐渐得以填满。1856 年，两位英国人约翰·斯皮克和理查德·伯顿从非洲东海岸向内地进发，相继发

---

① 在刚果语中，"班图"意为"人"。1856 年威廉·布莱克在语言学讨论中用它来称呼一个普及很广的非洲语支，并在之后被统称为非洲原始部落人的代称。

② https://en.wikipedia.org/wiki/South_African_Wars_(1879%E2%80%931915).

现了坦噶尼喀湖和维多利亚湖，他们沿尼罗河顺流而下，穿过埃及进抵地中海。不同探险家对水源的认识不同，按照贝克的说法，维多利亚湖接收东面的水流，艾伯特湖接收南面和维多利亚湖的水流，阿尔伯特湖构成了尼罗河上游的第一个盆地，从艾伯特湖开始流淌的尼罗河是完整的尼罗河。[①]不过利文斯敦质疑斯皮克所说的维多利亚湖是尼罗河源头的说法，一度认为流向刚果河的卢阿拉巴河（Lualaba River）是尼罗河的上游河段。直到亨利·斯坦利（Henry Morton Stanley，1841—1904）以记者的身份，在维多利亚湖进行环球航行，才证实了维多利亚湖是尼罗河的源头的真实说法。

不过，探险家的行程很快将与殖民当局"利益相连"。

1869 年秋天，斯坦利在巴黎接受了报社派其前往中部非洲寻找著名的英国传教士、旅行家利文斯敦下落的任务，1871 年 1 月，斯坦利到达东非的桑给巴尔，组织了一支由 192 人参加的"探险队"，并辗转在当年的 11 月 10 日在坦噶尼喀湖岸的乌吉吉找到了利文斯敦。他们一起探查了坦噶尼喀湖，并待了 4 个月。1872 年 5 月，斯坦利单独返回桑给巴尔，并发表著作《我怎样找到了利文斯敦》，轰动舆论，成为红极一时的人物。他无论在著作或讲话中，都把被英国资产阶级捧为"英雄"的利文斯敦的处境尽量描绘成"形单影只，举目无亲，奄奄一息"的惨象，攻击别人对利文斯敦"冷酷无情""不输送起码的供应品"等等，突出他自己是利文斯敦事业的热烈崇拜者和支持者。1873 年利文斯敦死后，斯坦利更以"当然继承者"的身份自居，表示要完成利文斯敦未竟的事业，赢得了人心。英国维多利亚女王亲自接见了他，赠给他金质鼻烟盒作为纪念。1874 年，他又被《纽约论坛报》派往采访阿散蒂战争等。

19 世纪中叶，资本主义开始进入垄断阶段，即帝国主义阶段。为了保证垄断集团的利益，金融资本家就必然要夺取和占领殖民地，只有占领了殖民地，才能垄断殖民地市场，保护资本投放场所和充足的原料来源。这意味着各殖民国家迫切需要了解非洲内地的各种信息，以便更好进行"战略部署"。斯坦利得到资产阶级的支持和派遣，又先后三次到非洲进行长时间的"探险"活动，并以武力和欺骗两种手段在刚果河流域和刚果盆地，从当地非洲人手中骗取了 450 多个条约，建立了 22 个商栈和据点，这些都成为比利时国王利奥波德此后占领刚果的依据。

1876 年 9 月，比利时国王利奥波德二世主持召开了一个国际地理学会议，题为"讨论开化非洲所应采取的最好方法的地理学"，在进行科学考察和传播文明的幌子下，会

---

① Samuel W. Baker, The Albert N' yanza, *Great Basin if The Nile, and Explorations of the Nile Sources, Vol. II*, Macmillan & Co., p.288.

议成立了国际中非考察与文化协会，通称国际非洲协会。除英国以外与会的各国都成立了各自的委员会，派遣人员到非洲进行考察，列强瓜分非洲的序幕由此拉开。

1876 年以前，西方列强虽已占领了非洲 10.8％的土地，但除在南非和阿尔及利亚外，殖民者在非洲一般只占有沿海地带。总体看来，非洲与西方殖民者的接触体现在：意大利以红海沿岸的阿萨布港为基地向内陆扩张。法国在塞内加尔，葡萄牙在安哥拉和莫桑比克开始深入内地，并未实际占领；但在 1815 年武装占领了突尼斯，1883 年又迫使马达加斯加接受其保护。在非洲之角和塞内加尔河流域，法国以诱骗的方式取得了大片土地，在尼日尔河上游建立了一系列据点。英国从非洲南北两端向大陆内部扩张，其首要目标是盛产钻石和黄金的南非，但在入侵的过程中，遭到布尔人的坚决抵抗。1882 年英国对埃及进行武装干涉，将名义上属于奥斯曼帝国的埃及置于其统治之下，并占有非洲之角和尼日尔河三角洲一带的部分土地。1883 年，德国获取了南部安哥拉、培开那湾附近 215 平方英里土地，次年又再次宣布：从南纬 26°到今安哥拉之间的大部分地区为德国保护国；在西非，多哥和喀麦隆相继成为德国的保护地；在东非，德国占领了坦噶尼喀，并宣布东非接受德国保护。德国在西南非洲、东非、西非几个地区骤然出现并对所占地区实行保护，使列强间的竞争日趋激烈，尤其以占领刚果河流域的争端为最，列强在分割非洲中的矛盾逐渐从两方争执进入到多方介入、矛盾重重、相互牵制。

1881 年底，法国政府支持下的布拉柴先于斯坦利到达刚果河下游北岸，斯坦利和布拉柴在刚果河流域的探险和竞争，实际上是比、法两国在分割刚果河流域的竞争。1882 年，法国正式宣布建立法属刚果殖民地，与比利时在刚果的利益发生直接冲突。对比利时的活动心存不满的葡萄牙，以自己是刚果河口地区的当然主人为由提出抗议。英国乘机插手刚果事务，与葡萄牙签订条约，支持葡萄牙在这一地区的特殊利益，取得了英国在刚果河流域自由经商的保证。英葡条约的签订引起法国和比利时的抗议，密切注视这一切的德国乘机提出召开国际会议的建议，加入这一争执。为解决列强之间因分割非洲产生的矛盾，1884 年 11 月 15 日，西方列强在柏林召开了第一次瓜分非洲的国际会议。

这个由德国首相俾斯麦主持召开的柏林会议，会议长达 104 天，共有英国、法国、德国、比利时、葡萄牙、意大利、奥匈帝国、丹麦、荷兰、西班牙、俄国、瑞典、挪威、土耳其和美国 15 个国家的代表参加。会议名义上是解决刚果河流域的归属问题，但实际上讨论得更多的是列强瓜分非洲的一般原则，会议最后形成了长达 6 万多字，包括 38 项条款的《总决议书》。规定今后列强在非洲沿岸占领土地或建立保护国时，必须通知其他在本协议书上签字各国，以便他们必要时提出自己的要求。

1884 年的柏林会议在道德关系的基础上呼吁帮助非洲废除奴隶制，但是在这之下的真正动机是开始或者继续对非洲的掠夺，掠夺土地不是为了直接的剥削，而是为了将来可能的剥削，这是在南非发现黄金和钻石的时候，突然之间世界明白了非洲不是完全没用的大陆，实际上这是一个地理上的奇迹。"所以，欧洲人进来了，利奥波德是第一个。刚果，非洲中部这片广阔的地区是他的私人财产，表面是道德事件，实际上是殖民主义的最后表达。""欧洲人现在只急着找到去非洲的道德理由。俾斯麦说他要非洲中部，从德国占领的非洲西部到当时的坦桑尼亚、坦噶尼喀、东非的德国区，他想要这么广的地区，他说我们也是。德国刚刚在 1870 年统一，我们想在太阳底下有一块土地。"[①]

柏林会议让列强依据各自实力讨价还价，在非洲地图上任意地勾画出各个殖民地的边界或者势力范围，例如，非洲之角——索马里人居住的地区被分为了英属索马里、法属索马里、意属索马里；西非曼丁戈人地区、隆达王国被分割为比属刚果、北罗德西亚和安哥拉 3 个部分。这种人为的边界，任意割裂非洲历史上按民族聚居或民族种族分布而形成的地区，破坏了非洲民族和国家形成的正常发展过程，同时也给今天非洲国家留下了造成边界争端和纠纷的许多历史问题。

1914 年第一次世界大战爆发，导致大战爆发的原因之一就是帝国主义列强要求重新分割非洲。

三、认知的分野

欧洲在 15 世纪及 16 世纪的变化，主要来自科学本身（或是科学方法）的变革。这样的变革不仅促进了欧洲的发展，更为新航道的开辟提供了基础。对非洲而言，与殖民者同时到来的意识形态，除了备受瞩目的基督教外，还有 19 世纪的科学主义和自然统治论。文艺复兴时期以后的哲学家提出的大宇宙与小宇宙的学说把人看成小宇宙，认为人反映了整个宇宙，也是人类中心主义的表现。在这个价值观之下，只有拥有意识的人类才是主体，自然是客体。价值评价的尺度必须掌握和始终掌握在人类的手中，任何时候说到"价值"都是指"对于人的意义"。遵循康德提出的"人是目的"的命题，在人与自然的伦理关系中，应当贯彻人是目的的思想。人类的一切活动都是为了满足

---

① 南非历史学家罗伯特·歇尔。

自己的生存和发展的需要，如果不能达到这一目的的活动就是没有任何意义的，因此一切应当以人类的利益为出发点和归宿。

而这个时间，非洲却开始成为与欧洲人相对立的"非人类"的一方，需要被更加高级的白色人种进行领导。

首先，由于理解的便捷性和操作的必要性，"种族"的概念伴随着 15 世纪地理大发现产生并发展，成为人类学的中心概念之一。[①]加之非洲奴隶贸易带来的巨额利润，欧洲人的奴隶来源渐渐地由欧洲、中东转变成非洲，欧洲把非洲人自然地归为来自"黑暗之心"的愚昧人种，并以此作为奴役并虐待非洲人的理由。[②]1866 年，伦敦人类学会的创始人詹姆斯·亨特（James Hunt）宣称，人类学最重要的真理就是"人类不同种族之间明显的心理和道德区别"（20 世纪起，这个思想已趋下风）。帝国主义、移民、民族主义以及奴隶制的合法性使各个种族之间的差异凸显。种族偏见被穿上了科学的外衣。达尔文的进化论被错误地用来说明知识和道德的进步，人脱离了其本意，即解释生物如何适应自己所面临的生态环境。斯宾塞甚至认为（Hebert Spencer，1820—1903）那些不切实际的社会改良家如果试图改善和解除贫困种族的生活，他们就是在干预进化进程。[③]1870 年，许多西方国家的经济成长都停滞了；这些国家的经济在随后 20 多年内都表现滞缓。这些国家需要新的市场和原料，而非洲两者兼备，种族秩序大力倡导可谓正中殖民者的下怀。

其次，学者们基于西方伦理的认知判断，加深了对非洲人的曲解。作为德国古典哲学的集大成者，黑格尔树立的"自然法即为自由法，自由法本质上就是伦理法"的主张[④]，对当时的哲学界影响巨大，但其对非洲有着贬低的看法，也对当时的欧洲学界产生了重要的负面影响。[⑤]黑格尔说："我们放过阿非利加，不再提起它。它不属于世界历史的部分：它没有动作或者发展可以表现……我们对于阿非利加正确认识是：非历史的、未开发的、精神性的。非洲是单纯自然之状态，在这里只能算作踏入了世界

① Institute of Medicine, Board on Health Sciences Policy, Committee on Understanding and Eliminating Racial and Ethnic Disparities in Health Care 2003. *Unequal Treatment: Confronting Racial and Ethnic Disparities in Health Care*, The National Academies Press.

② Meltzer Interpretation of Ceramic Artifacts 1993. *Across the Colorado Plateau: An thropological Studies for the Transwestern Pipeline Expansion Project*, Vol.16, Office of the Contract Archaeology and Maxwell Museum of Anthropology, University of New Mexico, Albuqureque.

③ Teresita Majewski, David Gaimster (ed.). *International Handbook of Historical Archaeology*, Springer, 2010.

④ 邓安庆："自然法即自由法：理解黑格尔法哲学的前提和关键"，《哲学动态》，2019 年第 1 期。

⑤ Jan Fook, Bob Pease 1999. *Transforming Social Work Practice: Postmodern Critical Perspectives*, Routledge.

历史的门上。"①基于欧洲发展的经验，黑格尔认为："从欧洲的历史可以看出，自然或天然状态本身，是种绝对和彻底的不公平状态，是违背正义和公理的……奴隶制度本身是不公平的，因为人类本质是自由的。而人类必须首先成熟，才能获得自由。但非洲的历史不属于世界历史，非洲是'非历史的、没有发展的精神'，还处在单纯的自然状中。"（黑格尔《历史哲学》）著名的英国历史学家费奇在评论黑格尔的观点时指出："他所代表的观点已成为 19 世纪历史正统的一部分，甚至在今天也不乏追随者。"戴维·休姆就是一个，他说："（黑人）没有精巧的制造者，没有艺术，没有科学。"巴兹尔·戴维逊评论说："按照这种说法，非洲人从来就没有发展过自己的文明。"②

最后，由于不信任和不理解，非洲文化很快被简单理解为外部移植的结果。19 世纪中叶起，在撒哈拉以南非洲的考古学家发现了大批非洲的遗址：1868 年发现了大津巴布韦遗址，德国地理学家宣布"这是远古时代文明人的创作"；1897 年，英国远征军占领贝宁城，掳回了大量轰动欧洲的雕刻品；1907—1914 年，麦罗埃文明被发现；1931 年诺克文化被发现……为了被认为是欧洲或者其他地区文明的遗珠，这些发现很快有了传播主义的阐释视角：这么高的艺术、冶金术和建筑术，不是非洲本土产生的，都是"含米特人"带来的。③

19 世纪至 20 世纪初，大部分白种人知识分子也都觉得自己对非洲承担了领导责任，他们领导着"那些刚刚被发现的、一半是魔鬼一半是孩子的阴郁的其他人种"。而且，随着对非洲各种认知的深入，惊喜不断产生。1867 年以后，南非发现了冲积砂矿床和大量原生金伯利岩，使得南非成为世界上最重要的钻石生产国，其产量长期处于世界前列，并由此开创了钻石业的新纪元。金伯利附近的钻石矿山看起来像是倒转过来的蚁丘，3 万多人在上面不停地挖掘、搬运和敲击，呼喊之声不绝于耳。

1886 年 2 月，南非约翰内斯堡又发现了黄金，引发了殖民者的高度关注，南非的经济伴随"矿业革命"快速起飞，与此同时还有纷至沓来的移民浪潮。而解决所

---

① 〔德〕黑格尔著，王造时、谢诒徵译：《历史哲学》，商务印书馆，1936 年。

② 〔英〕巴兹尔·戴维逊著，屠尔康、葛佶译：《古老非洲的再发现》，三联书店，1985 年。

③ 考古学家已经查明，撒哈拉以南的冶铁技术都是非洲人自己创造的。冶铁的方法、熔炉和风箱的构造都与众不同，证明不是从别处学来的。从语言角度讲，苏丹语言中没有含米特语的铁（brzl）一词。从民俗学角度看，阿拉伯人视铁匠为贱民，明令规定不准与铁匠交往，热带非洲各族视铁匠为英雄、青年人的导师、部落传统的维护者和秘密会社的领袖，甚至打铁是贵族特权，王位继承人必须学会冶金。从考古学角度来看，西非炼铁的初始时间，早于麦罗埃和卡尔他热。尼日尔尼亚美大学在阿加德兹南部发现的冶炼遗址（其中包括炼铜和冶铁的熔炉），经同位素碳-14 测定，炼铜炉已存在 4 000 年（约公元前 2000 年），冶铁炉已存在 2 500 年，均比麦罗埃和卡尔他热测定的日期为早。这就推翻了撒哈拉以南非洲冶金技术外来说的假定。

有农业发展和工业民生的保障，最重要的就是要在"水利使命"的倡导下，进行灌溉和水利。

第二节 利文斯敦"平视"视角下的非洲水社会变迁

利文斯敦自 1840 年开始在非洲探险，直到 1873 年在非洲去世，他的整个人生都与非洲紧密相关。正是由于利文斯敦在描述中采用的是难得的"平视"视角，较为客观地展现了殖民全面开展之前非洲水社会的情况。

一、贝专纳族的水社会

利文斯敦在非洲的探险目标不是为了征服未知，而是希望传播上帝救赎信念。因此，他不仅没有对非洲人开枪，且主张反对非洲的奴隶贸易、把西方西学观念带入非洲。他是穿越卡拉哈里沙漠（1849 年）、命名维多利亚瀑布（1855 年）的探险家，也是有着卓越画工的非洲地理、山川、动植物的记录者。他在几次旅行中所做的详细记录，使非洲地图原来的许多空白处逐渐得以填满，他的旅行日记成为震动西方且客观上加速非洲被殖民的畅销书，他本人也成为非洲历史中举足轻重又备受争议的西方探险家和传教士。

利文斯敦描绘过卡拉哈里女性取水容器：鸵鸟蛋壳；也描绘过河畔渔民用的多种捕鱼渔网。他描述过酋长举行有关水的仪式集会，也描述过在莫桑比克的男丁人战舞、莫桑比克内陆军阀家庭的婚礼等[1]；利文斯敦在其日记中写道："我实在太喜欢这样的旅行，且能够自然地与非洲人接触。我们一起去搭帐篷生火，走路，驾车或猎取所需的肉类。我现在才知道非洲土著有各种游戏的方法。"[2] 过了奥兰治河利文斯敦发现，遇到的土著越来越多，而这些土著大部分属于贝专纳人（Bechuanna），他们分布在奥兰治河以北的广大土地上。这些人逐水草而居，经常住在用晒干的黏土做成的泥屋里。但因为他们比较温和与弱小，所以经常被布尔人捉去当奴隶，外族人也经常抢夺他们

---

① David and Charles Livingstone, *Narrative of An expedition to the Zambezi and Its Tributaries and of the Discovery of the Lakes Shirwa and Nyassa*, Harper & Brothers, Publishers 1866, p.376.

② 张文亮：《深入非洲三万里：李文斯顿传》，敦煌文艺出版社，2006 年，第 39 页。本节大部分的故事，尤其是传教故事来自利文斯敦自传及此书。

的牛群。因为"任何欢迎敞开的门，不管他们真正需要什么，我都会带着福音进入"。①他记录了当时贝专纳人每当下雨时高喊"普拉"并在雨中歌舞的仪式。贝专纳人在那时已把自己的金钱也叫作普拉，博茨瓦纳建国后，国家延续了这一传统。

1842 年 2 月 10 日，根据利文斯敦的日记记载，利文斯敦帮助当地的土著修建了一个水坝。他们先在一个贝专纳的酋长部落，找到了一个高处沙丘下的小水泽，用铲子往下挖，挖出了一条渠道。随后用黏土拌和草根灌木、动物枯骨、乌龟壳等，在渠道的下游筑成了一道 150 千米长两尺深的冷水坝，那里有许多大石头做基础坝，并用许多灌木枝干覆盖，以防止风的影响。水坝蓄积的是从溪流的高处沙丘剩下来的水，利文斯敦写道："这是我第一次发现，可以不用金钱，让土著工作，因为他们所做的是出于他们的需要。施舍金钱会使土著索求无度不近人情，这是人性中的自私。我只是针对他们的需要提供帮助，并成为众人工作的榜样。虽然太阳酷晒，口渴疲惫，我仍继续挖掘下去，因此他们逐渐知道我是真心来帮助他们的。"

利文斯敦同时提到，当时他和一位巫师比赛祈雨本领的故事。那时他在挖水沟，引水灌溉附近的草地，并供应饮用水，但巫师则用嘴巴吸足水，在一旁用石头排成一条大蟒蛇形状。利文斯敦写道："我知道无须信仰的错误，但是在原始部落中，土著们治病，祈祷，安慰都需要这些巫师。巫师，也有可能是原始部落中最懂植物和动物的人，因此我不与他们对抗，不就他们任何表现定他们的罪。我不因这条由石头排列成的大蟒蛇，就论断出他们排出的偶像的样子，我认为这只是他们的一种表达方式。"不过利文斯敦也发现，缺水问题解决后，土著们又开始懒散起来，利文斯敦于是就收拾好行李离开他们，因为"我是来帮助他们，而不是来依靠他们的"。

后来这座蟒蛇水坝在雨季时被冲塌了，利文斯敦回来带他们又盖了一座，可是不久又被冲塌了，于是他们又盖了一座。整个过程后，由于贝专纳人知道了使水坝更加稳固的方法，但巫师之前用于祈雨的大蟒蛇图案也不再出现了。

二、与水边居民的相互了解

利文斯敦在南部非洲的考察中，曾经路过几个水边的村落。比如贝克哈特拉（Bakhatla）的北部有一个马克赫罗湖（Mokhoro），利文斯敦观察到尽管湖里有许多鳄鱼和河马，湖边长满芦苇，但这个湖能够提供当地人充分的淡水，当地人却惧怕在

① 张文亮：《深入非洲三万里：李文斯顿传》，敦煌文艺出版社，2006 年，第 45 页。

湖边居住。利文斯敦和当地人居住了一阵子之后，认识到了非洲居民必须要面临水环境的三种危险：采采蝇、疟蚊与沼泽。利文斯敦对于湖边的危险认识最深刻的经验来自他和妻儿在湖边玩，但最后被蚊虫感染而夭折的女婴。但他没有停下他的探险脚步，他总是记录不同湖边的情况，比如干涸的山麓中的石灰岩，以及其上的古生物化石。这些发现在很大程度上解释了之前非洲人移居的一些原因，对后来的探险家和医学研究者产生过重大影响；而且由于发现被刊登在皇家地理学的期刊上，也引发了考古学家对非洲的关注。

为了传教，利文斯敦向当地人学习语言，并用当地人听得懂的比喻传教。比如，用水牛的皮肤来表示洁净："求耶稣的宝血将我们的心，洗得像由水中爬起来的水牛的皮肤，在阳光底下那么的洁白。"用河边的风声来形容"震耳欲聋"："上帝啊，说明我们，因为你的睡眠像是河边的大风声，以致其他控告我们的声音都听不到。"根据利文斯敦的自传，1847 年，马波坦萨的雨下得很少，酋长决定根据民间传说另寻有水的居住地。据说这个永不枯竭的水源居住地就在林波波河北端的克罗本（Kolobeng），于是，酋长和利文斯敦一同前往当地。但到那里才发现，由于严重干旱，克罗本的溪水少而黑，而且需要面对随时从草丛中冲出来的黑犀牛。但利文斯敦没有退缩，他率领 200 多个当地人首先疏浚河道，再用河里的土来建筑水坝，并进一步建造房屋、学校与教会。他教人们在玉米田里插旗子放到草原和田埂外，吓阻犀牛；还在劳动中记下了克罗本的土壤信息：红色的黏质壤土，非常适合用来建筑坚固的泥屋。与此同时，利文斯敦还与当地人一起翻土栽种，耕种玉米、南瓜和豌豆。他的夫人玛丽除了教书，也教土著女性如何育婴、保持家居卫生等。

在这里，利文斯敦还谦虚地向当地巫师学习降雨的方法。他交给巫师 3 块狐皮作为学费，与当地人一起看巫师首先在一大堆兽骨上点起大火，奉献两只公牛，再烧一大堆药草和树叶。随着烟雾向上升腾并在高空中凝结成一朵乌云，巫师念念有词。药草和树叶越烧越多，乌云的面积也逐渐扩大，如果这时候高空的气温够低，便有下雨的可能。正当巫师得意时，吹了一阵风，把乌云吹走了，但巫师指着利文斯敦骂道："都是你，才让风把雨吹走。"尽管利文斯敦没有辩解，但当地的大酋长西比为说："从今天起我不再吃大巫师的任何草药，只单单祈祷依靠真正的上帝。"

也是在与当地人的朝夕相处中，利文斯敦发现非洲大陆很多植物的根叶皮，都有很好的医疗药效。当时的西方医学并没有办法解释作用，但是大巫师可以根据过去的经验，治疗土著的某些疾病，也知道硫黄有医治皮肤病的功能。但是巫师们迷信精灵，这让他们过度自信。当他们治不好人的时候会说"因为你不够诚心才治不好""治不好是你的命运"，或者"这种病是鬼魂对你的惩罚"等。于是，利文斯敦认为，如果当地人在信仰上产生混乱，那么整个种族就会退化。也就是从那个时候开始，利文斯敦将大巫师所用的植物采样放回纸盒中，请人送到伦敦大学的医学院研究，开启了西方对于非洲本土医药的研究。

三、重视本土知识与文化

贝专纳族的口述史认为，卡拉哈里沙漠并不是辽阔无际的沙漠，在其北边名叫邹加的大河（Zouga River），那里的酋长部落的名称叫瑟比多（Sebituane），管理着这条河流以北很多的部落及大湖恩加米湖。19 世纪初，英国皇家地理学会曾组织一支 30 辆篷车的探险队探寻过恩加米湖，但是在中途就被迫而归；布尔人中也有不少象牙贩子想到那边去猎象，结果全部葬身在大沙漠里，因此没有人知道横穿卡拉哈里大沙漠的路线。

1849 年，利文斯敦决定经卡拉哈里沙漠探寻此湖。一开始他就遇到了桑人。他们身材矮小，皮肤呈黄棕色，面颊上的颧骨突出，鼻子扁平，嘴唇粗厚，会懂得螺旋形的发型编织。那时利文斯敦碰到了在沙坑中等死的老人，利文斯敦给他水喝并医治好了他，从此这个桑人就成为了利文斯敦的向导，教他在荒漠中找到水源、根茎食物、西瓜，以及麻醉植物等。

利文斯敦发现桑人可以靠鼻子嗅出沙漠下的水分。一旦找到潮湿的地方，他们就会挖个洞穴，用兽皮覆盖地面，一阵子后再插根芦苇秆，进入兽皮缝间的土地，这样就可以吸到水。然后他们把水吐入一个小洞的鸵鸟蛋壳中，再将小洞填起来，就会成为水壶。在行进到马提尼（Mokelani）的时候，这里长着莫贝尼树（Mopane Tree）。这种树的特点是它的树叶枯干到用手一碰，就会像沙子一样碎掉。但树下的深穴中，储藏的水却足够让所有的人与牲畜喝。在这个附近，利文斯敦发现了使用与贝专纳语言30%接近的巴克巴族（Bakoba），还发现了古河床，并最终找到了"卡拉哈里的珍珠"——恩加米湖及北面的奥卡万戈河。

1851 年，利文斯敦及探险队发现了可可塔湖（Nchokotsa）芦苇丛外的马贝克河（Mabake River）、乔贝河（Choke River）、林扬堤（Linyanti）。利文斯敦利用自己随身带的罗盘、液压计等设备，根据天文观察，认为林扬堤已经是非洲内陆的中心点（theheart of Africa）。他非常惊喜，认为已经找到了非洲内陆。8 月 13 日，探险队折回南端。利文斯敦找到一条南下的河流坦曼卡克（Tamanakle），他们乘着独木舟南下，并顺利地和邹加河连接上。

利文斯敦认为，除非极度缺水，否则难以体会水的价值。所有掩盖在道德伦理品德之下的人性，在极度干渴时，都会赤裸裸地暴露出来。许多人甚至为了一滴水而伤害别人。利文斯敦说，我曾喝过布满昆虫的水、污浊的水、犀牛小便过的水、上面漂浮着水牛粪便的水，但是在干渴的时候，这些水喝起来都很合口。

四、不自党地身份转变

利文斯敦的探险经历在欧洲引发了各界浓厚的兴趣，维多利亚女王奖赏利文斯敦22枚金币，伦敦皇家地理学会颁给利文斯敦金质奖章，而非洲的殖民先驱葡萄牙和布尔人则威胁当地人来排挤利文斯敦。但让利文斯敦感触最深的是此时的非洲已经受到了奴隶贸易的严重影响。他在后来的探险中，被契波克族人（Chiboque）索要人、车、牲畜、枪。并试图要他的命，但是利文斯敦认为，他们的行为可以理解，因为他们已经习惯由过境的奴隶队伍中取一两个奴隶作为过渡费。利文斯敦认为奴隶贸易，不仅不人道，而且败坏了土著的道德，人们应该尽量地冷静，以避免流血争执。

然而，受困于资金与支持，1858年1月，利文斯敦接受了伦敦宣教会和英国政府（当时刚打完克里米亚战争，经济不景气）出资的探险任务，探索赞比亚以北各支流。利文斯敦本来认为进入非洲最快的方法是赞比西河，并曾称赞赞比西河为"上帝的高速公路"。但他的乐观与信心不断受到此时已经开始内战的非洲各部族及湍流的影响。探险队先后5次航行都遭遇湍流失败，恰逢赞比西河畔的两个城市发生了严重瘟疫，探险队帮助当地居民用奎宁和当地小豆蔻粉（Cardamom）治病。这次失败后，利文斯敦几乎讲不出话来，多年的期待似乎落空了。"我回去如何对那些资助我的人说，由这条河进入非洲内陆是错误的。我如何对那些赞赏我的人说，这是一个失败的任务。我再一次将自己毫无保留地放在上帝手中，按照他的荣耀而非我的期待。当我回到这个原点，我发现过去的成功与赞赏都是附加的，我从来没有追求这些，也不应该为了过去的成功和赞赏，让自己无法再谦卑地对主说，凭你的旨意而行。"

1860年9月16日，探险队进入酋长西比萨所说的尼亚萨湖。这是非洲的第三大湖，湖泊长550千米，宽75千米，平均水深700米。这个巨大的淡水湖泊约有1 000多种鱼类，是世界上鱼类最多的湖泊。尼亚萨湖湖底有两种稀有的鱼类，一种是体重达到50公斤的大鲇鱼，另一种是长鼻鱼，也称为大象鼻鱼（Elephantsnout fish）。后世一直认为，利文斯敦是发现尼亚萨湖的第一个外国人，但是实际上，利文斯敦认为，第一个发现尼亚萨湖的人，应该是德国探险家罗斯切尔（Albrecht Roscher），他由非洲的东海岸进入，在利文斯敦抵达的前两个月已经先到了湖边，但不幸被当地人杀死。这里的女性装饰盒因他们应有比较大的下颌或下唇而著名。这时，利文斯敦从尼亚萨湖的西岸向北前进，发现所到的村落大多有火烧的情况，人民都处于饥饿的状态。船只越向北航行，村落荒凉的程度越严重，利文斯敦也由此发现了奴隶贩子贩奴的可怕路线。后来的历史学家席富（George Seaver）在《利文斯敦的生平与书信》一书中写道："利文斯敦找到奴隶贩卖路线的重要性，超过他为非洲内陆找到通达非洲的通路的重要性。利文斯敦以身探险最大的特点是，他经常走错路，却走出比原先目标更好的路。"①

1860 年前后，利文斯敦在尼亚萨湖边找到运送奴隶的路线，英国政府委托的任务就基本完成了，探险队员们大多数离队回国。但利文斯敦又待了一段时间，并在过程中医治好了林扬堤的大酋长，让他成为了基督教的忠实信徒。与此同时，英国国内的武装干预非洲声势渐长，虽然在利文斯敦的劝说下首先开展了一次"农耕示范"行，但最终变成了武器大战。1863 年利文斯敦与 60 名探险队员进入了陆乌马河，5 月遭受采采蝇的攻击，带去的骆驼、水牛、小牛等大多数都死亡了，探险队员也越来越少，直到他们到达马塔卡（Mataka）酋长国。②

1863 年利文斯敦进入龙江瓦河，他听到当地土著说，前面还有卢阿拉巴河和毛伊诺大湖。当时他不知道这些名称是什么，原来它们就是刚果河上游最大的支流河水源地。1865 年 1 月 7 日利文斯敦回信给英国说："我继续往前，是为了到未知之地布道，而不是为了科学地理的探知。"他拒绝了皇家地理学会的捐助，但他答应进入艾伯特湖及尼罗河流域。4 月 15 日利文斯敦出版他的第二本书《赞比西河及其支流》（*The Zambezi and its Tributaries*），8 月他再次前往非洲寻找尼罗河的集水区。

1867 年 4 月 1 日，利文斯敦抵达坦噶尼喀湖，勘测了水深，记载了湖畔的地质与植物。由于身无分文，他最终接受了奴隶贩子的资助，转向西行。1868 年 1 月，探险队进入了卡巴瓦巴卡族（Kabwabwata）村落。卡巴瓦巴卡族人非常惊讶会有人在雨季从北而来，这些人的目的竟是为了解附近的地形和河水。酋长告诉利文斯敦，南边还有一个大湖，称为格鲁维湖（Bangweolo Lake），当地语的意思是"水世界"。3 月，利

---

① George Seaver 1957. *David Livingstone: His life and letters.* Kessinger Publishing, p.437.

② 尽管利文斯敦不赞成参与到当地人的战争当中，但是他的同行船长麦金西所带来的新式火枪却在不经意中被参与到当地部落的征战中。

文斯敦抵达麻布为族（Mpweto）的地界，利文斯敦在这里写道："雨后的水泽中有很多腐烂的味道，这些味道在草丛中弥漫，恶臭难闻。"利文斯敦还勘测到了格鲁维湖里最大的小岛奇力贝尔岛（Chiribel），利文斯敦在这个岛上记录了湖上日夜的风向和风速、湖底丰富的赤铁矿、天空的星座方位等。后来皇家地理学会的德班汉（F. Debenham）教授认为，利文斯敦在此地的记录是"地理学的经典之作"。1868 年 9 月，利文斯敦离开格鲁维湖，北上坦噶尼喀湖东岸的乌齐齐（Ujiji）；10 月，利文斯敦越过丘马河（Choma River），之后遇到了阿拉伯商队的波卡利波。阿拉伯商队决定用担架抬着已经病重的利文斯敦北上坦噶尼喀湖，并在 1869 年 2 月 14 日，抵达了坦噶尼喀湖西面的鲁夫克湖（Lofuku River）。在休养的日子里，利文斯敦听说坦噶尼喀湖以西有一条大河，名叫拉班巴河（Labumba River），周边是食人族缅用满族（Manyuema），但利文斯敦还是决定前往。9 月 21 日，利文斯敦经鲁库巴河（Lukuga River）、拉班巴河，并发现自己自 1866 年 1 月进入非洲以来所勘测的河川与湖泊，都是刚果河的支流，而非尼罗河的集水区。1870 年是一个多雨之年，利文斯敦沿着拉班巴河向东走（这条支流后来被当地人以利文斯敦的名字命名），书面记录最终停止在墨里曼莫（Molilamo River）河边。

利文斯敦曾经写道："许多人看到的是非洲奴隶贸易带来的经济好处，如廉价的棉花与农产品，却很少人去听黑奴的无助、呼喊和哀嚎。也许我们的世界，也有村民了解奴隶贩卖情况的人，但是他们却是懦弱与追求贿赂的人。他们鄙视软弱的人，却写出一堆懦弱和讨好政客与富人的文字，以期待他们的施舍。这种做法让整个西方人的思考，泡在了错谬的水缸中。我来这里探险的目的，仿佛是在寻找尼罗河的水源，却仿佛看到了人性的偏差与错误。既然尼罗河水源是世人注意的焦点，我将在焦点中为黑奴发出不平之鸣。"然而，尽管利文斯敦为非洲人呐喊，1869 年 4 月，当他在坦噶尼喀湖边阿拉伯货运中心，将所写的 42 封信，请前往东非海岸的阿拉伯商队帮他寄出时，这个实际上的非洲内陆黑奴的贩卖中心，把这些信都没收了。并且，商队的人们认为利文斯敦是道德过高的白痴，他反对奴隶贸易的消息也在乌齐齐传开，反对他的人越来越多，甚至在 5 月 20 日利文斯敦被一群奴隶贩子持枪攻击。

正是因为利文斯敦在非洲的探险、传教、记录所获得的举世瞩目，让西方加紧了对非洲殖民探险的资助，并一步步推进了探险的纵深化。利文斯敦同情当地非洲人，用自己基督教传教士的热情和友善帮助他们，但他在深陷困难时还是不得不接受奴隶贩子的资助，以及新兴的民族国家对他的"充分肯定"，并不自觉地以英雄一般的形象，激发了斯坦利等职业殖民探险家的勇气。

第三节 世纪之交的新变化

一、探险家斯坦利的殖民视角

18 世纪末 19 世纪初，随着以英国为代表的国家工业经济的发展和社会思想的变迁，奴隶贸易逐渐式微，而以非洲野生采集产品和农产品为主要贸易对象的"合法贸易"逐渐兴起。为了扩展国际贸易和寻找新的经济机会，欧洲国家工商业界和政府都意识到要对非洲有更多了解，内陆探险应运而生，与此相伴的是传教活动的扩展。

18 世纪末至 20 世纪初的百余年时间里，在英国政府和商界的推动下，在皇家地理学会、海外传教会、伦敦传教会等机构的主导下，在去往广大未知世界进行探索，以求名利的风潮中，来自多种阶层多种职业的英国人，络绎不绝地进入非洲，有探险家、传教士、伤员、病人、军人和官员，还有一些比较单纯的旅行家、自然博物学者等，当然很多人有多重身份，这些人在非洲或做相对短时间旅行或长期居留，甚至最终定居非洲，留下了很多关于非洲的记录。

斯皮克由 1878—1880 年皇家地理学会组织东中部非洲考察队，在大湖地区进行探险。在近 20 年的时间内，众多的探险家们留下了丰富的记录，利文斯敦和斯坦利则分别在《在中部非洲的最后记录》和《穿越黑暗大陆》两书中，记载了与尼罗河源头探寻及大湖地区相关内容，其他的著作包括：斯皮克的《尼罗河源头发现记》、贝克的《阿尔伯特湖：尼罗河大盆地和尼罗河源头勘察》、伯顿的《中部非洲的湖区》、格兰特的《徒步穿越非洲》、福尔尼·卡梅隆的《穿越非洲》等，这些著作流传至今。[①]之后，塞西尔·约翰·罗德斯（Cecil John Rhodes）和巴尼·巴尔纳托（Barney Barnato）沿着这些著作的启示，开始在中部、南部非洲建立他们的势力范围。

二、（水）电力时代的引领者

19 世纪 70 年代，电力的发明和应用掀起了第二次工业化高潮。20 世纪出现的大

---

① 刘伟才：《非行者言：19 世纪英国人非洲行居记录的史料价值及其利用》，上海社会科学院出版社，2018 年，第 31—32 页。

规模电力系统是人类工程科学史上重要的成就之一。电力系统是由发电、输电、变电、配电和用电等环节组成的电力生产与消费系统；是将自然界的一次能源通过机械能装置转化成电力，再经输电、变电和配电将电力供应到各用户的过程。水电作为其中的一项工程，被认为是重点发展的领域。非洲，尤其以南非联邦为代表，在这个时段走在了世界的前沿。

约 1809 年，南非开始使用"电子设备"；1860 年，为了便于开普敦和西蒙航线的飞机运营，南非诞生了第一个电子申报系统，弧光灯（ArcLight）、电报系统在 1861 年试验运行。1881 年，开普敦当地的火车站已经开始用电照明；1882 年 5 月，伊丽莎白港则使用了南非第一个电话交换机。从 1882 年 4 月开始，电弧灯照亮了开普敦的桌湾码头。开普敦的开普殖民地议会在 1882 年 5 月的《开普时报》上报道了电灯的使用："国会大厦继续被电灯照亮，到目前为止效果非常令人满意。清晰，无处不在且稳定，并大大改善了观感。"[1]

1882 年，金伯利钻石城开启了电驱动的路灯，成为非洲第一个以这种方式照明的城市。值得注意的是，在这个时候，伦敦仍然依靠煤气灯来照明。1884—1890 年，电动机（electricmobils）、矿山照明灯、私人照明和电车（electrictrain）都得到了很大的提升。1891 年，南非第一中央车站成立。1886 年，在威特沃特斯兰德发现了黄金，直接推动了 1889 年约翰内斯堡安装第一座由燃气发动机发电的电灯装置；随后，1891 年，电网系统建立，并开始在这个之后供应到南非各大城市，1896 年南非开始运营架空无轨电车（overheadtrolley-wireelectrictram）[2]。

1873 年在德兰士瓦东部（现在的普马兰加省）的朝圣者安息地（Pilgrim's Rest）发现了黄金；1892 年，两台 6 千瓦小型水力发电机在此使用；1894 年又增加了两台 45 千瓦水力发电机发掘金矿。

之后，随着黄金开采业从英布战争[3]中恢复过来，充足的廉价电力供应变得至关重要。水力发电（Hydropower）是运用水的势能转换成电能的发电方式，其原理是利用水位的落差（势能）在重力作用下流动（动能），例如从河流或水库等高位水源引水流至较低位处，流的水流推动轮机使之旋转，带动发电机发电。高位的水来自太阳热力

---

[1] http://www.eskom.co.za/sites/heritage/Pages/early-years.aspx#Telegraph.

[2] Photo: State Archives Ref AG 2670.

[3] 是英国与南非布尔人建立的共和国之间的战争。历史上一共有两次布尔战争，第一次布尔战争发生在 1880—1881 年，第二次布尔战争发生在 1899—1902 年。

而蒸发的低位的水分，因此可以视为间接地使用太阳能。由于技术成熟，是目前人类社会应用最广泛的可再生能源。1889 年，西门子与哈尔斯克公司获得了向约翰内斯堡和比勒陀利亚供电的特许经营权，不过该公司没有提供电源，所以不得不与矿山协商分享供电的特许。

正是由于设备和生产电力的双不足，1892 年，南非开始投入水力发电项目，是世界最早投入水力发电项目的国家之一。从世界范围来看，美国在罗斯福时代，主要是20 世纪 40 年代前后，欧洲在 20 世纪 70 年代前，才开始大规模地关注并投入到水电项目来。1895 年 4 月，开普敦市议会在莫尔特诺（Molteno）水库两岸委托了两台 150千瓦发电机。发电机可以由蒸汽或水力驱动。即使桌山的伍德黑德水库直到 1897 年才正式完工，水还是从那里供应。截至 1896 年 6 月 30 日，该厂的水力运行时间为 2 590小时，蒸汽为 691 小时。它成为南非的第一座水力发电站。[①]

1896 年，南非联邦在布朗山（Brown's Hill）及其下游各建了一座水电站，并使用三相交流发电机为第一条电力铁路供电。[②]

集中供电的概念逐渐得到商人、工程师和其他人的支持，并推动了 1906 年 10 月17 日维多利亚瀑布电力有限公司（VFP）[③][④]的建立。南非联邦打算利用维多利亚瀑布的力量来满足威特沃特斯兰德和南罗德西亚不断发展的产业的电力需求，尽管后来由于技术和财务原因，这个想法被放弃了，但这奠定了之后用水资源来振兴"中非联邦"的概念基础。VFP 成立三年后，更名为"维多利亚瀑布和德兰士瓦电力有限公司"，并在德兰士瓦殖民地继续开采煤炭矿床，并迅速发展一跃成为大英帝国中最大的供电企业，且技术超群，率先在威特沃特斯兰德的恶劣气候条件下进行高压电力的远距离传输。

1900 年 9 月 20 日，英国国王爱德华七世签署了英国议会通过的成立南非联邦的法案。从能源及控制的角度而言，此时南非国家机器的力量加强无疑是"集中力量办大事"的必然选择。为了加强当局的经济力量和权力控制，1910 年 5 月 28 日德兰士瓦殖民政府颁布《权力法》，限制了 VFP 的未来存在。该法案授权 VFP 的业务扩张，但公司需要为国家提供或被征收为期 35 年的电力。南非联邦此时已将电力供应视为一

[①] Cape Town Mayor's Minute and Annual Reports of the Electrical Engineer, 1895-1897.

[②] D. Vermeulen 2001. In: Elektron 8/2000:6 and Sparkling Achievements, *Highlights of Electrical Engineering in South Africa*, pp.10-11.

[③] 注册在南罗德西亚（今津巴布韦）。

[④] 电站设计和铁路电气化方面的公认专家查尔斯·海斯特曼·梅兹（Charles Hesterman Merz）受邀访问南非并专门为南非的电力需求做可行性调研，之后南非当局于 1922 年 9 月通过了《电力法》。

项公共服务，并努力将其置于其权力下。

三、传统水信仰濒临瓦解

奥兰治自由州的变迁史中体现了传统水信仰趋于瓦解。在南非的战争开始时，奥兰治自由州基本已经由布尔人①独立统治。自由州的边界几乎完全由河流界定：南部的奥兰治河，西部和北部的瓦尔河以及东部的卡利登河。由于布尔农民们不断向内陆寻找农田，他们与莫舒舒的索托（Sotho）人又开始作战，并引发了双方 1858 年和 1865 年的两次战争。到 1890 年，大约有 77 000 名白人和 128 000 名非洲人（许多人是在白色农场工作的仆人）居住在奥兰治自由州，后为英国接管。

在南部非洲，白人商人持续地从开普敦伊丽莎白港赶着牛车进入内陆，从奥兰治河到林波波河，从林波波河再到赞比西河。深入南部非洲内陆的伤员中，最传奇的一位是乔治·韦斯特彼奇（George Westbeech），他长期生活在赞比西河中上游地带行商和居住，位于今天的博茨瓦纳东北部、津巴布韦西南部及赞比亚东西南部一带的诸族群所熟知。韦斯特·彼奇的日记后来经人整理出版，涉及到南到北山路与非洲人的经济往来及布尔人的商业竞争等方面的内容。②

19 世纪末 20 世纪初，英国开始在西非、东非、南部非洲多个地方进行殖民征服和占领，并开始了殖民统治的草创工作。在南部非洲的矿业巨子、费希尔罗德斯主导的特许公司、英国南非公司，在今天津巴布韦所属土地上建立了白人移民殖民地罗德西亚。这一过程是由南非出发，占据马绍纳兰和征服马塔贝莱兰，分别相当于今天津巴布韦的东北部和西南部。一些村遗址留下了相关记录，比如列思赛罗斯，他进行了攻占马绍纳兰和对马塔贝莱兰的征服。相关过程记录在他的《在东南非的旅行和冒险》一书中，再比如曾在英国南非公司警察部队服役的阿瑟·琪琳·莱昂纳德（Arthur Glyn Leonard）上校，他参与了攻占马绍纳兰，并投入马绍纳兰殖民地的草创工作，后来留下一部《我们如何缔造罗德西亚》一书。另一部比较重要的书籍叫《洛本古拉的倾覆》，这部书由赛罗斯进攻马绍纳兰和征服马塔贝莱兰行动的主要军事指挥官福布斯上校（P. W. Forbes）和威洛比少校（J. C. Willoughby）等人撰写，全面呈现了马塔贝莱兰

---

① 源于荷兰语 "Boer"（农民）一词。后改称阿非利卡人。是自殖民历史后一直长居南部非洲的荷兰、法国和德国白人所形成的混合民族的称呼。此处尤指德兰士瓦（Transvaal）和奥兰治自由州之早期居民。

② Edward C. Tablor 1963. *Trade and Travel in Early Barotseland: Diaries of George Westbeech,1885-1888, and Captain Norman MacLeod, 1875-1876*, University of California Press.

王国的兴起和在白人进攻下灭亡的过程。[①]

传教士要面对文化现象中各种形式的传统信仰，比较有代表性的包括巫术、祈雨、神方面等。在许多传教士看来，除了一些地方具备未来性的宗教之外，非洲人并没有，或者是很少可以被称作信仰的东西，而是以各种各样的"迷信"为主。这种"迷信"是非洲相关族群或政治经济实体社会文化的呈现，牵涉甚广，被认为是传教士的最大挑战。在科萨人传教的威廉硕描绘了科萨人的国度，他认为那里严格来说不存在任何信仰，但他们有一套复杂的迷信系统，这一系统与他们社会生活的所有方面都有交织。比如科萨人相信巫者可以获取或调用自然力量，特别是动物力量，也相信巫者可以克制行巫者；可以通过举行仪式来去除现实中的恶，比如说干旱、作物歉收、牲畜死亡、人的病痛等，然后又通过仪式来要求现实的福报，对应的是降雨、作物丰收、牲畜肥壮和人的健康。这些神秘的力量是"超自然物或者是人力所不及强力"，而仪式中则充满着嘈杂和兴奋，有私人发起的献祭、神职人员的焚烧花木、舞蹈、歌咏等内容，仪式进行中还会发生迷狂，并在其中宰杀牺牲以其血被专门收纳后送给求神者或病患；牺牲的身体被切割放置在某个地方，让神或者是祖先魂灵享用。在规定时间过去后，牺牲的血油脂和部分骨头被埋入地下，剩下的肉一半归神职人员及家属，另一部分则在求神者或病患所在的牛栏（Kraal）中进行分配。[②]

教会的诊所建立之后，祖先和禁忌被重新界定，西方医药影响了非洲社会。圣灵的力量得到了宣讲。像"给对方你的脸"一样的宽容，"阿门"的咒语让非洲当地人看到了"新的巫师"的力量。

水利[③]包括能源和粮食生产、洪水保护和城市供水等多个方面，是社会稳定和可持

---

① W. A. Wills and L. T. Collingrige 1894. *The Downfall of Lobengula: The Cause, History, and Effect of the Matabeli War*, The African Review Offices and Simpkin, Marshall, Hamilton, Kent, and Co., Ltd.

② William Shaw 1860. *The Story of My Mission in South-eastern Africa*. Hamilton, Adams and Co., pp.444, 449-450.

③ 水利事业的发展与人类文明有着密切的关系。四大古文明的水利事业都可上溯到公元前 4000—5000 千年，埃及和巴比伦发展的水利技术传到希腊和罗马，并随着文艺复兴以后传遍欧美各国。加上公元前 3 世纪的阿基米德水的浮力理论和后来文艺复兴时期的达·芬奇对水流理论的贡献，西方对于水利的认识达到了新的水平。16—18 世纪是欧洲运河大发展的时期。法国于 1642 年建成了布里亚尔运河，把卢瓦尔河与塞纳河连接在一起；德国试图用运河把易北河、奥得河和威悉河连接在一起；英国于 1761 年开通布里奇沃特运河，以便从沃斯利向曼彻斯特运输煤炭，并将沿线的许多湖泊连接在一起。19 世纪以后，世界各地开挖的运河迅速增加，加之 1824 年英国人 J. 阿斯普丁发明了硅酸盐水泥，混凝土结构的发展使土木工程进入到一个新的发展阶段。19 世纪下半叶出现了钢筋混凝土，这进一步推动了轻型混凝土建筑物的发展。在这些必要的工业素材的发展下，19 世纪 70 年代，水电站开始在世界各地风靡起来。

续的重要工程。同时，大规模的模筑坝以及大规模公共灌溉的扩大，也是国家权力合法性的一个重要依据。尽管 K. A. 魏特夫（1896—1988）有关"水利使命"和"东方专制主义"的观点认为，灌溉治理制度的宏观理论自发地融入了专制社会的形成之中，受到学界的激烈争辩，且在 20 世纪后开始使用这个理论术语。但其术语所揭示的中央集权使用水利的方法也是发生在 19—20 世纪南部非洲的史实。

1867—1886 年，当时金伯利和约翰内斯堡分别发现了钻石和黄金及其他的主要矿产，新的城市和新的市场驱动了以国家为权力中心的水利事业发展。南非的水务部门和多个跨界机构开始着力于开展水利的相关事务。联邦当局主张南非要进行工业增长就要对"边缘"进行控制，要求按采用殖民地水治理体系来保障南非的政治经济发展。具体到地方治理而言，首先就是要确保饮用水供应并建立卫生系统。如开普敦、格雷厄姆斯敦、布隆方丹、约翰内斯堡和德班等地。①

再次关照到世界领域，南非根据伦敦模式树立了自己的水利体系。加之美国的"卫生革命"对第二次工业革命（1970—1914 年）的影响，19 世纪起，南非城市水治理和基础设施得到了迅速提升，并对南部非洲的水体系发展得到了深远的影响，甚至是构建当前全球的"第四次工业革命"话语的一部分。②

---

① SAWHAR WLC PAM2293 1951, pp.3-4; Van Schoor and Oberholster 1960, pp.169-178; Swanson 1977, pp.387-410; Mäki 2008.

② Halliday 2001; Sedlack 2014; Smith 2013. Schwab 2017.

第五章 "构建水"时期：南非联邦的水体系
（1910—1960 年）

19 世纪后半叶，英国人和布尔人通过两场布尔战争，将这片盛产钻石的土地纳入英国的治下。1910 年，英国人将分散的几个邦国合并成立南非联邦，南非由此成为英国的自治领地。①然而，由于联邦地理广阔、气候多样，且资源分布不均，统一的水资源管理成为时代的迫切需求。为实现有效统治和资源开发，英国及南非地方政府开始着手建立适应南非联邦发展需要的现代化水资源管理体系。这一体系不仅有助于农业、矿业和城市的用水需求，还为南非经济的长期发展奠定了基础。

第一节 南非联邦的灌溉用水及管理（1910—1924 年）

一、20 世纪初期的干旱与洪水

非洲的水资源一直对降雨和地表水资源的供给高度依赖，而周期性的干旱也成为非洲历史变革的重要催化剂。南非联邦成立后的头十年，连续的干旱严重影响了农业生产和当地居民的生计，进一步加剧了经济和社会问题。

---

① 第一次布尔战争（1880—1881 年）是布尔人争取自治权的胜利，然而，随着 19 世纪末期南非地区发现丰富的钻石和黄金资源，英国对这一地区的野心愈发强烈。1899—1902 年爆发的第二次布尔战争中，英国最终以军事胜利击败布尔人，将这片资源富饶的土地彻底纳入大英帝国的版图。战争结束后，英国开始整合这一地区的治理。1910 年，英国将好望角殖民地、纳塔尔殖民地、德兰士瓦共和国和奥兰治自由州合并，成立南非联邦，该联邦成为大英帝国的自治领地，享有内部高度自治的权利。

从 19 世纪起，政府对水资源管理缺乏有效的支持与规划，干旱直接导致"靠天吃饭"的居民生活受到冲击，人口持续下降，区域的生产方式和财富分配模式相应改变。许多无力维持生计的农民流向城市或其他地区寻找出路，所谓的"贫困白人"阶层开始与黑人居民抢夺就业机会。

不过，干旱也在客观上推动了农业技术和社会制度的变革。一方面，缺水问题促使南非在联邦成立后加紧对水利基础设施的建设，包括灌溉工程与水坝修建；另一方面，也引发了人们对土地利用和农业政策的反思。这种资源短缺与社会变革的交织，不仅塑造了南非联邦初期的发展轨迹，还为后来的水资源政策制定提供了重要背景。1914—1916 年，南非联邦经历了一次严重干旱。这场灾难发生在一个充满困难与变革的时期，尤其是 1913 年底鸵鸟羽毛市场的崩溃，使南非南部和东部开普地区的农民经济遭受重创。而干旱的到来，无疑进一步加剧了这一困境。同时，这一时期恰逢第一次世界大战爆发，战时经济的压力也让南非的农村和城市地区更加脆弱。南非著名的阿非利卡诗人和博物学家尤金·马莱斯（Eugene Marais）曾深入研究北特兰斯瓦勒沃特伯格地区的气候变化，1914 年，他生动地描绘了干旱的影响："似乎不可能再有足够的水滴落，来润湿甚至冷却这块干裂的泥土，更不用说填满这些燃烧的沙子。"[1]他的文字不仅体现了干旱对自然环境的破坏，也揭示了人们在面对环境恶化时的无力感。尽管这场干旱的严重程度在南非联邦各地有所差异，但其破坏力是广泛而深远的。对于农村地区而言，农作物歉收和牲畜死亡直接威胁生计；而在城市地区，干旱导致的食品短缺和水资源供应紧张同样使生活陷入瘫痪。这场干旱凸显了南非自然环境的脆弱性，也揭示了社会经济体系在面对气候灾难时的脆弱。这一时期的灾难和挑战，推动了南非对水资源管理和抗旱策略的思考和探索，为后来的水利基础设施建设埋下了伏笔。

在南非联邦初期，干旱迫使个人和团体，尤其是农业部门的相关人群，不得不自发地调整和适应不断恶化的环境。然而，这种适应性并非平和或从容的，而是在经济和心理上经历深重灾难的过程中逐步形成的。随着南非的政治和经济形势持续衰退，"苦难"的感受不断加深，甚至成为整个 20 世纪干旱时期南非社会典型的心理特征。

至 1915 年，威特沃特斯兰德金矿区的一些城市已经出现粮食短缺，公众对稳定粮食供应和增加可耕种土地的呼声愈发高涨。南非联邦的首席气象学家 R. T. A.因尼斯

---

① Swart and Sandra 2004. The construction of Eugène Marais as an Afrikaner hero. *Journal of Southern African Studies*, Vol.30, No.4, pp.847-867.

（R. T. A. Innes）观察到人口稀少的偏远地区干旱尤为明显，因此，他建议政府在威特沃特斯兰德矿区周边发展小农经济，以便城市居民能够获得新鲜农产品，缓解粮食危机。[①]政府即使在灌溉项目上提供了一些支持，但援助政策的力度仍显不足。直到 1916 年，东开普省的部分地区经历了一场异常洪灾，暂时缓解了旱情。

许多农民难以摆脱干旱所带来的长期经济困境和旱涝危机，推进了南非政府和社会对抗旱与灌溉工程的思考，为后续的基础设施建设和农村经济支持政策奠定了重要基础。

在 1919—1920 年的干旱周期中，牲畜死亡的资本损失是南非联邦当期用于灌溉的全部资本的两倍以上。[②]基于此，灌溉委员会在 20 世纪 20 年代中期开始推行灌溉系统的农业模式，并制定了旨在减轻旱灾影响的大量的水坝建设项目，以确保牲畜和作物用水的稳定供给，同时增强农业生产的抗风险能力。坎特哈克（Kanthack）甚至建议，开普敦农民应该在这个过程中迁居到有保护水源的地区。[③]但突如其来的洪水又扰乱了当局的步骤。1922 年，东开普省建立了洪水预警系统，试图降低洪水带来的破坏性。然而，破坏性的洪水席卷了多个农场，仍然造成了严重的损失。在大鱼河灌溉计划（Great Fish River irrigation scheme）中，一些农民为了应对洪灾损失，甚至开始出售自己的农场。

二、灌溉塑造的新神话

20 世纪初，人类对自然的理解逐渐从迷信的巫术观念转变为与科学主义相关的统治性观点，这种观点体现出对自然的普遍傲慢和对人类征服自然的歌颂。人们赞美"征服旷野的努力"，将人类的劳动视为自然堕落后的救赎。特别是在南非等半干旱地区，白人统治者愈发重视利用科学手段驯化自然，科学家呼吁通过工程手段"驯服河流"，使"沙漠变成花园"。这种想法成为当时时代的主旋律："如果在其他国家，人类可以帮助大自然，那么在这里，我们需要创造自然！"灌溉被视为"让沙漠开满花朵"的必

① R. T. A. Innes 1915. The land hunger. *Agricultural Journal of South Africa*, Vol.2, No.9, pp.117-128.

② P. A. Wickens, J. H. M. David, P. A. Shelton, J. G. Field 1991. Trends in harvests and pup numbers of the South African fur seal: Implications for management. *South African Journal of Marine Science*, https://www.tandfonline.com/doi/pdf/10.2989/025776191784287745.

③ 南非农业部材料：UG19/1918，1918 年，第 2 页。

要条件，同时也是迈入工业化进程的重要保障。[①]

1905 年，美国作家史密斯认为，灌溉"不亚于在荒凉的土地上崇敬文明的祖先——这是使沙漠绽放的关键"，他还设想了"茂盛的土地，丰富的盛开和果实，有着尖尖屋顶的小房子以及绿色和金色的田野，如同地毯一般延伸到山上"等美好的图景，并塑造了"来自各个阶层和年龄组的人们和谐共处"的形象，并一度成为这个新时代的童话般的愿景。[②]

19 世纪晚期至 20 世纪，随着高坝建设和水电技术的进步，各国政府纷纷将水利工程视为国家建设的核心手段。这些工程既可用于增加粮食产量、提高农村收入，又可为国家的合法性提供保障。由这个概念衍生出的"水利使命"，甚至逐渐成为全球的共识，因为这些项目不仅承载着经济发展的希望，也被赋予了重塑社会和自然的使命。南非的水务部门也在政府的政策指令下实施了大规模的水资源开发项目。

1916 年，史末兹在《约翰内斯堡日报》上刊登的一篇文章引起了相当大的公众兴趣。他主张在奥卡万戈沼泽和赞比西河之间的金雅河（the Kinga River）和乔贝河下方的库内内河上建造堰坝。他认为，堰坝将确保卡拉哈里、埃托沙（Etosha，位于当时的西南非洲，现在的纳米比亚）以及恩加米湖（位于当时的贝专纳，现在的博茨瓦纳境内）提供供水。相应的还有一系列积极的预期，包括会因此产生大量的雨云、绿化带植物等。他认为这将使南非恢复到 300 年前卡隆（Karoo）盛水时的状况。他同时设想，白人农民可以在没有土著人居住的地区定居。[③]

然而，这个充满雄心的战略并没有得到专家们的认可，旱涝灾害频发直到 20 世纪 90 年代才被列入"自然灾害"的范畴，之前这都被认为是自然现象而已。面对 1919 年的严重干旱，政府任命南非干旱调查委员会（South African Drought Investigation Commission）进行调查。调查指出，政府官员与该国农民之间的观点存在差异。农民认为每年的晚些时候开始下雨，但他们感受到了年平均降雨量正在减少。对他们来说，降雨是由"湿度"决定的，而不是降雨的实际发生率。调研的专家则认为，农民对"干

---

① Turton *et al.*, 2004. *The Hydropolitical Dynamics of Cooperation in Southern Africa: A Strategic Perspective on Institutional Development in International River Basins*, CSIR Report Number: ENV-P-CONF 2005-001.

② Hamilton-McKenzie 2009. California dreaming: Selling the irrigationist dream. *The Journal of Historical and European Studies*, Vol.2, pp.27-38.

③ C. F. Juritz 1916. Science and progress in South Africa, *Journal of the Royal African Society*. Oxford University Press, Vol.15, No.59, pp.256-260.

燥"的认识并不是降雨不足的结果，他们认为雨一旦落下，土壤是无法吸纳水的。[1]干旱调查委员会真正要推动的是防止土地过度放牧，以及烧荒积肥时让地表土壤变硬。所以，在灌溉用水有限及气象部门没有足够数据给出有利的说服论据的前提下，农民应该如何使用土地，也变成了一个争论的事项。但无论如何，灌溉已经完全超越巫师的势力范畴，开始成为新时代的新神话。[2]

在 1910 年联邦成立之时，人们觉得灌溉可以解决所有的水资源问题，尽管 1912 年至 20 世纪 30 年代，已经设计的用于灌溉目的的政府供水计划，出现了多个大坝的预期径流被高估的情况，人们意识到南非的气候和水文学多样，以致没有办法设计一个统一的、适合所有地区的水法，但 20 世纪 30 年代中期，政界人士和高级水务部门官员还是经过了多次讨论，希望制定新的法规，以取代 1912 年的《灌溉法》。

从现在的认知来看，本土水知识系统对于长期以来的水资源变化趋势有很好的认知，且有着非常重要的基础性作用，但当时的政府并没有多少了解的意愿和兴趣，比如东部水运土地委员会（Eastern Transvaal Land Commission）的任务是为非洲人提供更多土地，但往往驳斥非洲农民按照习惯进行灌溉土地的主张。[3]直到 20 世纪初，非洲本土的水权一直被系统地忽视，只有专门作为非洲人灌溉定居点除外。联邦建立后，随着"本土管理"的问题开始转向，地方事务部简单地假设：非洲人将在城市地区获得少量水，而不需要在农村地区获取水。

20 世纪 30 年代，南非经济受到采矿业和初级资源的出口带动，获得了巨大的推动力，并借以回避了全球经济萧条的全面影响，成为全球化中新兴的国家。南非的水资源配套产业也得到了全面起飞。20 世纪后很多新兴科技已经在水利工程中广泛应用，例如：利用电子计算机对技术经济方案进行评估；用系统分析方法全面安排施工进度和评价区域性水资源；利用光弹模型分析和设计水工结构；利用喷灌、滴灌和渗灌等节省灌溉用水；利用遥感、超声波等手段分析、鉴定大型水利枢纽工程的水文地质及工程地质情况等。在诸多新技术领域，南非都走在了世界前列。

1931—1934 年，南非的许多大型灌溉项目也开始投入运营，如哈特比斯普特（Hartbeespoort，1915—1925 年）、瓦尔哈茨（Vaalharts，1933—1938 年）、洛斯科普

---

① Department of Agriculture 1926. *The Great Drought Problem of South Africa*, Government Printer, Pretoria.

② Beinart 1995. *Segregation and Apartheid in Twentieth-Century South Africa*. Routledge, https://www. sahistory. org.za/sites/default/files/archive-files/w._beinart_segregation_and_apartheid_in_twentietbook4me.org_.pdf.

③ Tempelhoff 2008. pp.121-160.

（Loskop，1934—1938 年）、鲁斯特·德·温特（Rust de Winter，1931—1934 年）、马里科（Marico，1930—1935 年）和蓬戈拉（Pongola，1915—1925 年、1930—1935 年、1931—1934 年、1933—1938 年）。这些水利规划和建设都由政府进行主导，由土地部和农业部为主负责实施。灌溉部的任务是建设和发展节水与灌溉的基础设施并计算盈亏。

此时，非洲的社会行业已经开始形成较大分化。南非的第一个水法建立时，农业在国民生产生活中发挥着更大作用，因此只有很少的资金流入到灌溉部门。尽管灌溉部在纳塔尔地区做过一些早期尝试，但收效甚微，加上非洲土地对立日益严重，19 世纪发起的大多数灌溉项目往往都在开普省的干旱地区，其他区域基本上没有什么项目的开展。

三、奥兰治河的水利开发

奥兰治河是非洲南部的一条重要河流，发源于莱索托高地，离印度洋不到 200 千米，大致以向西方向流过 2 200 千米注入大西洋。奥兰治河横贯南非草原区，在南非亚历山大湾流入大西洋前，它确定了卡拉哈里的南部边界并将纳米比亚南部一分为二。沿着这条路线，奥兰治河形成了南非自由邦省的东部边界，同时也形成了纳米比亚和南非的边界线。

1770 年，首先发现这条河流的荷兰探险家用威廉五世（William V of Orange）的名字将其命名。这条河在非洲历史上非常著名，不仅仅是因为它重要的地理位置，也因为它的译法，有人译作"橙河"，更多人根据音名译为"奥兰治河"。整个 19 世纪，奥兰治河是英国势力在南非的北部边界。从 30 年代起，布尔人渡过该河，向英国当局寻求土地和自由。他们因该河的缘故将其第一个共和国取名为奥兰治自由州。

奥兰治河发源于莱索托东部海拔 1 200—1 800 米的高原，然后向西流经奥兰治河低地（海拔 300 米），最后注入大西洋。上游为多雨区，河源区年平均降雨量为 2 000 毫米，支流众多，水量丰沛，多峡谷瀑布。中下游流经干燥地带，支流稀少，水量的季节变化很大。在东经 20°附近，河床呈阶梯状降落，形成著名的奥赫拉比斯瀑布，落差达 122 米，是南部非洲第二大瀑布。瀑布以下河段穿越沙漠地带，水量减少。奥兰治河流经南非最干燥的低地旷野，水分渗入两岸沙石后，河水量锐减，因此只有在每年 9—10 月的降雨期间，流量才大增。大西洋鳟鱼经常沿着奥兰治河上游，所以为了获得捕鱼权，布尔人和祖鲁人时常会有战争。奥兰治河北边是南非人口最少的地区库卢曼，在当时被称为"西方文明的边缘"，紧邻库卢曼的是中部非洲的天然屏障，外人难以进入的卡拉哈里沙漠。

所知第一个越过奥兰治河至北岸的白人是一位猎象者雅各布斯·考埃特希（Jacobus Coetsee），他于 1760 年在河口附近涉水过当时称为"格鲁特"（Groot）的河流并留下记录。18 世纪时，随着探险活动形成风潮，包括亨德里克·霍普（Hendrik Hop）、荷兰军官罗伯特·雅各布·戈登（Robert Jacob Gordon）、英国旅行家威廉·帕特生（William Paterson）和法国探险家弗朗索瓦·勒·瓦扬等人，都在当地人的带领下对河中心至河口进行了探测。18 世纪后期，奥兰治河北面建立了传教站，传教士们又陆陆续续地对当地的情况进行了探源和记录。

奥兰治河源头的高山山谷无人居住，虽然其邻接的高原被南索托人[常被称为巴苏托人（Basuto）]用作放牧地。但由于南非新兴工业/灌溉和生活用水的大量需求，当局一方面还是在该河筑坝蓄水，另一方面兴建连通该河与东南部印度洋水系河流的跨流域工程，以期在此基础上进行水电开发。

始于 1962 年的奥兰治河开发工程是南非最大的多目标工程，目的是将奥兰治河的水向南引至开普省东部灌溉农田，并调节向西流到亚历山大港的流量，但大的灌溉和水力发电工程在奥兰治河许多地方都受阻，因为大量淤泥阻塞了水库，减少了储水能力。

也因此，奥兰治河工程被置于远一些的上游地区，即在卡利登与瓦尔汇流处之间，包括若干水坝和运河工程等项目。奥兰治的多个工程始于 1962 年，维沃尔德水坝（1972 年）构成了维沃尔德水库，表面面积约 363 平方千米，提供了不少水上娱乐设施；位于维沃尔德水坝下游 145 千米的勒鲁水坝（Le Roux Dam），最高达 107 米，顶部长 766 米，水库最大表面面积为 140 平方千米，除了也有水力发电站和水上娱乐设施外，还有一条约 80 千米长的坑道，将水从维沃尔德水坝带到大鱼河（Great Fish River），大鱼河与森迪斯河（Sundays River）之间的一条灌溉运河联结周边的灌溉设施。不过，由于水流不规则，经常受瀑布、湍流所阻断，河床及河口常被淤泥堵塞，奥兰治河的全河道无法航行。

增加瓦尔河容量的措施也在进行中。通过图盖拉-瓦尔（Tugela-Vaal）水利工程可获得水。莱索托高地工程可向法尔提供更多的水，这项工程完工时辛古河（Sinqu River）、马利巴马措河（Malibamatso River）和森军延河（Senqunyane River）上的几个水库都有望有新的水资源进入。

第二节　两次世界大战对南非水体系的影响

一、第一次世界大战与南非水集权

南非的工业发展与农业部门直接相关。在 1912 年第 8 号法定《灌溉和水资源保护法》第 21（1-5）节中，仅提及支持铁路和港口的管理，并批准发展水力。但当第一次世界大战于 1914 年爆发时，灌溉部陷入混乱，不少官员还报名参加了战争。尤其是奥兰治自由州（Orange Free State）区域合并后，纳塔尔（今德班）也被纳入这个难以管辖的灌溉区大圈里，但就是在这个过程中，南非的水体系受到当地土著的影响。

在许多方面，20 世纪初出现的市政府制度是基于自由市场原则，以促进城市地区水利基础设施升级作为原则。但是，对于居住在城市边缘的非洲人口而言，由于居民的经济地位低下，土著事务当局有责任为没有征收费率的地区提供基本服务。非洲居民通常可以使用公共手动泵或风车抽取地下水。在农村城镇，居民在他们的小块土地上挖井以确保供水。[①]

第一次世界大战后，南非很快进入"矿业革命"时期，制造业、快速的城市化和对本地制造产品三方的需求都吻合了。而当战争结束官员们返回到灌溉部门的时候发现，灌溉事业和其他的基础设施一样快速发展，但雇员人数大幅下降，因为财政有限，像钻井和泵送这类的设备也无法更新。不过，也许正是因为对于新技术的渴望，1923 年的德兰士瓦东部，灌溉技术专家提出可以将燃气发动机引入当地灌溉，并提升钻井作业的潜力的创新性想法。[②]

1903 年，殖民当局、约翰内斯堡市政府和矿业联合会共同建立的兰德水务局，为威特沃特斯兰德进行城市、家庭和工业用水户提供大量供水。在这时成为了南非最大的水务公共公司，显示出南非当时工业私营者、殖民政府和一组地方当局成功合作的结果。1919 年该水务公司为兰特矿业电力供应公司供水，这是（个人）法案第 14 号颁布后的第一份正式立法为采矿业发电的项目。[③]正是在水电保障下，自 1911 年建成

---

① Ginster *et al.* 2010. Views on unlawful water abstractions along the Liebenbergsvlei River, South Africa, *The Journal for Transdisciplinary Research in Southern Africa*, pp.6-11.

② *Agriculture Journal of South Africa*, 1923.

③ P. J. J. Prinsloo 1992. *South Africa: A modern history*, pp.253-258, 260-263. https://doi.org/10.4102/nc.v31i0.591.

的南非第一家钢铁制造厂——联合钢铁公司，利润成倍增长。

1923 年，在弗里尼欣，兰德水务局的大量净水工程开始运营。兰德水务董事会（Rand Water Board）、南非国家电力公司（ESKOM）的前身：电力供应委员会（The Electricity Supply Commission，ESCOM）开始崭露头角。

1948 年，电力供应委员会收购了最大的私有电力公司（VFP）。除了小部分的工矿企业自备电厂和属于市政所有的小电厂，电力供应委员会控制了几乎全部的南非电力供应，并输出到全非洲大概45％的区域。[1]水资源领域有关的集权和垄断慢慢开始形成了。

二、第二次世界大战获益者的水体系改革

南非是第二次世界大战的受益者。在战中，南非本土远离战场，只有个别核心国潜艇曾潜伏在南非附近海面。有利的地理位置使南非成为盟国的大后方和供应基地。当时的南非战时内阁总理史末兹在大战中表现异常活跃，积极参加同盟国活动，不惜多方出兵，提升了南非的国际地位。南非的战时经济得到巨大发展，按当时价格计算，1939—1945 年南非制造业增长了116％。[2]大战造成的特殊环境和特殊需求，形成了南非工业发展的极为有利条件，由此开辟了南非经济发展和繁荣的新时期。

南非发达的基础设施，廉价的流动劳工和良好的气候，成为最能够满足盟国各项需求的首选区域。盟国的军事及亚非欧市场对南非工业所提供的煤和其他矿产，像是没有尽头的需求，又不断持续刺激着南非经济的发展。南非的小麦和农副产品几乎年年增长，供应盟国军需和好望角港因苏伊士运河断航而激增了许多船舶，来运输所需的这些粮食。南非也成为了非洲境内肯尼亚、乌干达、坦噶尼喀最大的进口商品供应地。不过，大部分人仍将农业位置优先于水利行业，认为粮食安全大于天，农业就必须优先于水资源的发展[3]，但南非当局有着更深远的政治考量。1943 年，以南非为首开始的区域供水开发计划，实际上成为南非海军在萨尔达尼亚湾港口的战时防御工程。[4]其

---

① Eskom. http://www.eskom.co.za/OurCompany/CompanyInformation/Pages/Company_Information.aspx.

② Houghton D. H. Economic deve, 1865-1965, in Willson and Thompson (eds). *The Oxford History of South Africa*. Vol.2.

③ 直至近年，在南部非洲"水危机"预警的前提下，当局仍将满足农业供水放在优先位置，开放大坝生活用水。

④ Conley A. 1988. The department of water Affairs a tradition of engineering excellence. *Civil Engineering*, Vol.30, No.5, p.223.

至在项目完成之前，该项目与军事当局（拥有多功能非灌溉计划的所有材料）就已经旨在为当地工业、南非铁路运营和该地区的城市社区提供用水保障了。[①]

1945 年以后，无论是农民还是其他消费者们对水资源的需求都获得了大幅增长，人们认为，必须改变农业部门对国家提供的水服务的依赖。在农业中，人们更关心粮食生产，而储水设施和灌溉计划的发展是粮食生产的保障。[②]当然也有不同的意见，有一些部门的官员认为，由于灌溉计划需要相当长的时间才能达到生产能力，因此，有必要更加重视工业发展，特别是采矿业。20 世纪 30 年代采矿业和主要资源的出口给南非经济带来了巨大的推动力，这确保了它可以避开全球经济萧条的影响，并且减少南非对出口农产品的依赖。

第二次世界大战后经济对南非社会产生了巨大的驱动力，这些力量反过来激发了许多管理需求。1947 年，灌溉部门主任拉·梅克孜（La Mackenzie）明确表达了支持工业发展的态度，但附带条件是："在一个……扩张的主要障碍显然是水的国家……中，必须制定相应的……开发计划。"[③]

南非与水资源相关的机构也出现了，比如社会经济计划委员会（1942 年）、工业发展公司（IDC）（1943 年）和根据 1947 年《自然资源开发法》设立的自然资源发展委员会（NRDC）等。尤其是自然资源发展委员会，起源就是政府关于奥兰治自由州战后经济发展的咨询委员会，在政府规划界中具有很强影响力。金矿需要使用瓦尔河水资源，但直到 1945 年，瓦尔河计划的灌溉农户和维特金矿的采矿业仍在瓦尔河系统中所占的份额最大。至 1947 年，水资源才与其他的用户进行分享。

1947 年，南非政府的水资源智囊团访问了澳大利亚和新西兰，随后他们根据国外的先进经验对国家内部水体系进行了一些调整：取消了灌溉区，并对部门的用水量和对灌溉农民的贷款进行了更彻底的监督。[④]南非水智囊团们认为水系统的这一番治理的行动，首先就是要让行政机构变得更加自我驱动和独立，且有明确的发展计划，政府不应再理所当然地资助，水资源部门的服务应该可以收费。

1951 年，兰德水务局总工程师兼南非土木工程学会（SAICE）总裁 J. P. 莱斯利（J. P. Leslie）警告不要对水进行私有化。他解释说："我们的立法中体现的控制用水的原

① Visser D., Jacobs A., Smit A. 2008. Water for Saldanha: War as an agent of change. *Historia*, Vol.53, No.1, pp.130-161.

② Horak D. 1978. An interview with Dr Daniel Kokot. *Civil Engineering*, Vol.20, No.12, p.330.

③ Mackenzie L. A. 1947-1948. *Irrigation in South Africa*, Department of Irrigation, Pretoria, p.2.

④ UG40/1948 1948. *Verslag van die Kommissie in Sake Besproeiingsfinansies*, Staatsdrukker, Pretoria. pp.48-49.

则仅为农业发展提供了动力，而为个人提供城市和工业用水所需的水却如此繁重，以至于迫使他寻求企业的友好帮助。他们通过昂贵的立法和保护措施获得了一些水权。这些困难只会导致无计划的规划和浪费。"[1]

水务部门的经理们意识到，该国的水资源受到了威胁，并面临着供不应求的危险。传统的过剩存储设施（建于 1915 年至 20 世纪 30 年代的水坝）不再为该国所有用水户提供供水安全。尽管第二次世界大战后的矿产资源开采创造了超出所有预期的发展机会，但是如果再次爆发战争，南非可能会受到影响。由于缺水，该国可能被切断粮食供应，被迫依靠外部资源。从安全角度来看，这是不可取的。重要的是要通过精心计划的分配来寻求平衡并确保供水。[2]

不过，治理的思路得到了灌溉委员会其他专家的认同。梅克孜于 1947 年解释说，《1912 年灌溉法》主要针对家庭用水和灌溉部门的农业用水。但是，水的供应正在变得有限。采矿、城市和工业部门对增加散装水供应的需求不断增长。他认为，为应对不断变化的情况而彻底修改现行法律的时机已经成熟。[3]自 19 世纪以来，在经济快速发展的形势下，南非的水资源管理逐步转向以政府主导、公私合作的模式运行。

三、"50 年代综合征"

第二次世界大战期间，在中东发现的大量沉积物化石燃料，尤其是大量的石油，重新改变了全球的能源格局，而相关的社会经济也发生了重要改变。[4]南非与当时的多数西方经济体一样，在第二次世界大战结束后不久就被卷入经济学家和环境历史学家所谓的"50 年代综合征"中。"50 年代综合征"（1950er-Syndrom）作为一个专有名词，主要是指 1949—1966 年这段时期，从欧洲开始，广泛的阶层生活方式和生活水平发生

[1] Leslie J. P. 1951. Presidential address: The supply of water within the area served by the Rand Water Board and its relation to social and economic development with special reference to the Vaal River. *Civil Engineering*, Vol.1, No.1, p.27.

[2] SAWHAR DH5/MKC/004, Mackenzie collection 1950-1952. Mackenzie L. A. 1947. *Memorandum on the Water Resources of the Union of South Africa: A Memorandum for Presentation by the Director of Irrigation to the Inaugural Meeting of the Natural Resources Development Council December 1947 (Typewritten Mansucript)*, Department of Irrigation, Pretoria, pp.1-2.

[3] Hobbs and Phélines 1987, pp.39, 41.

[4] Ernst Peter Fischer 2007. Das 1950er-Syndrom. *Die Welt*, Vol.4; Christian Pfister (Hrsg.) 1995. *Das 1950er Syndrom. Der Weg in die Konsumgesellschaft.* Verlag Paul Haupt.

的深刻变化。此阶段能源需求的初期增长、已知能源的显著增长以及消费者社会的发展都十分迅速。

　　从 20 世纪 40 年代末开始，以农村为主的奥兰治自由州就处于矿业繁荣的顶峰。1948 年第 21 号《瓦尔河发展计划修正法案》规定，瓦尔河的水被广泛用于除灌溉以外的其他目的，其中一个主要焦点是该省的新金矿。①黄金采矿活动和新兴城镇[比如韦尔科姆（Welkom）]都需要大量家庭和工业用水，所以在这个时候，无论新设立的水务部提出多高的价格都可以接受。②

　　南非各地工业蓬勃发展，都市区的生活蓬勃发展，这都需要更可靠、更直接的管理监督，需要储水设施。在工业水污染处理方面，水务管理人员还必须认识到有必要确保水质不会恶化到不可接受的水平。威特沃特斯兰德金矿是 20 世纪 50 年代水务局处理类似问题一个很好的典型。1911—1935 年，黄金提取过程中压碎一吨矿石需要200—300 升水。至 1946 年，更大功率的破碎机压碎每吨矿石的耗水高达 700 升。③然而，不仅是采矿业需要更多的水，家庭也需要用水。

　　1948 年，南非国民党政府采取的政策倾向于"资本主义合理化，包括确保外国资本、贷款和技术知识"。④由于政府支持发展自由州金矿地区（帝国资本），而上台的国民党政府支持农业和工业发展（国家资本），其结果是仇恨和竞争更趋明显。⑤为工业发展提供水，已成为一个优先事项，这意味着在不久的将来，政府必须采取措施，以应对工业废水和有毒矿井水的负面后果。

　　1948 年以来，在种族隔离政策的背景下，南非在国家治理的所有方面都有宏大的"社会工程"。工业水利工程产生了广泛的社会影响。在城市地区为不同种族的人设立独立的居住区，在农村地区建立土著居留地，创建工业分散化等举措，意味着水将在

① UG65/1949 U (SA), Report of the director of irrigation for the period 1st April 1947 to 31 March 1948, Government Printer, Pretoria, p.7.

② SAWHAR WAC2/2/1 Scientific aspects. WJR Alexander 1950, A memorandum on the Vaal River and the engineering development of its water resources, Irrigation Department, Pretoria.

③ Leslie J. P. 1951. Presidential address: The supply of water within the area served by the Rand Water Board and its relation to social and economic development with special reference to the Vaal River. *Civil Engineering,* Vol.1, No.1, p.18.

④ Legassick M. 1974. Legislation, ideology and economy in post-1948 South Africa. *Journal of Southern African Studies*, Vol.1, No.1, p.10.

⑤ Davies R., Kaplan D., Morris M., O'Meara D. 1976. Class struggle and the periodisation of the state in South Africa. *Review of African Political Economy*, Vol.7, pp.4-30. https://doi. org/10.1080/03056247608703298.

政府的计划中扮演重要角色。

半国营电力供应委员会将其服务扩展到全国许多地区，并开辟了更多的煤田，以支持德兰士瓦高原东部越来越多的火力发电站。①此外，至 1955 年，在帕拉博瓦的德兰士瓦低地，正在进行一个生产磷酸盐的全面半国营采矿项目。还有人呼吁为 1950 年建立的新自由州萨索尔堡市中心提供更多的水。而萨索尔是南非水资源密集型的煤炼油公司（SASOL）的总部所在地。

南非国民党在 1948 年 5 月的议会选举中意外获胜，进一步巩固了政府的立场：捍卫阿非利加族主义者的利益。政府变得更具种族歧视性，对白人灌溉和白人工业经济发展的偏祖。

与世界其他区域的非殖民化浪潮相悖，南非的立法完整保留了对本土黑人的歧视，包括对黑人用水的歧视。比如保留 1913 年《土地法》中将土地分为黑人和白人土地的做法，而后者是最大的受益者；1936 年第 18 号的《土著人信任与土地法》禁止非洲人永久拥有自己选择的土地的所有权；1950 年新的（尤其是臭名昭著的）《团体区域法》，其中规定种族之间必须实行居住隔离。它还控制了非洲人进入"白人"地区的权利，并据此控制了包括适当供水和卫生设施在内的生活条件。②

从 20 世纪 40 年代开始，灌溉部门的高层管理人员经常变动。50 年代，新任首相 D. F. 马兰任命 J. 斯特赖敦（J. Strijdom，1893—1958 年）为灌溉部长，将重点放在对水的合理管理上。斯特赖敦促成政府于 1950 年 4 月 17 日建立了一个关于水立法的调查委员会，并在 1952 年报告了其调查结果、提出了许多深远的建议。这些调查的结果与 20 世纪 30 年代的论述相对应，对南非走上能源工业发展之路助益颇多。

在调查委员会的建议下，灌溉部门的名称更改为"水发展部"，对河岸权利这一敏感问题的关注，同时该部门在负责部长的指导下，具有更大的监督权责并具有建设和控制节水（储水库）计划以及与使用公共水有关的事项的权责。政府由此开始掌握水资源的各项进展，包括资金、建设、维护、控制和谈判等。③

换句话说，通过土地之上水资源的掌控权，政府将有权征收任何预留的土地，并获得土地使用权。根据 1936 年《土著人信托和土地法》来说，这是对"土著人"土地

---

① Van Vuuren L. 2012. *In the Foosteps of Giants-Exploring the History of South Africa's Large Dams*, Water Research Commission, pp.185-191.

② Tewari, p.702.

③ Water Law Commission 1952, p.18.

的无偿占领。而鉴于其上的水供应有限，规定每个行业的消耗量不得超过 582 千升/磅/天，政府可以在未事先征得负责人的个人允许的情况下进行操作。[1]委员会还坚持认为从白云岩层中提取地下水必须得到部长的监管批准，认为这样做的目的是保护地下水供应免于采矿消耗，并使这一重要资源可用于一般消费，由此，与井眼钻探和取水有关的作业应在水发展部的控制下。[2]尽管 C. G. 霍尔提出了其他建议，但调查委员会在支持工业发展和水资源分配方面存在明显的共识，农业灌溉部门自此变得无足轻重，完全无法与水资源部相提并论。

第三节　水法构建的隔离社会

一、南非"有区别"的水法

从 20 世纪 40 年代初开始，南非各个政府部门都兴起了全面的区域和城市规划。1946 年 1 月 1 日，水研究部成立，通过对南部非洲河流系统的调查，该部门评估了河流对土地和工业资源开发的潜力，并希望在工业部门中提升水的潜力。为了管理和促进研究，水文部之后接管了水研究部研究区域和国家水资源供应的任务。

至 1949 年，大部分调查都集中在瓦尔河流域上，主要是因为瓦尔河作为南非北部地区的主要水源，为豪登省、普马兰加省、西北省和自由州等地区提供饮用水、农业灌溉和工业用水。这些地区是南非的经济中心，尤其是豪登省，包含了约翰内斯堡和比勒陀利亚等主要城市，支撑了南非近 50% 的国内生产总值（GDP），是南非的工业中心，尤其是瓦尔三角区（Vaal Triangle），对南非的经济发展和就业至关重要。

然而也是因此，瓦尔河的水资源一直处于过度消耗的状态中。当局很早就意识到要在德拉肯斯堡山脉东部创造更多工业发展机会，因为这里的水资源尚未被充分利用。1950 年南非水资源存储和使用情况被排摸清楚。1954 年，水文部门侧重于对拟议项目的技术和收益情况进行详细检查和分析。不过，由于缺少工程师和绘图员，研究部门的工作多致力于大坝、灌溉工程和供水计划的现场调查，而没有形成更多的文本分析。

但在南非的水史上，立法和修正案往往与当时政府所注重的许多有意识形态倾向

---

① Water Law Commission 1952, pp.18, 20-21.

② Water Law Commission 1952, p.22.

的政策目标完美吻合。

20 世纪，议会只通过了四项与水治理有关的立法。每一项立法都对如何开发该国水资源进行了界定。同时，每一个都代表了国家治理方式的突破性转变。例如，1910 年由好望角、纳塔尔、德兰士瓦和自由州等四个前英国殖民地联合组成统一的南非联邦后，1912 年第 8 号《灌溉和水资源保护法》就生效了。在 19 世纪的大部分时间里，德兰士瓦和自由州一直是南非共和国的边境，在英布战争（1899—1902 年）之后，《开普灌溉法》32 条（1906 年）为南非联邦成立之后进行有效的水治理做了必要的铺垫。[①] 1912 年的《灌溉法》则有助于形成一个平和以及易于发展的环境，促使以农业占绝对主导地位的社会中，颁布水法的目标是确保农业生产用水充足，从而满足国家对粮食的需求。另一个优先事项是建造蓄水设施，加强水资源保护。灌溉部显然在大力开展农业水利设施建设。

四十多年后，当立法机构颁布 1956 年第 54 号水法时，南非政府首要目标是合并修订南非现有的与控制、保护和使用水资源有关的立法，其基本的长期目标是确保有足够的水供应来支持南非日益增长的社会、经济和工业发展。采矿业由此成为重要的受益者。相应地，工业水利建设的重点是满足集水区快速城市化和区域发展的需要，它必须将可用的水资源输送到用水效率最高的地区。值得注意的是，新的水立法是在国民党执政九年后于 1956 年通过的，这个时间与新政府推行单独发展政策（种族隔离）的时间一致。

1956 年第 54 号《水法》[②]着重于有效管理水的必要性。其声明的目的是"巩固和修订联邦内有关控制、保存和为家庭、农业和工业目的使用水的现行法律"。政府通过相关责任官僚体系，打算牢牢控制供水，包括私人供水和公共用水（S2-3）。法律规定，地方当局有权在其特定的城市地区取水以供城市消费（S4-8、9），此外，国家控制地下水的开采和使用（S27-33）。

最初根据 1912 年的《灌溉法》设立的水务法庭制度得以保留，但赋予水务局更大的责任：水务法院要裁决各省及其辖区的涉水法律事务，特别是要明确界定各地区的集水区。[③]此外，1956 年的《法案》赋予国家建造和控制政府水利工程的权利（S56-70），

---

① Hall C.G., Burger A.P. 1974. *Hall on Water Rights in South Africa (4th edn)*; Juta, Co. Limited, Cape Town Harrison P. 1992. Urbanisations: The policies and politics of informal settlement in South Africa: A historical perspective. *Afr Insight*, Vol.22, No.1, pp.14-22.

② 内容皆引自原文，1956 年第 54 号水法，第[S]1 节。

③ Hall C.G., Burger A.P. 1974. *Hall on Water Rights in South Africa (4th edn)*; Juta, Co. Limited, Cape Town Harrison P. 1992. Urbanisations: The policies and politics of informal settlement in South Africa: A historical perspective. *Afr Insight*, Vol.22, No.1, pp.14-22.

包括建造水坝、灌溉工程和发电（S67）。对灌溉委员会和水务委员会的职责进行了详细的描述，以确保在农业和非农业用户部门进行更有效的管理。采用正式补贴是政府的坚定承诺，目的是要为发展该国城市地区的污水处理厂和净水厂做出贡献。

在 1956 年出版的《水法》第一个版本中，有一些明显的措辞表明水资源对于促进种族隔离政策的必然性。比如在第 10 章第 176 节提到"土著地区"（指定用于未来居留地发展的土地），这些居留地将不受第 3、4、7、9 章所述条款的约束，这些条款分别涉及地下水的控制、水务法院、水务董事会、灌溉贷款、债务和补贴等（S176）。值得注意的是，水法批准后的一年内，1957 年第 75 号修正法案规定，如果要建设政府控制的水利工程，政府有权征用土地。这意味着所有土地，甚至是所谓"土著地区"的土地，都可能被征用，用于政府水利工程的开发。①

1956 年第 54 号水法案通过后，灌溉部改名为水务部。新立法标志着南非水治理新时代的开始。水务部的工作重点也从灌溉基础设施建设和繁重的水务管理，转向对国家社会和经济发展做出重要贡献上，优先事项包括：工业发展急需的更加全面的水基础设施；国家快速城市化对用水需求的增加；应对日益严重的水污染威胁。立法也对自然灾害的情况作出了规定。在洪水暴发时，私人用户可以将"多余的水"储存起来供个人使用。②这一措施算是一种安慰"补偿"，毕竟政府对现有水资源的管控权太大了。南非采矿部门的增长和工业的扩大意味着有必要向各种各样的消费者分配用水，而其中一些人又不在城市地区。必须通过 1956 年《水法》的另一个理由是，由于增加区域性多用途水利项目的成本太高，因此必须把重点放在最大效益地利用现有的储存设施上。③南非统治者希望将南非建设成一个强大的国家。从南非水务部门的角度来看，这个想法早在 1948 年之前就有，但那些修订条款只起到局部效果，没有明显的政治议程来推动变革。④官员们非常清楚农业社区的心态：农民要求享有供水的呼声很高，但水务部门长期以来的重点都是蓄水设施、开展灌溉项目，以此满足国家发展而不是民众需求。因此，即使大多数水利工程的耗资不菲，但极少能盈利。但南非在工业领域，

① Hall C.G., Burger A.P. 1974. *Hall on Water Rights in South Africa (4th edn)*, pp.8-10,165-167.

② 在 1806 年被英国吞并之前，开普殖民地普遍存在水管理中的泛滥原则；1956 年重新引入这一原则是为了控制河岸财产所有者对水资源的过度主张。

③ The Water Act 2017. No.54 of 1956 and the first phase of apartheid in South Africa (1948-1960), Vol.9, pp.189-213.

④ Posel D. 2011. The Apartheid project, 1948-1970, in A. K. Mager, B. Nasson and R. Ross (eds.), *The Cambridge History of South Africa 1885-1994*, Cambridge University Press, p.330.

特别是在采矿领域，所采取先进的水治理方法，让南非位列整个全球化世界中新兴大国的前列。[①]

二、水务部与水分配

1910年南非联邦成立后，根据1912年第8号《灌溉和水资源保护法》，灌溉部负责水治理，其水任务是对好望角、纳塔尔、自由州、德兰士瓦等前南非联邦殖民地相关的现有水法的汇总与完善。[②]1948—1990年，种族隔离渗透到南非的政治、社会和经济生活的各个方面。至1960年，由于多年种族隔离政策的实施，对有色人种的压迫越来越厉害，解放运动被禁止，南非为国际社会所唾弃。而非洲其他国家开始进行迅速的非殖民化，并对南非在国际舞台上的倒行逆施予以排斥，但由于工业化带动的水利建设促进了社会的空前发展，南非仍是非洲大陆最重要的现代国家。

从表面上看，在20世纪60年代之前，水似乎没有在非洲抵抗种族隔离状态中发挥直接作用。然而，水具有深层、隐藏的能量，它影响着人们使用水资源的方式。在后种族隔离时代（1994年之后），提供水和卫生服务的问题一直是社区抗议活动的主要驱动因素，水资源压力，如饥饿和贫困一样，是社区居民怒对政府的潜在因素，随之而来的就是暴力抗议，而且这些示威活动正变得越来越暴力。[③]很可能缺乏合理的水资源是非洲城市居民抗议地方当局行动的驱动因素。虽然1956年的《水法》可能被用来确保白人无论在农村还是在城市地区的用水供应中受益，但它也引发了南非有色人种的严重不满，因为得不到足够的水资源。在20世纪50年代的政治环境中，这种不满被放大。

在1955年的抗议活动之后，政府迅速推进改变了国家城市格局。1956年12月，叛国罪审判的第一次法庭听证会开始，156名活动分子被指控策划推翻政府。后来，审判被无休止地拖延，直到1961年，所有被起诉的人才被无罪释放。[④]1957—1960年，

---

① Solomon S. 2010. *Water: The Epic Struggle for Wealth, Power and Civilization*, Harper Collins, p.13.

② 自由州和纳塔尔都没有正式颁布与水有关的立法。它们继续适用普通法，直到1912年颁布《灌溉法》。

③ WWF-SA 2016. *Water: Facts & futures*, WWF-SA; Young L. L. 1964. *Summary of Developed and Potential Waterpower of the United States and Other Countries of the World, 1955-1962*, US Government Printing Office, Vol.483, pp.62-81.

④ Oakes D. 1995. *Reader's Digest Illustrated History of South Africa: The Real Story (Expanded 3rd edn.)*, Reader's Digest Association, pp.387-389.

土著事务委员会声称，所有非法棚户区都已从该国主要城市的周边地区移走，仅在德班和开普敦两市市区仍需要开展非洲人住宅区的工作，为此已经预留了足够的土地。①但马上，1960 年 3 月，沙佩维尔大屠杀重新点燃了黑人的抵抗精神，南非的国际形象严重受损，政府不得不增加了国防开支，并加大力度为非洲人口提供住房及其供水保障。

1961 年，班图政府发展部宣布将钻井 1 531 孔②，但这些举措杯水车薪，似乎也为时已晚：同年，非洲人国民大会宣布将转向为争取多数非洲人的自由而进行的武装斗争，由曼德拉领导的非国大武装派别"民族之矛"（MK）随之成立，南非走上了黑人武装民族独立的道路。

20 世纪 90 年代初，国际社会深刻意识到种族隔离政府在历史上对有色人种人权的漠视——其中首要的权利是他们无法充分获得水和卫生设施。这成为批评国家党政府最敏感的手段之一。因此，1994 年后上台的民选政府将以前被排除在服务范围之外的向各地提供水和卫生设施列为首要事项之一。

从 20 世纪 50 年代开始，南非实行种族隔离政策，重点是遏制非洲人涌向该国城市的移民潮。显然，这一策略没有奏效。非洲人在仅有的、少量的、占南非国土 13% 的土地上勉强维持农村地区生活，根据《族群地区法》（1950 年），在"白人"城市地区工作的南非黑人被视为"临时居留者"。

灌溉显然是一种"白人"技术，"受到非洲人的高度尊重"，被设计成应对非洲城市化的创新战略。③但非洲自然保护区的灌溉不在考虑范畴之内，因为他们一直坚持从 20 世纪 30 年代开始风靡的蓄水大坝修建工程。④

根据灌溉部的报告和实地调研，汤姆林森委员会（Tomlinson Commission）基于南非东南部水资源最有保障的现实⑤，推荐了一些灌溉项目，并认为与以干旱著称的南非西部地区相比，东南部地区显然适合雨水灌溉农业。

然而，频繁和持续干旱却打破了这个设想。1945—1951 年的一场毁灭性干旱之后，

---

① RSA, UG36/1961, p.6.

② RSA, ARP72/1962, p.5.

③ Kerr R. A. 1985. Fifteen years of African drought. *Science*, Vol.227, No.4693, pp.1453-1454, https://doi.org/10.1126/science.227.4693.1453.

④ U of SA, UG9/1932, pp.34-35.

⑤ SA, UG61/1955, p.3.

东伦敦腹地农场至少有 1/4 的牲畜死亡，这对贫困的农民来说是一场严重打击。[1]这也促使 1954—1955 年，灌溉部的土地测量官被借调到土著事务部开展灌溉工程建设，并大力参与了保护区的钻孔工作，并在之后两年，水务部仍然对钻井事宜非常重视，把在农村地区的钻井交由土著事务部继续负责。[2]

1948 年之后，传统的非洲社区土著人口增加，这似乎对当地从事灌溉农业的白人农民形成了威胁，因此，当局开始意识到要将当地的土著保护区进行严格划分。土著事务官员认为，白人应该享受优惠待遇，因为他们熟练掌握了灌溉农业技术。官员们表示，当地非洲农民主要活跃在"种植番茄作物"领域，这些作物无论如何都完全"由政府补贴"，但可能是出于宽宏大量的考虑，白人农民表示，他们愿意把自己的一些土地分给与当地传统领导人关系密切的非洲社区。[3]但事实上，白人的河岸农业在低地温和的冬季气候条件下得到了蓬勃发展。[4]

值得注意的是，早期的项目主要是引水计划，1950 年以后，国家才开始通过堤坝和混凝土衬砌运河和沟渠来升级现有的小农运河系统，非洲农业前景随之改善。[5]1956年，汤姆林森委员会报告说，在非洲人地区已开始实施 122 项灌溉计划，总面积达 114平方千米，为 7 538 名土地拥有者提供了生计。据说南非北部的黑人保护区产量最高，灌溉面积超过 50 平方千米。接着是西部地区 43 平方千米的保护地；纳塔尔有 15 平方千米。因此，政府的规划人员很乐观地预测，最终约有 3.6 万个家庭可以在居留地的5 400 平方千米可灌溉土地上定居。[6]

不过，非洲人的灌溉农业并没有在联邦的所有地区取得成功。20 世纪 50 年代中期，南非 37 个新的小型农业灌溉计划中，有 28 个要么已经崩溃，要么已经停止使用。[7]2000 年之后，预计"居留地"中至少有 317 个灌溉计划为 5 000 平方千米耕地提

[1] Lodge T. 1983. *Black Politics in South Africa Since 1945 (6th Reprint edn)*, Longman. p.56.

[2] 南非大学，UG74/1960，第 10 页。

[3] SA, UG36/1954, pp.85-86.

[4] Uys M., URBAN R. P. (Eds). 1996. How to collect and preserve insects and arachnids. *Plant Protection Research Institute Handbook No.7.* ARC-Plant Protection Research Institute, Vol.73, pp.51-59.

[5] Van Averbeke W., Denison J., Mnkeni P. N. S. 2011. Smallholder irrigation schemes in South Africa: A review of knowledge generated by the Water Research Commission. *Water*, SA, Vol.37, No.5, pp.797-808. https://doi.org/10.4314/wsa.v37i5.17.

[6] Perret S. R. 2002. Water policies and smallholding irrigation schemes in South Africa: A history and new institutional challenges. *Water Policy*, Vol.4, No.3, pp.283-300. https://doi.org/10.1016/S1366-7017(02)00031-4.

[7] U of SA, UG61/1955, p.121.

供灌溉用水，不过，这些项目还是与政府的补贴和支持有密切关系。①

三、水卫生及其影响

1902 年开普敦贫民窟和 1904 年约翰内斯堡的鼠疫，以及 1918 年的全球性流感疫情让南非当局对于那些在白色城市地区边缘建立的非洲小镇的非正式定居点的卫生情况引发了关注。他们试图引入一些卫生措施，以消除这些定居点会导致流行病的担忧，斯旺森将这些措施定义为"卫生综合征"，并在约翰内斯堡郊外的克里普斯里普尔特（Klipspruit）和伊丽莎白港附近的新布赖顿镇建立了所谓的"模范城镇"。②不过，直到 20 世纪 20 年代早期，当局处理城市边缘非正规住房时只关注公共卫生方面的"问题"，而没有实际的作为。③

1923 年南非出台《本地城区法》，目标是通过提供住房和其他社会服务来改善城市黑人的福利。根据这一法律，地方当局可以在有色人种的"定居点"为其建造正式住房，与此同时，南非的城镇化进程达到顶峰。1929—1948 年，约翰内斯堡的黑人居民人数从 1939 年的 24.4 万人增加到 1946 年的 40 万人。④但卫生显然不是政府管理的重点，在 20 世纪 40 年代，政府为所谓的"良好的本土管理"而沾沾自喜，原因是雇主可从该国的非洲保留地获得劳动力，以从事采矿、工业和农业部门的工作。而他们要做的就是促进农业技术教育和培训，以及改善供水服务和灌溉农业，来标榜改善了保留地的条件。⑤农村地区以及大型工业城市中心周边的城市贫民窟仍然严重缺水。⑥

第二次世界大战后，南非社会福利服务受到严重破坏，新楼房的建设实际上已经停滞。尽管后来，约翰内斯堡市提供了更多土地，当地领导人也积极参与棚户区建设，

---

① Tempelhoff J. W. N. 2008. Historical perspectives on pre-colonial irrigation in Southern Africa. *African Historical Review*, Vol.40, No.1, pp.121-160.

② Swanson M. W. 1977. The sanitation syndrome: Bubonic plague and urban native policy in the Cape Colony, 1900-1909, *The Journal of African History*, Vol.18, No.3, pp.387-410. https://doi.org/10.1017/S0021853700027328.

③ Mäki H. 2008. *Water Sanitation and Health: The Development of the Environmental Services in Four South African Cities, 1840-1920 (1st edn.)*, Juvenes Print.

④ Harrison P. 1992. Urbanisations: The policies and politics of informal settlement in South Africa: A historical perspective. *Africa Insight*, Vol.22,No.1, pp.14-22.

⑤ U of SA, UG14/1947, p.9.

⑥ Gale G. W. 1949. Health services, in E. Hellmann (ed.), *Handbook on Race Relations in South Africa*. South African Institute of Race Relations, n.p., Oxford University Press, p.395.

还提出应该为小镇地区提供水、卫生和医疗服务。①然而，这无疑加剧了城市生活条件的恶化。在其他各地，生活的环境也都在恶化，跨区域取水的现象频出，有人甚至从容易受到严重污染的井中取水。

这种坏趋势蔓延到其他城市中心。至 1948 年，比勒陀利亚郊区满是如雨后春笋般地形成的占地村庄；在开普敦，则有大约 2/3 的黑人居住在市内的贫民窟和城市边缘棚户区内。这些地区有供水和卫生服务，但不多见，而人口增长则以各种方式威胁着用水安全。②

1946—1951 年，瓦尔河流域是当时南部非洲城市人口主要增长区，南非黄金矿集中的威特沃特斯兰德地区，1950 年的人口为 230 万，每天消耗 3.42 亿升水。③在德兰士瓦南部地区，到 20 世纪 50 年代中期，则因缺水严重已无法进一步发展。④此外，瓦尔河下游的居民对用水忧心忡忡，新自由州的金矿区以及北开普省的金伯利市都会出现了缺水问题。⑤非洲新兴小镇的发展给地方当局带来了很大的压力，因为这些地区无法获得足够的供水。

1948—1956 年，南非的城市地区建成了 12 个非洲小镇，但地方当局在向这些小镇提供足够的服务和基础设施时非常谨慎，因为他们知道大多数居民都太穷，无法支付服务费用。⑥所以，饮用水、污水处理和垃圾清理等服务几乎不可能有（即便有也是严重不足），这种状况对健康构成了严重的危害。⑦在索韦托，1951 年通过了第 27 号《班图建筑工人法》，这使得培训黑人工人成为可能，有助于在新建市镇建造房屋和相关建筑物。但该立法只允许非洲熟练工人在指定地区的建筑部门从事技术工作，与此同时，要支付供水和卫生设施的费用。⑧1953 年，地方当局为获得国家资金资助，设

① U of SA, UG15/1949, pp.19-20, 33-34.

② Harrison P. 1992. Urbanisations: The policies and politics of informal settlement in South Africa: A historical perspective. *Africa Insight*, Vol.22, No.1, p.15.

③ Leslie J. P. 1951. Presidential address: The supply of water within the area served by the Rand Water Board and its relation to social and economic development with special reference to the Vaal River, *Civil Engineering*, Vol.1, No.1, pp.17-27.

④ SA, UG61/1955, p.109.

⑤ Tempelhoff J. W. N. 2003. *The Substance of Ubiquity: Rand Water 1903-2003*, Kleio Publishers, pp.205-206.

⑥ SA, UG37/1958, p.4.

⑦ Eloff S., Sevenhuysen K. 2011. Urban black living and working conditions in Johannesburg, depicted by township art (1940s to 1970s). *SA Tydskrif vir Kultuurgeskiedenis*, Vol.25, No.1, pp.1-25.

⑧ O'Malley P. n.d., O'Malley archive: The heart of hope (1985-1996), Native building workers Act, 27 of 1951, Nelson Mandela Centre of Memory, viewed 28 August 2016, from https://goo.gl/vUn7hw.

立了班图服务费基金，为小镇的基本服务（尤其是水和卫生设施）募集资金。征税制度要求雇用 18 岁以上黑人（除私人家庭佣人外）的雇主，每周必须为每位非洲雇员缴纳 2 先令 6 便士。[1]

政府应对城市扩张，水资源消耗过大造成土地干涸的方式之一是"去中心化"，该战略到 20 世纪 70 年代仍然是优先事项。[2]国民党的理论家认为，在非洲人居留地边缘创建边境产业是一个理想的经济战略，可减少该国四个主要城市工业区与该国农村之间人均收入和就业水平的巨大差异。然而，从长远来看，"去中心化"战略没有达到预期，而且它对阻止非洲城市化的趋势没起到什么作用。随着城市贫民窟的衰落，约翰内斯堡的索韦托、德班的玛舒（KwaMashu）、乌姆拉齐（Umlazi）和开普敦的月城（Nyanga）、古古莱图（Gugulethu）等小镇不断兴建，在南非城市外围扩散，俗称"非洲人居住区"。

总体而言，自 20 世纪 40 年代以来，南非政府推动采矿和工业化促进经济增长，这迫使国际水务部门寻求更多的水资源来满足发展需求。对于有志在国际社会中留下自己印记的国家来说，这是正常的路线。在 20 世纪 60 年代早期，奥兰治河计划开始实施，一大批蓄水工程得以建立，甚至可以发电，这显然是南非对邻近的罗德西亚和尼亚萨兰联邦开展水利工程的回应，尤其是寄望于 1958 年当时世界上最大的卡里巴大坝，认为其形成的人工湖可以产生大量水电。[3]

在 20 世纪 50 年代末，非洲进入逐步非殖民化阶段的时候，南非水务部的官员正在计划奥兰治河项目。在国际顾问支持下，该项目成为南非土木工程国际地位和能力的见证。该倡议激发了民族自豪感，尤其该国特权白人群体的自豪感。

水务部官员也越来越多地关注全面的供水问题。随着时间的推移，他们非常善于开发先进的供水计划。至 20 世纪 60 年代，非洲人的居留地受到了更多的关注。在 20 世纪 70 年代，水委员会的一份报告建议政府与水务部在居留地规划和分散"边境产业"政策上进行更密切的合作。这是国土政策的一个组成部分，以解决居留地的用水问题。水文工作的重点是确保供水，确保良好的水质，并在全面但不明确的经济战线上支持经济发展。

---

[1] Dubb A. 1977. The development of an African township. *South African Journal of Science*, Vol.73, No.3, pp.86-88.

[2] RSA, RP34/1970, pp.76-82.

[3] Cole M. M. 1957. The Witwatersrand conurbation: A watershed mining and industrial region. *Transactions and Papers*, Institute of British Geographers, pp.23, 249-265. https://doi.org/10.2307/621166.

　　但是在政治上，水事部在确保城镇供水方面没有发挥积极作用。非洲城镇的水和卫生服务明显较差，直到 1976 年索韦托起义之后才在某种程度上得到解决。

　　从 1912 年的《灌溉和水资源保护法》以农业为核心，反映当时以粮食安全为主导的社会需求。1956 年《水法》转向支持矿业和城市用水需求，南非对于水资源体系的构建及探索，体现了法律对经济结构变化的适应性。尽管在种族隔离时期，水法被用于保障白人群体用水特权，但这也为独立后（1998 年）新水法以"公平公正"为原则，明确水资源属于全体人民，并强调向弱势群体倾斜，做出了深厚的历史积淀：成功的资源治理需以动态法律框架为基础，结合公平性、可持续性、公众参与和技术创新。

第六章　"分享水"时期：本土民族的
水资源利用变迁

第一节　卡里巴大坝：非洲水利社会的冲突与转型

一、卡里巴大坝构建的通加水利社会

"水利社会"已吸引了包括历史学、人类学、民俗学、地理学等多学科学者的高度关注。国内学术界已经从传统的"水利共同体论"逐渐生发出"水利社会"的理论框架，该理论框架以水利为中心，通过延伸出来的区域性社会关系体系来构建。主张考虑人口、资源环境的角度与水利社会的形成与变化。[①]这一理论框架似乎也可以用以印证非洲民族发展的历史叙述。水在非洲民族发展的历史进程中扮演了关键作用。长期以来，非洲民族的用水习俗、水权分配原则与国家权力、宗族组织与民间秩序、社会关系之间密切相关。通加民族主要聚居区是非洲著名的卡里巴坝区，其生存、扩散和发展也一直都与水有关。

作为地名的卡里巴一直是和通加民族一起出现的，其书面记录始于1860年利文斯敦在赞比西河巡游，相片和其他的记录则来自1903年"罗德西亚科学协会"（Rhodesia Scientific Association）的报告。[②]卡里巴位于赞比西河谷水能资源最丰富的峡谷区，横跨赞比亚和津巴布韦两国边境，后建成的"卡里巴大坝"是世界上库容最大的水库和电站。大坝于1955年修建，1958—1963年完成水库蓄水。自建成以来，卡里巴大坝

---

① 行龙："从'治水社会'到'水利社会'"，载《走向田野与社会》，三联书店，2007年，第95页。

② H. de Lassoe 1908. The Zambezi River (Victoria Falls-Chinde): A Boat Journey of Exploration, 1903. *Proceedings of the Rhodesia Scientific Association*, Vol.8, No.1, pp.19-50.

已为赞比亚和津巴布韦提供了逾 50％的用电，惠及约 450 万人。①然而，卡里巴大坝在整个非洲历史中的负面形象超过正面形象。尽管在 20 世纪 50—60 年代卡里巴大坝是一个创新设计，但由于政局变动和没有很好的大功率泄洪消能技术，加上赞比西河下游河床有裂隙发育，加固措施不足，在建设期间就出现溢洪，虽经多次修复，但仍对坝下岩石造成了严重冲蚀。同时，卡里巴大坝对当地的生态环境造成了不可逆的影响。作为六个千亿立方米水库量级中唯一面临较严重水库诱发地震的，卡里巴大坝周边最大震级达到 6.1 级。尽管大坝控制了（赞比亚境内）赞比西河 90％的径流，水库调节对下游水资源保障和防洪都有益，但由于水库沉积和反硝化作用，原有土地中90％的磷和 70％的氮损失，泥沙向下游湿地的输送减少，甲烷排放比较高，导致了多种动植物的变迁。鳄鱼、两栖河马（Hippopo-tamus amphibius）和羚羊（waterbuck Kobus ellipsiprymnus）的数量急剧减少，捻角羚（Kudu Tragelaphus strepsiceros）数量增加，高角黑斑羚（impala Aepyceros melampus）成为数量最多的群体。②直到新的鱼雷草（torpedo grass）和铺地黍（Panicum repens）等植物再次生发加之国家公园进行保护时，河马和非洲水牛（Syncerus caffer）等的数量才又重新恢复。原生大量树木死亡，藻类、浮游植物和长额象鼻溞（Bosmina longirostris）类型的浮游生物数量增多。20世纪 80 年代初，香附子（Cyperus articulatus）、石苇和蓼类植物（Polygonum senegalense）盛开，吸引到像红嘴奎利亚雀这类鸟类聚集。③

通加民族现居住于马拉维、赞比亚和津巴布韦等地，班图语系。根据口头传说，居住在赞比西河谷的通加民族，1000—1100 年，从北部的巴科塔（Bakota plateau）高原溪流向南沿贵恩贝（Gwembe）山谷扩散，主要是基于赞比西河稳定的水供应。根据记载，1855 年恩古尼人到达此地时，通加民族还在母系社会时期。本书通加民族指代的是赞比西河沿岸世代居住在贵恩贝山谷，受到卡里巴大坝影响的原土著通加人和克克人（Kore Kore），其中以通加人为绝大多数群体。这个群体因卡里巴大坝的兴建造成了生计的彻底转变，约有 57 000 人被迫迁徙出原来的居住地，迁至高地附近的宾加（Binga）地区。卡里巴大坝建成之前，渔业和沿赞比西河的游牧是当地通加民族的主要生产活动，他们熟练掌握了玉米栽种等农耕技术。大坝建成后，天然牧场大部分被

---

① 转引自商务部网站：《赞比亚时报》，2015 年 1 月 7 日，http://www.mofcom.gov.cn/article/i/jyjl/k/201501/20150100864271.shtml.

② Jarman, P. J. 1971. Diets of large mammals in the woodlands around Lake Kariba, Rhodesia. *Oecologia* (*Berlin*), Vol.8, pp.157-178.

③ 根据津巴布韦马萨多纳国家公园讲解员泰勒·R.（Taylor R.）口述访谈资料整理。

水吞噬，渔业一度盛兴但通加人却无法进入行业。对于世代生活在卡里巴大坝的居民而言，生计变得比原来艰辛，但让他们生活更困难的关键是来自家园的丧失。宾加地区达不到之前殖民政府承诺他们搬迁所提供的住所、教育、医疗和生活条件，且社会发展被置于发展计划最末，卫生、教育、交通和农业发展等基本公共服务极度缺失，一年一度发生粮食短缺，几乎完全依靠各种慈善机构的援助。通加人曾尝试以"水库难民"的身份，用政治手段掌握自己的命运获取更多权益，但到目前为止还没有成功。

这一切还得从卡里巴大坝和通加民族的互动说起。

二、传统非洲水利社会的现代转型

（一）雅米神与白人工程的角力

建造卡里巴大坝前，外界对通加民族的印象大体停留在两种说法上：第一是通加人只有两个脚趾，并且有尾巴；第二是通加男女都抽水烟。[①]第一个传说显而易见是神话理解了与世隔绝的通加民族；第二个则确实是通加人的日常生活和休闲方式。不过直到今天，津巴布韦普通民众对于通加民族的生活还是不甚了解，大致上只知道他们居住在卡里巴大坝附近，非常穷，靠政府和一些组织的捐赠过活。[②]笔者在津巴布韦国家档案馆的文献查询发现，涉及通加人的文献资料只有大约 50 个篇目，其中大部分是描述语言的。[③]

根据通加人的口述，过去的通加民族对外界也知之甚少，一直过着田园般的生活。他们原先居住在一个名叫卡里瓦山谷（kaliwa godge）之中，由于一直离群索居，他们有独立的文化传承，在水神雅米雅米（Nyami Nyami，以下简称"雅米神"）的护佑下进行生产劳作。雅米神是赞比西河的水神，通常的形态是漩涡或者一条水龙，蛇身鱼头。据称它的头就有三米宽，但没有人胆敢猜到它有多长。在它游经之处，水会染成红色。雅米神和它夫人的住所在如今卡里巴大坝坝墙附近的巨石之下，两位水神管控赞比西河流域与水相关的一切生灵。只要有人试图驾独木舟路过水神住所，很快就被陷在水涡里不能出来，通加人称这里为"陷阱"或"圈套"（Kariva/karinga/Kariba），

---

① 女性在一条漂亮的小黏土管里抽烟，底部有水，可以消除大部分的尼古丁。男性有不同的烟枪，这些烟枪不过滤尼古丁，因此烟味更浓。

② 笔者 2017 年在津巴布韦哈拉雷对当地居民的访谈，访谈对象有利奥、埃格林、舒米、穆克特法、林吉萨伊、穆尼亚拉齐等。

③ 关于卡里巴大坝的词条有 219 条，但绝大部分为水利工程的具体数据和渔业的统计数据。

音译"卡里巴"，这也是峡谷和湖名字的来历。部族长老和灵媒（巫师）拥有传统地位，在雅米神发怒时，他们负责和它进行沟通。通加人每遇险难，雅米神总会以各种方式出手相助，保佑通加人得一世安康。通加人崇敬水神雅米，从不去它住所旁寻衅。不过，桑帕卡卢曼（Sampakaruma）酋长①表示他见过雅米神两面，那是在白人到达这个国家之后。

1888 年，罗德斯获得了恩德贝莱国王的土地开采权，并于 1895 年宣告建立殖民国家"罗德西亚"。1940 年左右，非洲电力供应组织（Electricity Supply Commission）②对可行的电力项目进行调研，认为卡里巴地区的水力发电前景最好，可为殖民地日益增长的工业需要提供丰富动力。随后一群白人便在下游 25 千米处安营扎寨建立了奇龙杜（chirundu）测量站。尽管南罗德西亚（津巴布韦）和北罗德西亚（赞比亚）都有争议，因为卡夫河谷（Kafue River Gorge）似乎也是一个好的选项，但经过比较详细的地质勘探和预测，卡里巴大坝在建造和经济效益方面更胜一筹，会成为最好的"推进经济扩展，巩固富有资源的新生国家"的大坝。③随后④，一群白人工程师随后便来到卡里巴峡谷卡拉村（Kraal）。他们告诉通加人，他们要在这里建一个世界上最大的水坝，而这个大坝将淹没所有通加人的土地，所以通加人应该离开。通加人当然拒绝，说雅米神不会同意这样做。但白人没有放弃，几经周折找到了大酋长，动之以情晓之以理，问酋长怎样才可以得到雅米神的同意。大酋长正襟危坐，说这只有问雅米神的意见了。不过，在某个日期前，需要备齐白色礼物（Whitestuffs），分别是：白、红、黑衣服若干，牛羊若干，两桶啤酒，15 袋咖啡，2 辆汽车，一些其他的东西，因为这些都是问询雅米神时需要献祭的礼物。白人按照酋长指定的日期如数交纳了这些东西，并远离了村庄。两周之后，白人们再次拜访酋长，酋长带来了好消息：可以去田野调查了！白人欢欣雀跃，立马和酋长签署合约，并强迫通加人离开。通加人同村的亲眷，因为合约不同，被分隔在赞比西河的南北两岸。

非洲水神信仰如何面对现代水库技术，卡里巴大坝修建过程有两种不同维度的解

① 通加与白人首次谋面时酋长的名字，因卡里巴大坝而被记录在史册。参见：https://rediscoveringafricaheritage.wordpress.com/2017/09/06/tonga~people~of~zambia~malawi~and~zimbabwe/。

② http://www.eskom.co.za/sites/heritage/Pages/1923.aspx.

③ M Andre Coyne 1954. Kariba Gorge and Kafue Gorge Hydroelectric Projects Report. quoted by *Lord Malvern in Dick Hobson*, Notes, p.31.

④ 故事来自笔者对津巴布韦大学 M.教授的访谈。M.教授是津巴布韦官方水利委员会的指导委员，负责官方大坝修建的工程监管和史料整理等工作。

释方式。按照通加人的口述史和确切的历史记载，故事梗概如下：在通加人被迫离开原来的村落后，雅米神对这些没有亲眷的白人（白人工人们通常不会带家眷修建大坝）非常不满，并决定给人们点颜色看看。1950 年 2 月 15 日晚，来自印度洋的暴风雨突如其来，席卷了整个村落。这样的事情从未在如此一个持久稳定、与世隔绝的地方听说过。15 英寸的降雨持续了数小时。河流当晚就上升了 7 米之高，不少村子都被淹没了。当营救队伍 3 天之后得以到达此地时，他们看到腐烂的羚羊和其他动物挂在树梢。由于山体崩塌，调查队的任务被迫中止。然而，1955 年，白人还是决定兴建卡里巴大坝。这当然深深冒犯了雅米神，因为这水库不仅将它的臣民及亲眷分隔开，它和妻子也会被水库阻隔不能相见。于是，建水库的过程中，雅米神就时常制造一些洪水，并引发了一些水库工地伤亡。可是，白人们仍不信雅米神，也没有听从"神旨"停工。千百年的古树被砍倒用于修路，当地人的房屋需要让位于水库建设，越来越多的通加人必须从水库造成的洪水泛滥的下游迁居到其他地方。

随着卡里巴湖不断上升的水面，雅米神更加愤怒。就在同年的圣诞节前夜，一场未曾预期的洪水猛攻山峡。数月里，洪水反复达到峰值，退却又上升。这是前所未有的。人们再次开始讨论起雅米神，但卡里巴大坝建设仍未停下。可是，只要是居住在城里的人们不信雅米神，雅米神就让他们见识它的厉害。1956 年 11 月，卡里巴地区迎来了第三次洪峰。由于强降雨持续了数月，赞比西河水能的威力竟达 1 300 千米之遥，其所涉范围内所有的牲畜都被吞没了，而这些拓展了原先河面的一半左右。在赞比西河广大流域都是如此大规模而连续的强降雨：赞比亚腹地、安哥拉丛林、桑亚提河（Sanyati river）……四面八方汇聚而来的水，像是骑兵队一样冲进赞比西河域。赞比西河在 24 小时内上涨近 6 米，并推倒了堰坝。超大型的挖掘机瞬间消失，直到来年 3 月，大规模的损失和项目延期数月后，洪水才开始退却。每秒 1 600 万升的力量袭击，如此大规模的洪水平均千年才发生一次。北部坝基瞬间坍塌，如同在向巨浪鞠躬行礼。已经建了一半的大坝被冲毁，196 名工人死伤。

具有神秘意味的是，一些白人死者的尸体随着洪水失踪了。尽管加强搜寻，还是无法找到他们。老一辈通加人告诉族人，河流总胜于人，是雅米神制造了这个灾难，并将失踪的人们作为他自己的祭品。失踪者的家属和搜索队于是将一只黑色的小牛杀死献祭给河流。次日，小牛不见了，而工人们的尸体却出现在了小牛沉下去的地方。小牛的消失证实了鳄鱼在河流中出没，但工人尸体的再现却没有任何令人信服的解释。

灾难之后，卡里巴大坝的防汛功能被再次提升，以确保相似或者同等规模的洪水只可能千年一遇。继之，雨季再次来临，但干旱却连年加重。虽然通加人认为雅米神还在继续袭击卡里巴大坝，并摧毁了围堰、桥和主墙。但是卡里巴大坝项目最终还是保留了下来，大坝被加固到足有 5 英尺高，赞比西河最终被控制住了。1958 年 12 月卡里巴大坝修建完成，1960 年开始为津巴布韦和赞比亚供电。通加民族最终离开了他们赖以生存的家园。

如今，通加民族已逐渐失去对雅米神的信仰，只是在有极端天气时，会再次提到雅米神的愤怒。卡里巴坝区微型地震时常发生，通加人试图解释为，这是因为雅米神希望见到它的妻子，正试图切断阻碍它的大坝围墙；当它无法穿越时，它便通过这样的地震方式发泄怒火。老一辈的通加人曾经试图让他们的后辈相信，终有一天通加神会将大坝摧毁，实现它对通加人的保佑，以更大的洪水摧毁巨大的水泥墙，让他们返回他们在河岸的故乡，重新过上好日子。不过如今随着旅游业的发展，雅米神形象的物品已成为当地旅游消费的伴手礼。原先出现在酋长权杖上的雅米神，用木雕、石雕和骨雕塑造（偶尔也见于象牙、银饰，或金饰之中），以珠链点缀，代表好运馈赠予人。

（二）白人的杰作：卡里巴大坝

从历史的角度看，卡里巴水库是第二次世界大战后，南北罗德西亚面临的电力赤字的副产品。由于工业快速发展欧洲移民泛滥，非洲人口被动膨胀，非洲各城市中心纷纷开始了房屋新建，铜矿开采活动扩大。种种的社会和经济转型，迫使南北罗德西亚的政治家、矿工和工业家都需要认真考虑所需电力问题。

卡里巴水库项目非常重要的原因，不仅是殖民当局改善财政的需求所在，也是进一步为联邦发展提供"光明和权力"的关键项目，是中非联邦[①]消除财政赤字的项目及最核心的发展投资项目。[②]尽管 20 世纪 50 年代，反对种族歧视的浪潮已经在全球开始蓬勃发展，但以经济为中心的现代化观念最终成为年轻的中非联邦的政策取向。卡里巴项目被界定为：为非洲人创建"多种族伙伴关系"并实现非洲人发展的必需。当时的情况确实如此，尽管声称黑白种族间是伙伴关系，但白人仍然奉行种族隔离的激励

① 第二次世界大战以后，欧洲各国列强在非洲的殖民地纷纷要求独立。其中也包括英属的北罗德西亚（今赞比亚）、南罗德西亚（今津巴布韦）以及尼亚萨兰（今马拉维）这三个地区。为了平息当地逐渐高涨的独立声浪，英国政府决定合并此三地，于 1953 年 8 月 1 日正式成立罗德西亚与尼亚萨兰联邦（Federation of Rhodesia and Nyasaland）或称中非联邦（Central African Federation），作为英国统治下的自治领土，存在至 1963 年。

② Gilmore to Kirkness 1960, British National Archives/ Public Record Cfice (PRO) DO 35/7719.

政策，限制非洲参与立法机关、住宅职业、学校和法律、医学和工程等行业。联邦总理莫尔文勋爵傲慢地挫败了非洲人对联邦政府所谓的种族合作理想的信念，他表示，他期望黑人和白人之间的伙伴关系类似于"马匹和骑手"。①

因此，由工业文明的领头羊英国作为"高级合作伙伴"领衔，国际复兴银行（IBRD）提供融资，还有诸如赞比亚铜矿主等希望在日后分享电力成果的私人企业家，他们都支持卡里巴大坝，希望以此促成非洲向西方社会化转变。中非联邦当局还看到了卡里巴项目可为增加的非洲人口提供就业岗位等的各种潜力。殖民当局的"其他的发展伙伴"志愿为非洲人提供抵御不少于57 000个"可怕的大多数土著人"的防御手段。作为"可怕的大多数土著人"，赞比西河谷通加民族的命运就此改变。原因也很简单，大坝是一个"特别值得关注的问题"，②但通加民族的迁居则是："本身不重要，但是可能会导致很高成本的，大坝副产品。"③当然，为了让通加民族心悦诚服地离开，当局和通加民族签订了24项备忘录，除了保证通加迁居者们基本生活保障外，还承诺允许他们一旦大坝建成就可以返回家园，重新以捕鱼为生。

当然，也有反对的声音。来自齐沛罗（Chipepo）酋长区的通加人的武装暴动造成了8名通加人的死亡；来自欧洲和非洲其他殖民力量反对卡里巴项目，主要是基于卡里巴项目必然造成附近正在兴建的工厂的资金和劳工流失；来自其他非洲地区的反对之声则主要是希望通过抵制大坝，让殖民者知道建立中非联邦是一件徒劳的事情。④不过，经济利益和殖民强势最终让新组建的联邦电力委员会（Federal Power Board）下定心意，执意沿着既定的大坝路线采取行动：招募投资、⑤汇集设备、招募工人和资源，

① Eliakim M. Sibanda 2005. The Zimbabwe African People's Union, 1961-1987: A Political History of Insurgency in Southern Rhodesia, *Trenton*, Africa World Press, p.44.

② *Southern Province Intelligence Report*, period ending 25.4.1955, NAZ SP 1/3/14.

③ Brokensha D. and T. Scudder. Resettlement. in Rubin N. and W. M. Warren, eds. Dams in Africa, p.188.

④ 北罗德西亚非洲国民大会（ANC）的民族主义领袖哈里·恩库姆布拉（Harry Nkumbula）试图团结非洲人让他们认识到，殖民当局对黑人和白人之间的新种族伙伴关系只是做出了肤浅的承诺。

⑤ 联邦电力委员会号召世界各金融机构为卡里巴项目捐款。从1956年上半年开始，世界各种金融机构为卡里巴项目提供了1.19亿英镑。最大的一笔贷款是来自国际复兴开发银行（IBRD或世界银行）的8 000万美元（280万英镑），这是该银行为单个项目提供的最大贷款。还接收了其他一些费用的支持：英国殖民发展公司（United Kingdom Colonial Development Finance Company）1 500万英镑、英国英联邦发展财务公司300万英镑、联邦政府3 400万英镑。详见：Anon, Kariba, The Story of the world's largest man-made lake, p.17; See also The Rhodesian Herald, Kariba Supplement, January 27, 1960.

加快大坝项目启动。委员会会聚世界著名的市政工程专家和公司，①合力兴建这个当时世界最大库容的水库。

　　此时，原先的通加人已经迁走，但因为建筑工人们的到来和工程的延续，卡里巴镇反而成为人丁兴旺的地区。殖民当局委托理查德·科斯坦（Richard Costain）公司成为城镇的承建者，并迅速发展出令人印象深刻的种族隔离和自给自足的城镇，成为殖民地中最大的城市之一。卡里巴镇的基础设施包括房屋、商店、银行、医院、学校、教堂和娱乐设施，如游泳池和电影院。根据合同，理查德公司应该在 24 个月内开发所有这些设施，但是他们在 19 个月内完成了任务。这是因为公司要求员工每周工作14—18 小时，每周工作七天。②非洲工人的超负荷工作，使恩普希（Impresit）公司提前十个月完成了对大坝的修建。但他们的境遇却非常可悲。除了欧洲管理人员无处不在的暴力威胁，非洲人必须接受少付工资、义务加班、卫生设施不足、住宿情况不佳、食物条件差。这些非洲工人来自公司员工和坦噶尼喀、贝专纳保护地（博茨瓦纳）、莫桑比克、安哥拉、刚果、葡属东非等邻近的非洲国家，这并非真正的"多种族合作"的成效，却是第二次世界大战后在津巴布韦首都索尔兹伯里（Salisbury）③等城市，不断兴起的建设热潮所致。④据统计，在由约 2 000 名欧洲人和 8 000 名非洲人组成的 10 000 余名跨国工作人员中，在卡里巴大坝的不同时段内，共有 87 人因为触电、

---

　　①　亚历山大·吉布（Alexander Gibb）、安德烈·M.科恩（Andre M. Coyne）和让·贝里耶（Jean Bellier）以及巴黎兴业银行（Societe Generaled Exploitations Industrielles）等机构，一起成为联合土木工程师团队。来自英国的麦克莱伦（McLellan）组建工程师团队（创始人麦克莱伦在 1965 年成立了同名工程技术公司，延续至今），意大利建筑集团恩普希（Impresit，至今仍为意大利最好的建筑公司）赢得了建造卡里巴大坝墙的主要合同。

　　②　Anon, Kariba 1959. The Story of the World's biggest Man-made Lake, *Bloemfontein*, The Friend Newspapers Limited, p.23.

　　③　现津巴布韦首都哈拉雷在殖民时期的名称。

　　④　当时殖民者把卡里巴大坝的工资收入宣传得很好，吸引了一大批来自邻近地区的非洲劳工。这些劳工中大多数工人来自尼亚萨兰，他们被贬称为"尼亚萨斯"（Nyasa）。罗德西亚本地劳工供应委员会（RNLSC）以每月至少挣 3 英镑、工作简单、住宿条件好、生病得到良好照顾等虚假承诺，吸引了一大批尼亚萨兰的工人。当卡里巴项目于 1956 年初开始时，联邦电力委员会（Federal Power Board）将 RNLSC 作为主要的劳工代理，并与尼亚萨兰殖民地政府就特别招募许可证进行谈判。但超过 2 355 名"尼亚萨"男子在 1956 年底前报名参加卡里巴大坝项目，当他们到达卡里巴后，意识到了这种欺骗，并开始写信回家，强调不好的工作条件。为了安定还在大坝的尼亚萨工人，劳工委员会保证，将会使那些因公致残或者生病的人也获得完整月薪。但与此同时，劳工委员会在更多的周边区域用同样的方法召集其他劳工。

被机器卷入或被落石击中死亡，大多数是非洲人。[①]

幸与不幸地，这些劳工中只有极少数的通加人。绝大多数的通加人已经被迫移居到卢萨卡高地，与干燥、不适宜种植谷物的气候做斗争。只在后来动物救援行动"诺亚行动"中受雇，这可能是源于他们对当地动物的实际知识的把握，更是当局"种族隔离"分而治之的政策考量所致。1963 年，中非联邦解体，罗德西亚战争爆发，南罗德西亚（今津巴布韦）的白人种族主义政权于 1965 年控制水坝，原计划的北岸电站建设受阻，直到 1975 年才开始重新开工。卡里巴水库投资大户赞比亚铜矿用电受限，外加国际铜矿价格猛跌，无暇顾及后期修建。因此，尽管这个时期赞比西河流域有长达 20 多年的连续丰水，但卡里巴大坝都未妥善利用而造成大量弃水。

所有的曲折从没有让官僚们失去信心，因为在名义上建造一个不仅发电，而且提供灌溉用水的多用途水库，并改善流离失所的通加人的生计，说起来不仅充满正义、宽容、仁慈，而且一本万利。在卡里巴大坝建成和发电运营后，白人当局庆祝该项目时，便将赞比西河谷描绘成一个人类干预和干扰大自然的地方。建造卡里巴大坝被说成是白人的功绩，是科学的、生态的、美学的、愚公移山、"人定胜天"的象征，是殖民者拯救原始民族（甚至没有提"通加"的民族之名）的壮举。[②]

（三）失去的生计：渔业

1958 年，当通加人迁往卢萨卡高地时，殖民政府沿着湖岸为通加人设计了"本土"的通加渔村，英国高级专员还宣称"通加民族可从开采湖泊的资源中获得无法衡量的收益"。[③]1958 年 12 月卡里巴大坝关闭大坝墙、卡里巴湖形成及之后的一段时期，大量从淹没的陆地中浸出的营养物质促使鱼类如虎鱼（tiger fish）、红胸鳊鱼（red breasted bream）、白鳊鱼（white bream）和鲇鱼（cat fish）快速繁殖，只要可以参与到新兴渔

---

① Jacques Leslie 2007. Deep Water. The Epic Struggle over Dams, Displaced People and the Environment, Farrar, Straus and Giroux, p.118.

② 这些评价广泛存在于西方描述卡里巴大坝的书籍中，包括：Dale Kenmuir's A Wilderness called Kariba; U. G. de Woronin's serializations about the Zambezi Valley in the 1970s; Alf Wannenburgh's photo book entitled Rhodesian Legacy; Dick Pitman's Wild Places of Rhodesia; Richard Rayner's The Valley of Tantalika: An African Wildlife Story; Harare 1990. Baobab Books; David McDermott Hughes 2010. Whiteness in Zimbabwe: Race, Landscape and the Problem of Belonging, Palgrave Macmillan; Terence Ranger, Voices from the Rocks: Nature, Culture and History in the Matopos Hills of Zimbabwe.

③ Palmer, Robin 1977. Land and Racial Domination in Rhodesia. University of California Press, p.22.

业发展，就可以获得高捕捞量和经济收益。①殖民政府宣称将让通加人优先进入新兴水域，并计划投入资金在湖上发展一个强大的渔业部门，最终通过市场机制的刺激，将通加民族转变为专职渔民。②不过，愿景和事实的差距在于，直到 1962 年《卡里巴渔区管理法》（Kariba Controlled Fishing Area Regulations）出台，通加人才开始在居住的周边合法捕鱼，而这，是在北罗德西亚政府允许在北部海岸线捕鱼的三年之后。南罗德西亚政府声称，他们推迟向湖边的通加人发放捕鱼许可证，是因为他们希望鱼类种群稳定。当然，这些偏向性的政策并不适用于欧洲所有的特许公司。因为"特许经营者与政府有不同的合同，并且也协助收集数据，因此不受捕鱼的限制。"③

20 世纪 60 年代，钓老虎鱼活动开始流行，来自南非和欧美多国的垂钓者们纷纷来到卡里巴湖进行国际比赛。于是，南罗德西亚政府将卡里巴湖划入"国家公园"范畴，并将任何农业活动视为对其保护使命、美学价值和旅游潜力的威胁。④1972 年 8 月，国家公园和野生动物管理部（DPNWLM）关闭了一些通加渔村，为休闲捕鱼开辟道路，并将邻近原属于通加渔民的优惠捕鱼区重新分配给南非和欧美的渔业特许公司，进一步阻止了通加人定居在沿岸渔村。之后的 20 年里，近岸鱼类逐渐减少，捕鱼通常要在卡里巴湖中较深的水域里获取。⑤尽管政府积极主张通加人建立"渔业合作社"，但由于资金不稳定和通加人缺乏教育，合作社无法运行。由于同一时期的农业收成不足，通加人不得不"非法"捕鱼，用以物易物的方式贴补家用。

20 世纪 70 年代中期至 1980 年，随着津巴布韦独立战争越来越激烈，殖民当局为阻止津巴布韦民族主义战士，在靠近湖泊的道路上埋置地雷并摧毁了辛那宗地区（Sinazongwe）所有大船，卡里巴湖周边的捕捞活动平息下来。直到 1980 年，全新的

---

① FAO of the UN 2003. FAO Fisheries Technical Paper 426/2, p.206.

② Bourdillon M. F. C., A. P. Cheater and M.W. Murphree, Introduction in Studies of Fishing on Lake Kariba, pp.15-17; See also, The British Information Services. The Kariba Hydro-Electric Scheme, p.1; Alan Bowmaker 1970. A Prospect of Lake Kariba, Optima, Vol.20, No.2; Carlisle G. D. 1965. The Role of the Rhodesian Ministry of Internal Affairs at Lake Kariba, Kariba Research Symposium. Lake Kariba Research Institute, p.8.

③ Isaac Malasha 2002. Fishing regulations and co-managerial arrangements: Examples from Lake Kariba, CASS Working Paper Series-NRM, CPN 110/2002, UZ: Harare, p.22.

④ Jackson J. C. 1991. *The Artisanal Fisher of Lake Kariba (eastern basin): A Socio-ecological input into Lakeshore Planning and Fisheries Management.* University of Zimbabwe, CASS.

⑤ Marshall B. E., F. J. R. Junor, J. D. Langerman 1982. Fisheries and fish production on the Zimbabwean side of Lake Kariba. *Kariba Studies*, Vol.10, pp.175-231; *Lake Kariba Fisheries Research Institute, 1963-1984.* Fisheries Statistics Lake Kariba-Zim-babwe Side. Annual Reports, Kariba, Zimbabwe.

津巴布韦民族政府建立，宣称"结束帝国主义的剥削，实现对自然资源拥有更大和更公平的自主权，并促进国民和国家参与和拥有大部分经济"。①和邻国赞比亚一样，新政府采取了社会主义的政治形态和集体所有制的经济形态，鼓励建立合作制，在全国范围内推进制造业、养殖业、渔业的发展，但是基于奠定独立的《兰开斯特大厦宪法》所约定对白人财产的保护，②新政府想要根据社会主义议程对贫苦大众进行经济赋权的良好初衷，最终和之前的殖民当局的合作社努力别无二致。

在很长的一段时期内，通加村镇始终没有学校、诊所、商店、电信服务和道路等原先政府承诺的基础设施，所以渔民即使捕捞良好也没有市场。因此，即使在 1973年左右，卡里巴湖南岸开始出现坦噶尼喀沙丁鱼（Kapenta）渔业热潮时，没有水域、没有设备、没有技术、没有市场的通加人不可能有任何获益的可能性。作为船员、鱼干包装员，通加人在整个渔业中继续着边缘的角色。1984 年，一家公司支付给了通加捕鱼人每公斤 50 美分的劳务费用，但这些鱼的批发价格为每公斤 4.25 美元，价差 8.5倍。③同时，随着大型商业公司的数量和规模增加，这些公司持续在卡里巴渔业的生产和营销方面占据主导的垄断性地位，直接雇用工人或采取承包制，都是公司做主，津巴布韦新政府无论是劳动部、人力规划和社会福利部都无法迫使这些公司将合同工转变为全职雇员，并提供最低月工资和基本医疗保障。大多数白人经营者都知道，只要他们提供给渔业部长或其他相关官员一些优惠，他们就可以享受更多的捕鱼权利。

随着 90 年代津巴布韦对于旅游业的愈加重视④，卡里巴湖为世界各国游客提供了更多的旅游可能性：自然美景、国家公园、垂钓赛事、狩猎、摄影、观鸟、游泳、蹦极、游艇、漂流等等，卡里巴湖也成为津巴布韦主要的外汇收入来源之一。但与此形成鲜明对比的是，通加人仍然没有从这些成功中受益。旅游产业主要由白人和津巴布韦的大民族恩德贝莱人、绍纳人经营，通加人早已在历史的进程中远离这些水域，原先包括渔业、作物生产、牲畜饲养的传统生活方式，大部分都让位于非洲被动工业化

---

① Government of Zimbabwe 1981. *Growth with Equity: An Economic Policy Statement*. Harare, Zimbabwe, Government Printers, Government of Zimbabwe, p.2.

② 〔津巴布韦〕布莱恩等著，张瑾译：《津巴布韦史》，中国出版集团东方出版中心，2013 年，第 197—199页。

③ Bourdillon M. F. C, A. P Cheater, M. W. Murphree 1985. *Studies of Fishing on Lake Kariba*. Mambo Press, pp.105.

④ 1996 年，津巴布韦正式颁布旅游法（Tourism Act of Zimbabwe Chapter 16:20 of 1996）以促进该行业的有序发展。

带来的劳务移民（到城市地区和采矿中心）。

（四）失去的权益：诺亚计划和国家公园

20 世纪 50 年代，继人权宣言后，动物的权益也得到了以英国为首的西方国家的关注。[①]1959 年初，几家本地和国际报纸发表了将被卡里巴大坝淹没的原有岛上饥饿且濒危的动物困境，[②]很快就引起了西方政府、动植物保护协会和慈善家们的注意，他们为这些动物筹集了物质和财政资源。很快，1959 年 3 月，在大坝封锁三个月后，北罗德西亚野生动物保护和狩猎协会（NRGPHA）将自己一侧营救的动物搬迁到南罗德西亚利文斯敦国家公园（Livingstone Game Park）。南罗德西亚一侧的救援团队则将五千多只动物重新安置到了新创建的动物保护区内。[③]1961 年后，一些被救出的动物被转移到了诸如万基国家公园、南非戈纳雷州国家公园等地。1963 年，由于财政紧张和英国人不再支持等原因，中部非洲联邦瓦解。南罗德西亚殖民当局面对的主要社会压力是营造举国一致、种族稳定的局面，但没有能力反抗的通加人不需要当局费心，因为世界的关注重点还是迁居的动物。1964 年南罗德西亚政府将原先的国家公园部门升级重组为国家公园与野生动植物管理局（DNPWLM，在本节内简称"管理局"）。尽管成立时不足 5 人，但该部门有全境野生动物管控、捕杀的所有职权，并与当时国家最重要的矿业相提并论。

尽管与动物拯救的同时便是通加人的迁徙，但除了意识到通加人迁居的卢萨卡高地有很多野生动物外，通加人本身并没有引起当局或外部世界的注意。这在相关的财政资源分配上一目了然：对动物而言，每只动物大概有 968 英镑的资金支持，而每个通加人则仅有 50 磅。[④]动物和通加人迁居的地方也大不一样：对动物而言，它们需要有和原来相似的生活场景及安全的水源地，不少土地非常肥沃；但对于通加人来说，迁居的卢萨卡高地却与原先的赞比西河腹地大相径庭，不仅高山崎岖、土壤贫瘠（多

---

① 1950 年，世界动物保护联合会（World Federation for the Protection of Animals，WFPA）成立，1959 年，国际防止虐待动物协会（International Society for the Prevention of Cruelty to Animals，ISPA）成立，共同成为 1981 年世界动物保护协会（World Animal Protection）的前身。

② 马尔科姆·麦克唐纳（Malcolm Dunbar）是第一位报道卡里巴大坝将会淹没大量野生动物家园的作者。其刊发的文章首次刊于 1959 年 2 月的《罗德西亚周日邮报》（*Rhodesian Sunday Mail*，1959）上。

③ 如卡里巴湖休闲公园马图萨东哈、奇扎里拉、切特、查拉拉、西波利洛野生动物园等地。

④ Christopher H. D. Magadza 2006. Kariba Reservoir: Experience and Lessons Learned. Lakes and Reservoirs: Research and Management, Vol.11, p.276.

为沙地和盐碱地）、高温、低降雨量，而且采采蝇的侵扰不断。

按照传统生活方式，通加人捡拾柴火、水果、地衣（Mulch）和食用昆虫，[①]他们也放牧牛羊，并基于保护庄稼和牲畜免受侵害，捕杀侵犯的野生动物。但当通加人离开故土，情况发生了变化。为了防止生态超载，管理局和欧洲人可以在保护区内对野生动物进行狩猎。即使野生动物进入邻近的通加村庄，通加人也不被允许捕杀它们。除了明显的种族法规之外，通加人太穷而无法负担"狩猎许可证"是一个重要原因。但其实在大多数情况下，通加人都不知道殖民当局要求的许可证是什么。因此，通加人只能任由从保护区溜出的动物在他们的村庄中漫游、啃食和破坏庄稼、攻击牲畜。他们唯一"不违法"的做法是，跑到离他们村庄数英里之外的管理局所在地，请求当局采取措施予以帮助。不过，当局通常会说："这些野生动物是你的，他们就像你的牛。如果你的牛摧毁了你自己的田地里的庄稼，没有人会赔偿你。"[②]

20世纪70年代初，当局通过《野生动植物法案》，1975年允许欧洲农民在农场保留和追捕野生动物。这部法案延续了60年代以降对通加等非洲民族的歧视，因为根据法案，非洲人禁止进入国家公园等公共领域。与之相应的，管理局却在赞比西河谷实施了大规模的动物杀戮：羚羊、斑马、水牛等，可以以不同的名义卖给公园运营者。这引发了通加人的强烈不满，他们按照传统方法制造简单工具或者偷盗公园管理员枪支后进行偷猎。这继而又引发了管理者、运营者和通加人之间的愤怒和相互猜疑。70年代后期，当津巴布韦非洲人民联盟（ZAPU）解放战士渗入到宾加地区进行游击战时，他们甚至鼓励通加民族以偷猎作为破坏殖民体系的一种方式。

津巴布韦民族政府1980年建立政权后，以福利政府的形式在农村区域建立了不少基础设施，但这些基础设施并未完全改善通加人的生存问题。迁居的宾加地区水源本就不及动物保护区内的多，再加之旱季通常是与动物共饮的水源，通加人的饮用水卫生无法保证。宾加地区的水井多为高矿物质水，无法进行正常的粮食灌溉，所以粮食安全也没有保障，最多只能依靠政府补助和国际社会救济。

按照通加传统，酋长为"土地的所有者"、文化价值的管理者、习惯法的掌管者和农村自然资源的监护人。但1982年津巴布韦颁布《公共土地法案》，宣传酋长和习俗隶属于国家控制。1990年，津巴布韦新政府重新引入土著资源社区管理方案

① Per Zachrison 2004. Hunting for Development: People Land and Wildlife in Southern Africa. University of Goteborg, pp.91-92.

② 津巴布韦大学M.教授口述访谈资料。

（CAMPFIRE）来重新配置资源所有权，可是令人遗憾的是，该政策的重点是野生动物的保护和延续，农民社区的生计考量仍是模糊地带。尽管政府管理局授予宾加乡村议会"适当的权威"地位，可与公共区域的农民协商一起保护和分配在其地区开发野生动植物资源的收益；[1]但管理局同时却也授予了国家公园私人运营者（大多为恩德贝莱人、绍纳人和白人）管辖他们领地的全权，这就造成了当局和狩猎运营商，通加人和他们的酋长在分配和使用土地与自然资源上的持续争议。一方面，管理局理应要保证通加人在野生动物园特许权方面获得自然资源的部分权利，以缓解他们对这些地区可能丧失重要资源的担忧，尤其是那些有丰富的资源聚集地的狩猎区，那里不仅有良好的土壤、水源和多种植被，野生水果及对日常生存和传统医药等的发展也至关重要。但与其允许当地人获得特许区域资源的合同协议和承诺相反，野生动物经营者通常以种族主义的形式对待通加人，试图将他们排挤出野生动物保护区。这些经营者会殴打携带斧头进入保护区的通加人，把他们的狗杀死，因为觉得通加人有偷猎的可能。他们采用排斥性的财产制度，即，公园经营者拥有对这块土地的绝对所有权和裁制权，而不用顾忌不同的、非洲传统酋长与村民共享、共管的传统。因此，虽然从理论上来讲动物管理组织（PAC）应该负责管理脱离保护区的野生动物，但因为管理部门批准的狩猎捕猎配额减少，所以他们可能射杀的动物数量也相应减少了。[2]也就是说，除了受到"法律"保护的经营者，无论是当局还是酋长，更无论通加人，都没有可能掌控国家公园。

越来越多的野生动物给通加人的生活带来了实质影响，但即便当地政府或者酋长都没有权力对野生动物保护区内的动物做出任何决定。很多时候村民们需要整夜燃起篝火，不时敲击铁罐，以便让象群远离作物。而在通加人的记忆中，原先的象群一直是和人相安无事的，只是如今象群才开始肆无忌惮地侵犯人的领地。[3]"我们很难找到收入。我们大多数人没有任何收入来源，没有工作。我尽量保留山羊和牛，但狮子等

---

① 1998 年，津巴布韦同时颁布《传统领袖法》（Traditional Leaders Act of 1998）和《农村议会法》（Rural District Council Act of 1988）。前者承认酋长是土地所有者、文化价值的管理者、习惯法和农村自然资源的监护人。酋长们理应照管他们的地区，防止过度种植、过度放牧和砍伐森林。后者规定酋长及其农村领域都从属于国家，国家可以不经过他们的同意对所有的自然资源进行保护和开发。

② Cumming D. H. M. and T. J. P. Lynam 1997. *Landuse Changes, Wildlife Conservation and Utilisation, and the Sustainability of Agro-ecosystems in the Zambezi Valley*, FINAL TECHNICAL REPORT, Vol.1.

③ Chief's Sinasengwe's comments 2009. Binga Farmers Cry Foul over Prices offered by Cotton Buyers. The Zimbabwe Chronicle, Vol.57.

野生动物会来吃它们；我在田地里耕种，但大象会来吃它们。我没有什么可以去市场上换回收入。我没有办法支持我的家人。这就是为什么我经常想到（赞比西）河（过去）的生活。那时，我不会有这些问题。"[1]

三、全球化时代通加人的赋权契机

从 20 世纪 70 年代开始，全球少数民族兴起了争取土著文化权利的运动。1982 年，联合国设立土著居民问题工作组，审查有关促进和保护土著人权和基本自由的情况和发展。1989 年，关于独立国家的土著和部落民族的 C160 号公约签署，再次重申保护土著人民的权利并保证和尊重他们的权利完整性。继之 1995—2004 年成为"世界土著人民十年"。国际上界定的所谓"土著"，一般指的是大民族之外的定居者，一旦获得界定，相关人员就会获得相应的物质补偿。通加的一些政治积极分子利用这一契机，主张在全国范围内为边缘化的通加人谋求更好的生计权。不过，通加人不同意把自己界定为"土著"，而决意将自己置于津巴布韦历史的中心，争辩说他们与过去在不同时期迁入津巴布韦高原的白人、现在津巴布韦主要绍纳族及恩德贝莱族不同，通加民族一直住在该国，只是在漫长的历史中丧失了自然资源的权利话语，尤其是在 20 世纪 50 年代他们的祖辈为卡里巴大坝做出的迁居，但没有得到应有的补偿，因此现在宾加区的所有土地、水和野生动物都应该属于通加人。结合国际上对土著文化的定义，可以显见，通加民族的义愤填膺除了受到国际世界的同情，没有更多的实际成效。由于缺乏进展，宾加几乎完全依靠各种慈善机构[2]的援助过活，但总统穆加贝多次将国外援助指控为"外国势力控制"津巴布韦的"证据"，这进一步削弱了国内外协同应对通加人日益加深的危机的能力。[3]

20 世纪 80 年代中期，基于保护生计和生态的"反坝运动"在国际兴起。在国际河流网络（IRN）的组织下，来自世界 40 余国参与到环境测评和生态综合发展之中。世界自然保护联盟（WCU）设立了世界水坝委员会（WCD），除了分析水坝的社会、经济、政治和环境影响外，还旨在制定国际上可接受的大坝规划、设计、评估、建造、

---

[1] Tremmel, Michael 1994. The People of the Great River: The Tonga Hoped the Water Would Follow them. *Mambo Press*, pp.53, 58.

[2] 拯救儿童（英国）丹麦志愿者服务组织、联合国儿童基金会和一些非政府组织专注于救济，特别是食品救济、学校、道路和灌溉等发展项目。

[3] 〔津巴布韦〕布莱恩等著，张瑾译：《津巴布韦史》，中国出版集团东方出版中心，2013 年，第250—259 页。

运行、监测和退役的标准。世界水坝委员会选择卡里巴水坝作为世界十大水坝之一，作为案例研究，广泛审视水坝的社会、经济和生态影响。①其报告提出：卡里巴水坝不仅让通加人失去了土地、资源和生计，也造成了通加人的文化异化、就业不足、生活水平下降等。当局应为通加人"赋予流离失所者以新环境的管理权，使他们在原有环境中拥有自信和安全的存在"。赞比西河管理局②受到这一报告的激励，于 1996 年提出"诺亚行动重新启动"计划，调研了卡里巴大坝对通加人生计的影响。研究认为，通加人处于穷困的原因是长期缺水、粮食短缺、受到野生动物的威胁，缺乏基础设施。管理局因此确定了一些可以使通加人自我维持的社区赋权项目，包括引进磨煤机、山羊饲养、添置捕鱼设备和建造小型水井及灌溉计划，以缓解消费和农业用水短缺。③1997 年，管理局设立了赞比西河谷发展基金（ZVDF），为赞比亚流离失所者提供个人补偿和协调社区发展项目，并期望从赞比亚政府和津巴布韦政府中筹集一定的活动资金，比如将卡里巴水力发电项目中征收 1% 用于发电的水费。④不过，由于管理局没有法律约束力，最多的是基于道义和社会责任去帮助通加人。截至最近，大众媒体上广为宣传对宾加有大量的援助，但并未在根本上改善通加人的生活。

20 世纪 90 年代末期，津巴布韦开始遭遇经济大衰退。80 年代初的"福利主义"和 90 年代初的"新自由主义"备受争议，直到 2000 年后经济形势更加飞速下滑，至今未得起色。在津巴布韦 2000 年土地改革时期，通加人普遍认为，无论执政党是如何选择种族主义的判断决定的土地分配，这些土地分配从来就不是由白人继承而来的。⑤所以，当政府准备加强对于土地权的重新配置时，一些通加农民开始对周边土地进行侵占，以显示自我赋权的努力。⑥2008 年 12 月，几个年轻的通加人以"需要深切关注的

---

① Soils Incorporated 2000. Kariba Dam Case Study: Zambia and Zimbabwe. report prepared for the World Commission on Dams, Harare.

② 最初是基于中部非洲议会所设想的国内外水力发电项目监理，于 1964 年成立的，1987 年 10 月 1 日在中非电力公司重组之后，管理局再次在赞比亚和津巴布韦议会同时通过立法成立。赞比西河管理局主要负责卡里巴大坝的运行和维护、分析和传播关于赞比西河及卡里巴湖相关的水文和环境信息。

③ Michael J. Tumbare *et al.* 1997. Kariba Dam's Operation Noah Relaunched, Zambezi River Authority, Harare.

④ Leonissah Munjoma 2007. Zambezi River Authority Champions Development in the Zambezi Valley. The Zambezi, Vol.7, No.3.

⑤ William H. Shaw 2007. "They stole our land": Debating the expropriation of white farms in Zimbabwe. Journal of African Studies, Vol.41, No.2.

⑥ 包括思嘉拉/莫拉森林（Sijarira/Mzola forests）、迟特/迟拉雷国家公园（Chete Safari Area and Chizarira National Park）等。

居民们"（Deeply Concerned Residents）为款写信给当局，要求改善通加人和外部援助者的关系，但当局开了几个会议之后通加人还是没有得到 50 年代承诺过的赔偿款。[①] 2009 年，警方发起了针对偷猎者的严缴运动，被称为"查穆扑扑里行动"（Chamupupuri）。但人们很少对此表态，因为护林者和监管人员不必忌讳就可以射杀动物，在法庭上，殴打或谋杀盗猎者的护林者或监管员通常还可以全身而退。至今，在津巴布韦的 55 个地区中，宾加地区还是管理者比较忽视，或被置于发展的最末端的区域。通加人原来的家园已变为拥有巨大发电能力、渔业资源、生态旅游和休闲观光的国家保护区，但通加人从未搭上发展的便车。

2000 年以后，赞比西河进入一个比较短的丰水期，但由于没有充分利用弃水，护坝的冲蚀被再次增加了，卡里巴大坝的安全风险又一次受到广泛关注。近年来，南部非洲降雨量短缺，水库水位较低，致使严重依赖水力发电的赞比亚电力赤字严重，供电局面紧张。2015 年，大坝修复项目再次启动，融资总额 2.94 亿美元，[②] 修复项目包含消力池修复和泄洪道修复两部分，其中泄洪道修复项目竞标已于 2017 年完成，修复项目于 2018 年开工；消力池修复项目目前已经开工，大坝整体修复项目预计于 2025 年竣工。[③] 2017 年底，穆加贝卸任津巴布韦总统，埃默森·姆南加古瓦新任总统。在 2018 年 1 月达沃斯论坛上，姆南加古瓦表示津巴布韦现在是"开放的""要拥抱国际社会，走向未来"。他表示将重点关注津巴布韦的经济，同时热情邀请外国投资者来津巴布韦投资。[④] 与此同时，通加语言正有可能作为本土语言列入当地教育体系中。卡里巴大坝修复等新项目的开动、语言的列选以及新任总统的权谋，有可能是当下通加民族另一个发展的契机。

卡里巴大坝在工程中展现了自然的可塑性，但其代价是原有通加民族特性的被剥夺。从整个非洲的视域来看，以通加人为代表的非洲水利社会的少数民族，在漫长的发展过程中，民族原生的水利社会的所有特征都被殖民化和工业化的特征逐渐取代，

---

① 参见公开信：http://www.mulonga.net/media/ExploitationAndPilfery.pdf。

② 由非洲发展银行、欧盟和赞津两国政府联合融资。此外，世界银行和瑞典政府分别提供 7 500 万美元国际开发协会贷款和 2 500 万美元捐助。转引自商务部网站：《赞比亚时报》，2015 年 1 月 7 日，http://www.mofcom.gov.cn/article/i/jyjl/k/201501/20150100864271.shtml。

③ "1.2 亿美元卡里巴大坝泄洪道修复项目招标，4 家公司入围"，https://baijiahao.baidu.com/s?id=1587806403679108945&wfr=spider&for=pc。

④ "2018 达沃斯｜津巴布韦总统谈后穆加贝时代：将加入英联邦"，澎湃新闻网，2018 年 1 月 24 日，http://www.thepaper.cn/newsDetail_forward_1966678。

而新的现代化特征并没有继之获得，基础设施和基本公共服务要不就是停留在为殖民当局服务的过去，要不就是根本没有发展。通加民族水利社会变迁存留的问题，非洲国家无法与社会形成良性互动的表征，也是非洲民族国家发展和建设急需解决的问题。如今，大多数非洲国家没有足够的财力供给水利等公共物品，导致社会经济的发展需求错位或陷入困境。传统非洲水利社会的解体，新兴的非洲民族国家尚无法对地方和民族形成有效治理，导致了民族和国家的互动无法良性化。一直依赖水利社会生存的非洲少数民族利益难以弥合，国家又无法调配更多资源，国计民生双重凋敝。通加民族的水利社会变迁显示的，正是这样一个面临巨大挑战的非洲政治和经济社会的现状。

第二节　库姆博卡水仪式：变化和传承

一、洛兹族及其水仪式

（一）洛兹族（Lozi）及其创世神话

洛兹族是赞比亚 73 个民族中的一个少数族裔，约占全国人口的 6%。他们大多分布在赞比亚的西南区域和周边的纳米比亚（CapriviStrip）区域、安哥拉、博茨瓦纳和津巴布韦。从名称上来看，也有以下英文指代洛兹族："Lotse""Barotsi""Malozi""Silozi""Kololo""Barotose""Rotse""Rozi""Rutse""Tozvi"。拼写"Lozi"起源于现在纳米比亚的德国传教士的书面记载文献。[1]这个词在"Makololo"语中意为"平原"，意指大多数洛兹族居住在赞比西河的"Barotse"洪泛区。[2]

根据洛兹族的口述史，部落开始于创世太阳神"Nyambe"从天堂降落到"Barotseland"，这是"Lozi"的家园。创世神和他的妻子"Nasilele"（意为月亮）一同来到了"Luyi-Luyana"国王所辖地域。创世神夫妇一直领导着洛兹族，直到他们的女儿"Mbuyu"有了男性继承人，他们才返回天堂。

从语言学的角度推断，因为洛兹族使用班图语系中的"Silozi"语，而这种语系来自中部非洲，所以他们的祖先来自现今刚果民主共和国的隆达王国地区。17—18 世纪，

---

① Appiah, Kwame Anthony; Gates, Henry Louis, eds. 2010. *Encyclopedia of Africa*. Oxford University Press. Vol.2, pp.87-88.

② "Mu-"和"Ba-"对于"Silozi"语言中的某些名词是相应的单数和复数前缀，因此"Murotse"的意思是"平原的人"，而"Barotse"的意思也是"平原的人"。

因为隆达公主布宛芭（Mbuywamwamba）和亲进入赞比亚西部。洛兹民族是在班图迁徙时期进驻到赞比亚的，与之同时的还有本巴（Bemba）等民族。

根据历史记载①，洛兹族最初被称为"Luyi"（意为"外国人"）并讲了一种名为"Siluyana"的语言。他们住在赞比西河上游的平原"Bulozi"。1830 年，一支起源于南非索托巴夫肯（Bafokeng）地区的"Makololo"部族，在赛柏瓦（Sebetwane）领导下②，入侵"Barotseland"征服了洛兹族，并将"Luyi"的名字改为"Lozi"。1864 年玛索洛王朝灭亡，但洛兹人保留了"Lozi"这个名字。③

洛兹社会强调水文政治（hydropolitics），即王国的治理模式高度依赖于赞比西河的季节性变化。每年雨季洪水泛滥时，王室和居民会进行迁徙仪式（Kuomboka Festival），从低洼地区迁往高地。这不仅是一种生存策略，也强化了统治者的权威。

（二）洛兹族发展的现代历史进程

洛兹王国曾经是赞比西河上游泛滥平原上居于主导的部族，因为可以准确地预知季节性降水，在复杂而多变的农业系统和丰饶的牧场之上，兴建了众多农场，运河成功打通了平原地区，并建立了较为强大的政治统治。洛兹民族始终相信王位与土地是紧密相连的，国王的称号利图恩加（Litunga），意为"陆地的统治者"。

强悍的洛兹族人经常掠夺附近的居民，抢夺牲口和奴隶，不少温和的部族，比如叶伊族等，因此迁居到其他地区。不过，洛兹族并非永居不败。因为存在着分裂危机和内族、外族入侵不断交替。1840—1864 年，一个源于沙河和韦特河河间地带的科洛洛（Kololo）部族的侵略，使洛兹族直到 1878 年卢波希·勒瓦尼卡（Lubosi Lewanika）国王时期，才成功结束部落间的纷争和暴乱，建立了一个地域广阔、拥有众多商贸网络的中央集权政体。

1842 年，卢波希国王作为"Barotse"王族和"Senenga"部族的孩子出生了。14 岁那年，他的父亲利蒂亚决定与科洛洛入侵者塞克莱图国王结盟却被杀死了。自此，卢波希立志一定把王族导航向未知的水域。④

---

① Minorities at Risk Project, Chronology for Lozi in Zambia 2004, available at: https://www.refworld.org/docid/469f38f71e.html.

② 原为祖鲁沙卡王 Mfecane 战争逃逸的一个领袖。

③ Reader, John. *Africa: A Biography of the Continent*.

④ Sibimbi Maibiba, Revisiting the Legacy of Lubosi Lewanika King of Barotseland (1842-1916), http://bnfa.info/wp-content/uploads/2016/03/Revisiting-the-Legacy-of-Lubosi-Lewanika.pdf.

1849 年，在利文斯敦的带动下，南部非洲卡拉哈里地区出现了大规模的狩猎贸易热潮，并一直持续到 19 世纪 70 年代末期。这场本土居民与外部白人们的"内部交易"，获益者集中在巴库埃纳族（Bakwena）①、巴恩瓦托族（Bangwato）②、巴恩瓦凯采族（Bangwaketse）③和巴塔瓦纳族（Batawana）④，由于他们都使用茨瓦纳语并使用马匹和枪支，从而形成了松散的联盟。这些联盟组织私人和团体狩猎，加速了白人在南部非洲的延展。

洛兹王卢波希认为，在周边大族恩德贝莱、欧洲传教士/商人、探险家和无休止的白人战争的当下，⑤帝国不仅要基于血缘关系和帝国制度进行统治，也要寻求多方联盟的支持和保护，因此，他决定接受 1886 年抵达巴罗策兰的巴黎福音派传教会的弗朗索瓦·科亚尔建议，前往伦敦寻求维多利亚女王保护，并得到了加冕。值得注意的是，自此之后，洛兹国王一直穿着英国海军服作为王袍，延续至今。

1890 年 7 月，卢波希与英国南非公司（British South Africa Company，BSAC）达成协定：为了获取 BSAC 对"国王和整个国家不受所有外来干涉与攻击"的保护，洛兹王国授予其在约 20 万平方英里土地上进行矿产开发和贸易的特许权。这似乎成为了其在 1907 年申请巴罗策兰成为英国直属保护地的最大掣肘。⑥1911 年，随着北罗德西亚的建立⑦，洛兹国的权力不断削弱，20 世纪 30 年代后期，巴罗策兰的发展越来越差，成为南部非洲矿业和农场的主要劳动力输出地。

尽管洛兹的继任者们仍幻想建立基于部族利益的国家，但民族主义的浪潮最终将

---

① 该部族是茨瓦纳人的一支，名称中的"Kwena"在茨瓦纳语中意为"鳄鱼"，因此巴库埃纳族以鳄鱼为其象征。主要分布于今博茨瓦纳南部地区。

② 茨瓦纳人的一个主要分支，以博茨瓦纳中东部的塞罗韦（Serowe）为中心，是历史上较强大的部族之一，曾由著名国王卡马三世（Khama III）统治。

③ 该部族位于博茨瓦纳南部，以莫莱波洛莱（Molepolole）为中心，曾在茨瓦纳诸国中扮演重要角色。

④ 巴塔瓦纳族是巴恩瓦托族的一个分支，18 世纪末期从主族中分裂出来，迁徙至奥卡万戈三角洲（Okavango Delta）地区，并建立了相对独立的政权。

⑤ 当时局部战争包括 19 世纪 80 年代的英国-布尔战争以及祖鲁兰、马塔贝莱兰、科萨兰战争等。

⑥ 具有对比价值的是，今博茨瓦纳前国王卡马三世也曾寻求过英国支持，1885 年建立贝专纳保护地（Bechuanaland Protectorate），之后便一直采取了完全"忠于"英国的立场，不仅拒绝和罗得斯合作，且在 1899—1902 年的英国-布尔战争期间，守卫英国的通信线路立下战功，1910 年成功独立于南非的白人联盟。但是，巴罗策兰仅有 12.6 万平方千米，只相当于贝专纳面积的近 1/5，地域更小且民族众多，也许也是英国没有一开始就纳入保护国的原因。

⑦ 包括巴罗策兰、西北罗德西亚和东北罗德西亚的两个早期保护区，1924 年后成为英国直辖保护国，并终止最初由英国南非公司所订立的各项规定。

其纳入到 1964 年成立的赞比亚共和国中。1965 年,洛兹酋长姆瓦纳维纳(Mwanawina)邀请卡翁达参加库姆博卡(Kuomboka)仪式。这是赞比亚成为民族独立国家后第一次举办,象征了国家的团结和对传统的尊重。正如《中部非洲邮报》的社论所写,"当卡翁达总统与姆瓦纳维纳·勒瓦尼卡一起走进纳里卡万达的一刻,巴罗策兰纳入赞比亚的最后一个印章就被敲定了"。[1]也因此,库姆博卡水仪式不仅兼具传统水仪式的特征,而且具有特别的历史象征意义。

二、库姆博卡水仪式:非洲水仪式的变化和传承

(一)非洲水仪式的历史沿革

对非洲与水有关的仪式有各种各样的解释,与历史相关的一个强有力的解释就是气候改变和班图人迁徙。因为从非洲的传统来看,水供给是非洲土地内在价值的关键。非洲统治者往往会因为是否拥有祈雨的能力,或祈雨能力的大小来确定所辖区域的领土面积。[2]

公元 200—600 年,南部非洲农耕社群在当地气候温暖湿润,而这些存在于南部非洲的丰富食物、水和资源,足以接纳持续流入的、来自北方移民的生计。[3]此时,东部非洲复杂的陶瓷文化开始在东非定居的村庄兴盛,这代表了当地农业、畜牧业与冶金业的共同发展。但因为使用木炭烧铁、冶炼,人们开始大量砍伐森林,当地生存条件也开始改变:由于没有可持续性的资源,大量人口开始移居。来自干旱地区的气候难民们往往要寻求有充足和持续降雨的地方立足,对是否拥有土地所有权是次要的。雨水充沛的地方,移民容易重新定居。

(二)库姆博卡水仪式

库姆博卡是洛兹语中的一个词,原意是"离开水"(to move out of the water)。库姆博卡仪式具有丰富的历史背景,是洛兹族在每年赞比西河洪水即将泛滥前的迁居仪

---

① Jack Hogan 2014. What Then Happened to Our Eden? The Long History of Lozi Secessionism, 1890-2013, *Journal of Southern African Studies*, Vol.40, No.5, pp.907-924.

② Alcock P. G. 2010. Rainbows in the mist: Indigenous weather knowledge, beliefs and folklore in South Africa. *South African Weather Service*, p.198.

③ Parsons E. 2008. Learning contexts, black cultural ethos, and the science achievement of African American students in an urban middle school. *Journal of Research in Science Teaching*, Vol.45, pp.665-683.

式。每一年，季节性洪水都会将马洛兹的农田变成大湖，这时洛兹国王利屯加（Litunga，意为"地球的守护者"）就会从他在赞比西河巴罗策兰洪泛区的国王夏宫利鲁伊（Lealui）搬迁到高地上的国王冬宫（雨季行宫）利姆伦加（Limulunga）。

根据洛兹族的口头传说，在第一个已知的男性首领穆步（Mboo）出现前，曾有一场名为"吞噬一切的水域"（Meyi-a-Lungwangwa）的大洪水，这导致了所有动物死亡，农作物和居所都被冲走。人们在慌乱之中乘小独木舟逃离，这时伟大的亚布神（Nyambe）授意让名叫纳卡姆贝拉（Nakambela）的人建造了一艘伟大的独木舟：纳里卡万达（意为"为了人民"），成功地逃避洪水。每年，当驳船队抵达利姆伦加高地时，天空都会聚集起乌云，开始下雨。仪式一般在满月时进行，据说这有助于接受到上天赐予洛兹王的神力。

整个仪式一般分为五天进行。[1]

第一天，王室之鼓点。王室的毛玛鼓（Maomadrums）会震天敲响，回响在王宫周围，宣告库姆博卡仪式即将来临。到晚上的时候，女性会大声喊叫周告四方即将离去，告诉居民们这样做是为了使他们免受洪水的痛苦。最先的鼓点必须由洛兹王（或者他的代表）敲响，以表示免受洪水烦扰，并呼吁皇家桨手在巴罗策兰皇宫集合。然后鼓会交由纳塔莫约（Natamoyo，首席大法官）、王室成员和因杜纳斯（Indunas，当地酋长们）各个敲响。之后，洛兹王将回到他的宫殿。直到晚上 11 点，前来庆祝的人络绎不绝。在这种持续不断的鼓声下，其他庆祝活动也将展开，包括女性桨手与男性同伴之间的皇家皮划艇比赛等。

第二天，赋予神力。皇家姆博安吉卡纳（Mboanjikana，洛兹王的姐妹）进行扩充后宫的选拔。并将从长尾寡妇鸟的光泽尾巴中拔出一根羽毛，赐予桨手提供前方长途旅行所需的力量。[2]在接受他们的羽毛之前，皇家桨手参加宫殿的进修课程。之后，当地的酋长会向每个桨手展示他们的仪式头饰，每个头饰都配有王室早先采摘过的羽毛。当天下午，桨手们集合并按照划桨的王室驳船的数量和大小，核对库存、分配桨手。当晚，皇家桨手们将在夏宫度过夜晚，远离他们的妻子。根据洛兹礼仪的传统，皇家桨手在登上独木舟之前不能和妻子同房。

---

[1] 基本按照当地官方认可的仪式流程进行梳理，参见：http://www.barotseland.info/KUOMBOKA_CEREMONY.htm；https://timeandtideafrica.com/story/the-kuomboka-procession。

[2] 2—4 月，这个品种的雄性在它们的尾巴上长出优雅、有光泽的黑色羽毛，以帮助吸引雌性。以一夫多妻的方式交配，顶级雄性可以在其领土内拥有多达 10 个不同的巢穴。洛兹人得出的结论是，任何有这么多"妻子"的男性都必须具备很强的实力。

第三天，"KUOMBOKA"日。清晨，仪式鼓敲响（Mwenduko，也被称为 Mutango 或 Ililimufu），通报所有的一切都是为了旅程，洛兹王在这一天将不再在夏宫过夜。太阳出来时，库翁博卡就会被带到纳莫奥（Namoo，仪式集合点），在那里它将靠在一个特殊的杆子上。这次鼓将面向东方的一个明显的定位点。桨手们再次在库塔前面以接收最终指示，其他桨手将携带图亚米（Tuyami）并将其装载到皇家驳船中。之后，嘉宾到达并被带到卡尚迪（Kashandi，贵宾休息厅），等候洛兹王到达。

在与贵宾会面后不久，洛兹王会走出宫殿到纳尤玛（Nayuma）港口，并向当地的酋长们（indunas）以及将要留下并照顾村庄的人们挥手告别。

之后，洛兹王就会乘坐被称为纳里卡万达的驳船渡河。纳里万达被涂成黑白色，和赞比亚国徽旗帜的颜色相仿，其中黑色代表洛兹人，白色代表灵性。在船夫用粉末驱邪，并把一个正冒烟的火盆（象征着高地也有神圣火焰）抬到进行仪式的船上后，他们会随着西林巴木琴（silimba）、鼓声和歌声的节奏一起将神圣之船驶向目的地。乐手们开始弹奏名曰伊富瓦（Ifulwa）的曲调，表明旅程已经开始。

纳瓜瓦（Nengwawa，歌手）最终宣告出发的歌曲叫作恩丹达姆瓦里耶（Ndandamwalye，团结之歌），它描述了伟大的纳里卡万达独木舟是如何通过所有人的合作统一建立起来的；然后大家唱着阿马拉博（Amalabo，皇家桨手颂歌）歌曲，称赞皇家桨手的力量、勇敢和机智。这时，巫师林贡博蒂（Ling'omboti）穿着带有白色头巾的白色大衣，将手放在皇家驳船上，在林贡博蒂曲调中一起出发。

驳船上有一个巨大的黑象复制品，[①]在船内可以控制其耳朵的转动。在行进过程中，船上会点燃火烟祈福国王身体康健。王后则坐另一驳船，船顶有一个巨大的牛背鹭（Nalwange，鹤状），翅膀像大象的耳朵一样可转动，上下翻飞。

独木舟终于出发，其他较小的驳船将加入并将迅速以交替的方式行进，在主驳船两侧交替出现漂亮的圆圈。

音乐在游行中扮演着一个迷人的角色，象征着王权和民权之间美丽、复杂的交流形式。皇家桨手不断唱歌，旋律根据小组的需要而变化。在行进中，驳船将播放其余的几个旋律：西科塔·穆图姆瓦（Sikota Mutumwa）歌曲赞扬了第一批皇家独木舟制造商的领导者和主管；卡瓦比莱（Kawabile）称赞洛兹王。这些旋律一直是根据当时的情境产生，一旦观察到桨手没有与其他桨手一致，那么这首歌会突然变为马卡布拉（Macabula），以提醒慵懒和不熟练的桨手。按照传统，如果经提醒仍未能赶上节奏的

---

① 昔日，这是一只大象的标本，口里还有长长的象牙。今天，它则由黑色塑料和木材制成。

桨手将从独木舟转移到其他驳船，否则将被扔进水里。乐手们还分别演奏无伴奏音乐：利肖马（Lishoma）、姆温杜科（Mwenduko）、曼贾比拉（Manjabila）、伊富瓦（Ifulwa）、西卢亚纳（Siluyana）等，是随意唱的赞美和颂词。当然，鼓点也会提供休闲的节奏，让旅行者放松心情，随着牛背鹭载歌载舞。中途，船队将会在不同的小港做短暂停留，享受传统的洛兹餐肉和一种用酸奶制成的厚玉米粥（ilya），给桨手补充体力，到达纳里卡万达码头时，男人们将向皇室致敬，低头鞠躬，唱诵"Kushowelela"曲调，而女人则唱歌和跳舞，曲调名为利因巴（Liimba）和利梅卡（Limeka）。

一名长者会站在皇宫大门外、水深及腰的地方，唱诵赞美洛兹王的祷文。男女老少这时都希望争先一睹国王的风采，并欢呼着把洛兹王送向冬宫。

晚上 10 点左右，毛姆鼓声再次响起。

第四天，从早上 4 点开始，毛姆鼓敲响，直到早上 6 点，首相（Ngambela）、皇室成员和桨手等向来宾致意，十分钟后，王室成员出现，欣赏舞蹈。上午 9 点，各种类型的歌舞表演呈现，直到下午 1 点休息一个小时继续表演。下午 3 点洛兹王从库塔到达卢塔泰（Lutatai，皇家馆），4 点男性表演的舞蹈开始，下午 6 点，洛兹王离开皇家馆，进入良甘巴（Lyangamba，仪式集合点）。

第五天，表演流程和第四天类似，但下午 4 点之后的舞蹈由女性表演。

三、洛兹水仪式的文化内涵

（一）展现了人-环境的相互作用和适应

巴罗策兰人民与其环境的相互作用导致了各种适应，他们根据洪泛区特点，建成了用于定居和耕种的土墩，并在之上进行居住、耕作、埋葬等活动。人们还发明了传统的堰（malelo），用于捕捞洪水消退时剩余的鱼类。同时，堰还作为两个或多个土墩的连接。并组成了独特的运河景观系统（maabwa），兼具运输、导航和从平原泄洪的作用。这种名叫姆瓦约瓦莫（Mwayowamo）的运河系统非常灵活，从利姆伦加港口延伸至雷阿鲁伊（Lealui）港口。另一条运河沿着平原河岸从利姆伦加延伸到塞富拉（Sefula）。

洛兹族依靠世代相传的知识，耕种并预测洪水何时会来。洛兹人的农业活动与森林边缘平行，通过平原运河包括侬戈（Nonge）、卢比塔梅伊（Lubitameyi）、桑贾利（Sanjali）及其支流等种植耐水作物：如小米、南瓜、卢克沙、木薯、姆纳纳纳（munanana）等。又比如沙滩上的沙粒颜色变啡，知道有洪水来临，又或者凭月亮的位置和水位，知道何时要迁走。但是因为气候变化的原因，一向用来预测洪水的传统方法不再奏效，原先在 3 月举行的仪式因为降雨等因素，往往会延迟到 4 月。另外，由于近年水位不确定，航行时间也变得不确定。往年有时需要 8 个小时，但近年来有时更慢，有时则只需要 5 个小时就可以完成航行部分的仪式。[①]

季节性水患和突如其来的洪水，一直是洛兹族需要面对的问题。如果遇上暴发的洪水，人们愈来愈难去计划什么时候迁离，特别是如何带走牲口。对于贫穷的农夫来说，这无疑会令其生活更加艰难。同时，洪水每每在农作物收割前来到，人们迫不得已要离开被淹没的农地，而水井和厕所同被水淹，更令疾病迅速蔓延。因此，洛兹人如今在思考的一个重要问题是：永久性地迁居至高地，受到卡拉哈里风沙影响（有无多元化生计可以选择）；或者继续在肥沃但难以预测的泛滥平原上，过迁徙的生活（有无准确预测洪水的能力）。

（二）民族凝聚力的提升

库姆博卡水仪式一直是号召各部落前来祈求护佑的仪式，一直是增强彼此的认同和链接的重要事件。近几年，在节日前，西部省份泛滥平原中心地带的莫古（Mongu）就会开始庆祝活动，因为来自首都卢萨卡的重要人物及其他省份的酋长将陆续抵达，与之同时进入的还有村民们，他们也将戴上红色贝雷帽（lishushu），穿上传统服饰（siziba），驾着自制的木筏（Mukolo）驶来。

当仪式准备就绪，尤其是水深已经能够载动驳船后，先遣三艘船探路后，皇家船艇上的男人们就会开始划船。在过去，划船者若跟不上划艇的节拍，都会被扔进水里，但这种事现在没有了，但现在与之前不同的是，因为气候变化的原因，流域一直都有变化，这让行船之前的注意和排查的环节显得格外重要。

随着水仪式申遗成功，其得到的世界关注和享誉度也越来越多。不少参与者在受访时认为，库姆博卡水仪式不仅增加了他们对于民族历史的认识，而且在仪式中切实地与族人进行了交流和沟通，让彼此更加紧密地连接在一起。

---

① 纳西莱莱（Nasilele）的口述访谈，欧潘科西·M. G.（OupaNkosi M. G.）作品，转自妮可·约翰斯顿（Nicole Johnston）的《气候变化、大象船与古老传统》，参见：https://mg.co.za/multimedia/2010-05-06-a-changing-world-for-zambias-lozi-people; http://barotselandpost.com/top- stories/the-2017-kuomboka-of-barotseland-as-captured-by-cnn。

（三）作为世界文化遗产的成功申报

巴罗策兰地区包含洪泛平原、村庄、土墩和运河系统的整个系统是多年来存在的复杂生态系统和相互作用的独特范例。整个地区也为各种植物、鱼类和动物提供栖息地，并于 2009 年被纳入世界景观遗产，这是库姆博卡水仪式成功延续的重要外部助力。世界景观遗产将水仪式开展的巴罗策兰地理延展范围界定为：在海拔 914—1 218 米，向南轻轻倾斜的平坦高原（S1350-E2245；S1640-E2345）。洪泛区从赞比西河与北部的卡邦波（Kabompo）和隆韦邦古（Lungwebungu）河交汇处延伸至南部约 230 千米处，位于塞南加（Senanga）以南的恩戈涅（Ngonye，当地语义为"炸弹""彩虹""像靶子一样"）瀑布上方。宽度超过 30 千米，在最宽的地方达到 50 千米，位于平原的主要城镇芒古（Mongu）的北部。水仪式开展的平原主体覆盖面积约 5 500 平方千米，但考虑到几条支流的泛滥平原时，最大洪水面积为 10 750 平方千米，作为赞比亚第二大湿地，巴罗策兰洪泛区仅次于邦韦乌鲁（Bangweulu）湖系统，不同之处在于此处还拥有大型永久性湖泊和沼泽，以及每年都会变干的小型区域。巴罗策兰北部和东部存在常绿森林（Cryptosepalum，植物学术语"隐萼属"，在此指干燥森林）的斑块，多年来，土壤主要是在经常淹没的平原上冲积，在沙质和黏土、壤土之间达到平衡。

在 1—2 月的雨季高峰后约 3 个月，洪水泛滥发生在洪泛区。洪水通常在 4 月达到峰值，并在 5—7 月之间退去，当暴露的平原上的草很快生长。在 11 月河流最低的水域，洪泛区仍然包含约 537 平方千米的潟湖、沼泽和水道。由于洪水留下了肥沃的灰色到黑色的土壤，覆盖了卡拉哈里沙滩，富含洪水沉积的淤泥以及初始洪水造成的植被腐殖质，还有腐烂的水生植物留在泥中干涸，它们提供了良好的土壤。随着洪水的消退，潟湖、沼泽和牛轭湖中留下了可供牲畜维系生存的水。

库姆博卡水仪式巧妙地把生态、建筑和文化都结合起来，不仅通过季节性的仪式开展，稳定了所依托的运河系统、平原运输和排水系统、人造土堆等客观存在（直至今日，这些都是洛兹族社会经济生活的中心），而且通过凝聚不同部族的民众，在实际上为几个世纪的文化传统或文明的延续和维持作出了积极贡献。

库姆博卡水仪式不仅证明了洛兹人的文化和传统，也在实际的开展中，呈现了除了征服之外，各种族群体融入文化主流的过程，但关键是他们在其中并没有失去他们的身份和认同，是一种多样性的统一。库姆博卡水仪式是这种团结的最好呈现。在仪式期间不同种族群体扮演的各种角色很明显。例如，光瓦（Kwangwa）专注于所谓的库洛卡（kuloka），赞美国王以及巴罗策兰的财富，用一种称为卢亚纳（Luyana）的语言，仅由皇家圈子中的少数人说出；姆本达擅长哀嚎（ululating），而恩科亚（Nkoya）是最好的鼓声。这些角色已经随着时间的推移得以保留，并且至今仍然存在。

第三节　莱索托高地计划（LHWP）：参与和干预

一、缘起：水的利益共同体

现今莱索托王国的疆域边界，形成于 19 世纪 20—30 年代。19 世纪初，非洲南部部落之间为了争夺土地与水源，开始相互征战。1818 年，当北方的祖鲁王国在逐渐称雄之时，南方的一些分散在现莱索托[当时称巴苏陀兰（Basutoland）]南部的小部落也被莫舒舒酋长征服，并在 1822 年统一为单一政治实体。1823—1868 年，莱索托人与布尔人和英国人都爆发了小型冲突，后停战达成和平协议。1867 年，巴苏陀兰成为英国保护国。1966 年，巴苏陀兰独立，莱索托王国成立。

莱索托山区水资源较丰富，地面水达 3.4 亿立方米/年，流量达 150 立方米/秒，但目前利用量少于 2 立方米/秒，预计水电蕴藏量 4.5 亿瓦。南非豪登省的约翰内斯堡和首都比陀等城市约 1 000 万人口是缺水地区。20 世纪 50 年代，当巴苏陀兰政府委托开普敦的工程公司（Ninham Shand）进行调研时，当局考虑到了在山区建设一个大坝，从而为南非工业大幅增加供水的重要性。尽管这个计划在经济上是可行的，但随着时间的推移，拟议的水转移计划在区域和国家政治方面获得又失去了动力。

直到 1986 年，同时发生了很多个巧合事件：莱索托与南非之间的紧张局势、外交斡旋、莱索托政变等。但无论如何，莱索托和南非建立了半国营机构：莱索托高地发展局（LHDA）、跨喀里多隧道管理局（TCTA），以及一个联合常设技术委员会（JPTC），来应对高地计划的不同挑战。1986 年，莱索托高地水利项目（LHWP）由莱索托与南非两国政府共同设立和管理，并在其下设莱索托高地水利委员会（LHWC），由两国各派代表组成，莱索托高地开发局和南非的输水管理局（TCTA）也参与其中。两国于同年签署协议，启动需 30 年分五期完成的巨大水利工程，总投资预计超过 160 亿美元，输水量可达 70 立方米/秒。主要是将莱索托奥兰治河水系通过一系列水利工程将水输送到南非豪登省用于工业和生活。同时莱索托还计划建设水电站，充分利用水电资源解决严重缺电问题。

在实施高地计划之前，瓦尔大坝已经有了瓦尔河等河流的补给，高地计划是作为连接瓦尔河系统与南非境内外其他河流流域的许多重力河流设计存在的，其他的项目包括来自奥兰治河的额外水转移图拉盖项目（TWP）等。[①]然而，随着南非不断增加的水需求，人们意识到南非的经济核心在威特沃特斯兰德，这里将急需水资源，因此高地计划改变了其项目主旨：从为金矿区供应水源转移到区域供水。

不过，至少从 20 世纪的第一个十年开始，高地水源下游的农民就总抱怨说，莱索托人并没有令人满意地"管理"他们的环境，因此导致了淤泥越来越多，而水坝很快就堵塞了。[②]

如今，这个耗资数十亿美元的项目将从各种来源获得资金，其中包括世界银行和非洲开发银行等。根据协议条款，LHWP 将向南非提供水，并向莱索托提供电力。

1998 年，南非总统曼德拉宣布莱索托高地项目"取得了巨大的成功"之后（LHWP 的 IA 计划完成），卡茨（Katse）大坝投入使用，时任南非水务和林业部长的卡德尔（Kader Asmal）将高地计划描述为该地区"复兴"的一部分。[③]1998 年 1 月起，高地计划开始向南非的瓦尔河系调水，并在莱索托发电。一期一阶段工程的投资约为 16 亿美元，二阶段约 7.8 亿美元。工程的全部投资最终通过向法尔河系用户征税来回收。通过一期一阶段工程，当局修建了道路、桥梁、卡茨坝和穆埃拉（Muela）坝，打通了大坝至阿什（Ash）河口的穿山输水隧洞。一期二阶段工程于 2003 年完工，包括莫哈莱（Mohale）坝及输水隧洞，马特苏柯（Matsoku）堰和输水隧洞。这两座坝将水引到卡茨坝。卡茨坝是主体水库，库容 195 万立方米，坝高 185 米，为混凝土双曲拱坝。[④]

在莱索托，高地项目同样享有盛誉：被认为是基础设施、电力和就业机会的提供者。由南非支付的水资源费不仅给南非扩展出工业基地、住房开发和更多的就业机会，也为莱索托广大农村地区的开发提供了资金来源。然而，高地计划也伴随着很多持续至今的现代发展争议：比如因为大坝项目而迁居的本土居民、高生态成本、腐败商业

① Ashton P. 2000. Southern African water conflicts: Are they inevitable or preventable? In Solomo H. and Turton A. R.(eds), *Water Wars: Enduring Myth or Impending Reality?* ACCORD.

② Thabane L., Thabane M., Goldsmith C. H. 2006. Mentoring young statisticians: Facilitating the acquisition of important survival skills. *The African Statistical Journal*, Vol.4, pp.31-42.

③ Addison G. 1998. A case of dam it and be damned. Saturday Star (Johannesburg). https://www.water-alternatives.org/index.php/allabs/114-a3-3-4/file.

④ 马小俊，摘译自英刊《世界水和环境工程》，1999 年 7 月。

行为等。①不过，莱索托高地计划非常清楚地说明了整个南部非洲强大的社会向心力，展现了一种通过国家权力，签订条约和合同，社会互利项目分享水资源的方法。共享的水利益通常超越了特定的制度形式。而围绕莱索托高地计划的这些议题，对话至今都在进行。

莱索托高地计划的顺利推行同样也证明了在南部非洲的政治历程中，水在国家建设中的核心作用。②在这个过程中，发展与政权是专制或民主似乎关系不大，重要的是整个社会力量的较量。

二、水利合同利益相关方的扩展

从整个非洲的历史上来看，巴苏陀兰（莱索托）是非洲辅助先锋队（高级别委员会领土）和防御工事的军人及技术人员的"产地"，在整个非洲的"人口素质"较高。③因此，当准备开始建立一个较长地域的输水项目时，莱索托高地输水项目在地理优势之外，也给施工者带来了重要的技术和工程的信心。1988年，转型资源中心（TRC）根据莱索托教会领导人要求的一次研讨会后，开始与莱索托高地的社区密切合作，着重推进项目在改善环境、社会政治和经济方面的成效，尤其关注那些生活在高地的居民，几个方面的人士随后成立了高地教会团结行动小组（HCSAG）。④

来自社区利益集团的各种利益集团都参与了高地计划。利益集团联盟在公共利益游说团中受到欢迎，因为为了实现公共政策目标，联盟被定义为群体之间的明确工作关系。因此它们不仅参与到对环境以及生活在大型水坝项目中，也为向高地计划提供部分资金的世界银行/南非政府以及项目当局，特别是 LHDA 和隧道管理局（TCTA）

① Pottinger L. 1998. Lesotho dam's sea of debt could drown regional water conservation efforts. *World Rivers Review*, International Rivers Network, www.irn.org/pubs/wrr/9806/lesotho.html.

② Swatuk L. A. 2010. Water alternatives. *The State and Water Resources Development Through the Lens of History: A South African case study*, http://www.scopus.com/inward/record.url?eid=2-s2.0-78649452146&partnerID=MN8TOARS.

③ 巴苏陀兰多个矿山的自动钻机和炸药，及其开发经验被认为是盟军获胜的法宝。Norman Clothier, The South African, Military History Society, Military History Journal. Vol.8, No.5, THE ERINPURA: BASOTHO TRAGEDY, http://samilitaryhistory.org/vol085nc.html.

④ Richard Meissner, Coming to the party of their own volition: Interest groups, the Lesotho Highlands Water Project Phase 1 and change in the water sector, http://dx.doi.org/10.4314/wsa.v42i2.10; Available on website http://www.wrc.org.za, ISSN 1816-7950 (On-line) = Water SA, Vol.42, No.2, April 2016.

等群体，做出相应的协调。

不过，与官方更注重积极、乐观、可持续的项目影响力宣传不同，利益集团更侧重描述项目施行中的阻碍。其中，HCSAG 组织侧重项目的环境和社会影响，他们不仅为当地社区提供咨询和宣传服务，还成立了一个监测和评估机构，就环境退化、性别敏感性、补偿和重新安置过程等各方面与官方协商。另外，来自美国的国际河流网络（IRN）和环境防御组织（ED）、世界银行和 LHDA 也参与到与 HCSAG 的合作中来。1996 年 7 月，HCSAG 还与 LHDA 共同促成了利益集团与 LHDA 之间的联合研讨会。

人权问题在利益集团的宣传运动中发挥了关键作用。尤其在布塔-布泰（Butha-Buthe）事件发生后，人权问题的阐述得到了加强。布塔-布泰是莱索托的一个小城镇，也是布塔-布泰区的首府，海拔高 1 707 米，人口为 35 108 人（2016 年人口普查）。它以城镇北部的布塔-布泰山命名，在赫萝斯河（Hlotse River）之畔。1821—1823 年，这里是莱索托和祖鲁王沙卡对战所筑的防御工事和总部所在地，1884 年建城，城市在当地名义为"休憩地"（lying down）。1991 年 5 月，在莱索托银行雇员联盟（LUBE）代表的银行与雇员之间发生了劳资纠纷。1996 年 9 月 14 日，警察在布塔-布泰村杀害和伤害罢工工人。这是在莱索托高地水利工程布塔-布泰工地长期存在的劳资纠纷的一个直接反映。这次事件首先是被解雇的工人被叫到大院接受最终工资开始的，但在他们获得报酬之前，武装警察命令他们驱散，并造成人员伤亡。事件继而引发了当地非政府组织、人权工作者、受害者亲属和国际特赦组织的高度关注，并认为内部调查需要更加充分和公正。[1]莱索托的利益集团，特别是莱索托非政府组织理事会（LCN）强烈反对警方与工人的对抗。LCN 发布新闻声明，谴责警方不当行为。莱索托利益集团与 IRN 和法国电力公司联系，请求他们向莱索托利益集团的成员发出声音，呼吁在此事上伸张正义。他们一起呼吁世界银行进行斡旋，敦促莱索托政府和 LHDA 对此事件采取适当措施。世界银行于 1996 年 10 月访问了莱索托。目的是确定发生了什么事，并对事件进行彻底的研究。随即，向世界银行提出申诉的各个利益集团发表了讲话，以表明世界银行的公正性。虽然利益集团要求国际委员会管理局赔偿损失。但最终，这些目标未能达成。[2]

1997 年莫哈尔（Mohale）大坝开始工作之前，第 1B 阶段的一部分村民在莱索托

① https://www.refworld.org/docid/3ae6aa046c.html.
②《莱索托高地水项目条约》第 18 条第 7 款，1986 年，第 27 页。

高等法院对 LHDA 提起诉讼，索赔人要求法院"宣布该项目的运作违反我们的权利"，并指示 LHDA 提供参考书，或在项目当局拒绝时停止施工。在这种情况下，使用诉讼成为一种有效的策略，因为判决可以立即停止某个特定的项目，而个人接触和游说可能需要更长时间才能实现变革。①

年底，当社区写信给世界银行和 LHDA 要求他们为他们的牲畜提供饲料，IRN 和 ED 也在同时讨论了公共土地的补偿问题。莱索托高地水项目的政治和地缘政治影响问题首次成为该信的主题。其原因是 SADC 领导了对莱索托的军事干预。这一行动使利益集团意识到该项目的国际政治影响。例如，1998 年 9 月 SADC 领导的莱索托干预是历史上第一次真正的"水资源战争"。

1998 年底，HCSAG 的一份请愿书被送到世界银行和水务和林业部（DWAF）。请愿书指出，生活在卡茨大坝周围的人们没有收到饲料作为牧场损失的补偿。问题突然从"不能建设"变"小"了，有人认为这可能是由于 1998 年左右的莱索托内外部的政治环境所致，但利益集团突然放弃了说服当局推迟水库第 1B 阶段的努力，转而和政府机构之间进行互动和更高水平的合作。②

转变就此发生。利益集团与 LHDA 在同一年签署了一份谅解备忘录（MOU），在承认 1986 年 LHWP 条约基础上，提出南非和莱索托有法律义务保护受 LHWP 影响的人民和社区的福利，莱索托多个基层组织参加了这一具有重要象征意义的活动。③

谅解备忘录中最重要的部分之一是合作原则。与协议中的其他原则一样，这些原则的任务是指导框架协议中规定的各方的合作努力。这些原则不仅概述了 LHDA 与利益集团之间关系的性质，还概述了利益集团在与受影响社区打交道时所采取的方式。第 6.1 和 6.2 节是概述关系性质的原则：

"（6.1）LHDA 和非政府组织承诺在确保彼此和受影响社区的交往中确保诚信，相互尊重，透明，问责，高效，充分披露和获取信息。"

"（6.2）非政府组织承诺以确保对受影响社区负责的方式开展工作，确保在实施本谅解备忘录第 5.0 节确定的合作领域内的具体计划时的诚信，有效性和问责制。从

---

① Hjelmar U. 1996. *The Political Practice of Environmental Organisations*. Avebury, Ashgate Publishing, p.69.

② Pottinger L. 1998. Lesotho dam's sea of debt could drown regional water conservation efforts. *World Rivers Review*, Vol.13, No.3. http://www.irn.org/pubs/wrr/9806/lesotho.html.

③ Nicholas Hildyard. The Lesotho highland water development project: What went wrong? http://www.thecornerhouse.org.uk/resource/lesotho-highland-water-development-project-what-went-wrong.

事本谅解备忘录管理的 LHWP 计划的非政府组织应有能力按照普遍接受的技术、惯例和专业精神，尽职尽责，高效率和经济地履行其义务，并应遵守健全的管理和技术规范。"

同时，各方制定管理合作关系的行为准则，可适用于代表受影响社区开展的活动。[①]于是，政府、项目当局和特殊利益集团之间的协同，似乎成为未来世界各地大型水坝项目的一种典范。

LHDA 与利益集团之间关于 LHWP 的谅解备忘录的签署，代表着水利合同理论的第三次转变。这种转变似乎是利益集团与实施项目的当局之间不匹配的资源使用观念的协同。值得注意的是，和卡里巴大坝对于动物权的关注不同，水利资源的转变是人类社会之间协议的延续，并不包含环境和动物权利。尽管在谅解备忘录中提到了生态学。但是，由于环境和人权利益集团直接和/或间接参与了项目，有关环境的问题可能会获得动力，并朝着全包的环境权利伦理的方向发展。因此，第三次转变来自一个非正式的亲水合同，包含新的社会良知的要素，以及政府和非国家行为者之间正式达成的协议，阐明了水资源管理中的环境和功利义务和原则。

三、国际水合作协议与争议

莱索托高地计划的利益相关方扩展之后，该项目已经具备的国际输水、能源交换、贫困改善等多维复杂维度再次升级，成为水资源介于社会契约理论中[②]的一个不可多得的案例。国家（LHDA，TCTA 和世界银行）创建的特定国家和机构的政策，受到多方面、多维度的挑战。除了莱索托的利益集团外，在南非，相关的反对 LHWP 的利益集团包括：环境监测组（GEM）和非洲地球生活组织（ELA）。有趣的是，来自莱索托和南非以外的利益集团也参与了 LHWP，后期甚至比莱索托的利益集团还要多。

每个利益集团都在自己的层面表达着自己的不满与需求：不仅莱索托的利益集团表达了对 LHWP 的不满，少数南非利益集团也表达了对 LHWP 的关注。亚历山德拉市民组织（ACO）与南非国家公民组织（SANCO Soweto）合作表达了他们的不满，

---

① 《谅解备忘录》，1999 年，第 5 页。

② 社会契约论（The Social Contract or Principles of Political Right），是 17 世纪和 18 世纪最有名的政治理论，其主要代表人物是霍布斯、洛克、孟德斯鸠和卢梭。笔者有专门的文章叙述，不在此赘述。

并认为 1998 年 3 月部长已向他们承诺,即 LHWP 的其他阶段(第二阶段到第四阶段)不会按计划进行。①但这显然是不切实的,项目继续推进。于是在 1998 年 10 月 11 日举行的 ACO 住房研讨会上,与会者认为要继续开展反对 LHWP 的活动。因为他们在当年 5 月向世界银行提出申诉,认为需要复审种族隔离时代项目没有得到回应。他们敦促世界银行推迟该项目的第 1B 阶段,因为花在莫哈尔大坝上的钱已经导致豪登省的水价上涨,并消耗可用于修复漏水管道和水龙头的资源,不能为所有居民提供服务并创造就业机会。

在反对 LHWP 的各个利益集团中,外国利益集团似乎更为强烈,这也是非洲其他问题中共有的、独特的现象。在 LHWP 项目中,有两个利益集团的观点特别突出:国际河流网络(IRN)、环境防御(ED)。与当地利益集团一样,IRN 在反对 LHWP 的运动中表达的第一个问题是卡茨大坝对居住在水库周围地区的社区的影响。根据国际新闻网的说法,大坝造成了社会问题,当局没有给予必要的关注。IRN 提出的问题是莱索托当地人的经济补偿、重新安置和重建生计。②IRN 在自己的《世界河流评论》中发表了反对 LHWP 的大部分论点,尤其自 1995 年以来,该组织与教育署一起在该期刊上发表了大量文章和简报。在 1998 年 12 月的《世界河流评论》中,IRN 和 ED 侧重于世界银行缓慢适应世界日益重视可持续水资源管理的问题。根据 IRN 和征求意见稿,世界银行对大型基础设施项目存在偏见,这些项目促进了不可持续的、不公平的水管理,这是"未来水战的完美环境"。他们呼吁世界银行将其水管理方法转变为有助于避免而不是恶化世界日益严重的"水危机"的方法。③

外国利益集团似乎回应了莱索托和南非各集团的情绪。比如,有学者认为"跨国政策的成功取决于国家以外的行动者在目标国家内组建或加入获胜联盟的能力,这进一步取决于国内的结构、政治体系",世界范围内对于水库大坝的认知争论也由此升级。世界水坝委员会(WCD)开设了一个世界论坛,就各地大型水坝对社区和环境的影响举行了各种听证会,南非的利益集团广泛利用这些听证会,让受影响社区的人们在这些听证会上发言,希望从国际层面影响国家政策。④

当然,利益集团之间针对环境和经济发展目标的冲突在所难免。不同行动者对可

---

① https://www.afdb.org/en/documents/south-africa-lesotho-highlands-water-project-lhwp-phase-ii-project-appraisal-report.

② Coverdale and Pottinger, 1996.

③ Horta and Pottinger, 1998.

④ Liane Greeff. South African multi-stakeholder initiative in formulating policy on dams and development, https://www.riverresourcehub.org/wp-content/uploads/files/attached-files/sawcdgreeff.pdf.

持续发展的解释不同：政府采取更保守的方法，"寻求平衡经济和环境目标"，而环保组织倾向于采取更激进的方式，争论环境限制和纳入社会和民主目标。

但在这个案例中尤其值得注意的是，利益集团还寻求创造、修改和接受全球环境规范和法律。莱索托和南非及其以外的利益集团如此，对世界其他地方的利益集团来说也是如此。在水的社会契约理论之下，似乎暗示着这样的一种可能性：社会良知的产生不仅发生在社会内部，也发生在国际社会内部。"环境"作为一个共享的词汇，正在全球语境中塑造着新的改变。

第七章　再次"共享"的可行性探索：
全球化时代非洲水资源治理①

第一节　开普敦"水危机"始末

一、非洲"最好城市"的"水危机"

近年来，城市缺水已成为城市水安全漏洞的全球指针，尤其是在气候变化、人口增长和城市化的全球趋势下，城市洪涝灾害频发、海平面上升等等和水资源管理相关的新兴议题都亟待研究。开普敦的"水危机"占据了众多国际新闻的重要版面。开普敦是非洲评价最高、"管理最好、最富有的城市"之一。然而，这个"建立在水上的城市"却在 2015 年开始面对干旱的威胁，并在 2016 年开始出现为期三年的严重水资源短缺危机。美国有线电视新闻网（CNN）称，开普敦是第一个陷入"水危机"的大城市，但它不可能是最后一个。南非威特沃斯特兰德大学地理学家、气候专家贾斯帕·奈特指出，开普敦的现状预示着世界各大城市的未来。无疑，南非"水危机"是新兴的全球城市问题的重要研究案例。

其实，南部非洲严重干旱的最初迹象在 2013 年就开始显现。据报道，2013 年南非的北开普省、西北省，纳米比亚和博茨瓦纳的部分地区都受到了干旱的影响；2014年，大量牲畜开始饥渴而亡。不过在当时，南非西开普省的开普敦市还几乎没有任何干旱迹象，甚至那时的开普敦农民还承诺为受干旱影响最严重的北部地区的农民提供物质支持。当然，有一些异常迹象表明了微妙的气候变化已经开始。例如，2014 年在西开普省罗伯逊镇附近的霍普（Hoops）河，两人被洪水冲走；与此同时，该省许多地

---

① 原文刊发在《现代国际关系》，2018 年 12 月。

区经历了高达 100 毫米的降雨。2015 年，干旱似乎"突如其来"，南非的德班省、东开普省、西北角和北开普省都受到了影响，并被认为是自 20 世纪 80 年代以来最严重的干旱。

南非是一个水资源稀缺的国家，自 20 世纪 90 年代中期以来，气温变化与气候变化的关系日益剧烈。南非的年平均降雨量列世界前 200 个"水资源压力"国家的第 30 位。从对年降雨量的长期评估表明，该国每年平均 440 毫米的平均值，远低于全球平均值的 850 毫米，而且在一个很长时期内都保持着不变。根据国家综合水资源信息系统（NIWIS）的数据显示，1960—2016 年，南非年度水文年（10 月—次年 10 月）的年降雨量为 557 毫米，7—11 月是干旱容易发生的时段，但最近，这种模式变得非常不稳定。南非自 2010 年以来的年平均降雨量普遍都低于 557.5 毫米的平均值，在西开普省则更加偏少，特别是在 2015 年冬季降雨季节结束时尤为如此。

开普敦是南非西开普省人口最稠密的城市，拥有地中海气候，夏季平均最高温度 26℃，冬季平均最低温度 7℃。晚春时节至早秋时节，降雨极少（11 月—次年 3 月），大部分的降雨集中在隆冬时节（6 月）。年平均降雨量为 619 毫米。从 1841—2005 年，年降雨量的最低纪录是 1935 年的 229 毫米。然而，2016 年和 2017 年的年平均降雨量打破了这一纪录，分别仅为 221 毫米和 154 毫米。开普敦几乎完全依赖西开普的供水系统，这是一个原始的蓄水系统，其中六个主要水坝占总系统容量的 99.6%（900×106 立方米）。该系统供水 570×106 立方米/年，每年分配给开普敦 324×106 立方米/年。其余的绝大多数（80%）用于该省的农业。开普敦的地表水供给保证率为 98%，这意味着当遇到比 50 年一遇更严重的干旱时需要限制供水量。开普敦处理干旱的机制是建立在一个预警系统的基础上，当一年中某个特定时间的水位低于正常水平时就会启动。以 10 年为周期，西沃特斯克洛夫（Theewaterskloof）水库就会出现非常低位的现象，最近一次出现在 2004—2005 年。因此，在 2004—2005 年的干旱时期，开普敦就开始了水资源需求管理（WDM）规划。2007 年，南非国家水和卫生部发出过关于开普敦的供水警告，水资源研究委员会（WRC）2011 年的一份报告也曾预测，南非在 21 世纪中叶的情况会愈加恶劣，在这样的情况下，西开普省人口稠密的大都市区必须学会应对干燥条件。不过，2013—2014 年的降水较多让当局放松了警惕。在 2014 年以前，开普敦市政当局并没有采取严格的水资源需求管理（WDM）战略，甚至在 2015 年西开普省冬季降雨量数据表明城市的年降雨量仅低于平均水平时，当局仍未及时采取更严格的水资源需求管理措施。

在正常情况下，开普敦市区的用水量约为每年 3 亿立方米，其中约 60% 储存在区域地表水库中。但在 2016 年很短的几个月时间里，该市不得不将其大宗消费量从每天 1 200 立方米减少到 500 立方米。2016 年 1 月，开普敦大坝水位下降 15% 后，开普敦市政当局立即批准并开始实行二级水限制措施，并告知各级水用户每月消费量需要减少 20%。一年之后，随着"水危机"加深，市政当局开始实行新的三级限制，并要求水用户们从前一年 11 月起每月消费超过 10.5 千升的用户要支付水费每千升 23.54 兰特，在这之前的水费费率为每千升 18.24 兰特。虽然有很多关于"极高水费"的批评声音，但开普敦管理层坚持认为该城市的消费量比 890 兆升的每日限额高出 90 兆升，而总的水费已经高达 3 300 万兰特，水费加收势在必行。到 2018 年，超过 300 万的开普敦人被限制在人均每天 50 升，这个数字不到美国人均用水量的 1/6。除了 1.9 升的饮用水，剩下的水只够做一次饭、洗两次手、刷两次牙、冲一次厕所，再蓄满一个洗手池用来洗衣服或刷盘子。如果和配额结合，那么，开普敦"水危机"下的生活及水成本为：

① 5 分钟的澡=18 升水=40% 的配额；
② 浴缸澡=80 升水=160% 的配额；
③ 洗碗机=18 升水=40% 的配额；
④ 洗衣机=55 升水=110% 的配额；
⑤ 上厕所 5 次=25 升水=50% 的配额；
⑥ 洗手=9 升水=20% 的配额；
⑦ 浇花 15 分钟=150 升水=300% 的配额；
⑧ 洗车=200 升水=400% 的配额。

到 2017 年年中，开普敦的"水危机"据称为"千年一遇"的事件，是"一个世纪以来最严重的干旱"。到 2018 年，开普敦的水资源困境已成为南非近代历史中最严重的大都市干旱危机。

二、开普敦"水危机"中的有效节水策略

（一）改造生活用水

开普敦非常重视为大都市区的贫困居民提供水源，并为许多乡镇提供免费用水。许多非政府组织和研究小组也积极投入到帮助社区制定更有效的水管理战略中，并通过对现有建筑物改造新设备或改装设备来取得节水的积极成果。策略包括：在水龙头和淋浴器中安装低流量配件，水龙头中安装曝气器，安装厕所中的双重冲洗系统，雨

水收集和水再利用等。

减少市政供水系统水损失是开普敦实施新一轮节水的重要手段。市政通过对水管修复和对水压力有效管控，解决管道中的漏水问题，以增加节水的效果。为了避免居住在高层建筑物或城市高海拔地区的用户成为间歇性供水中断的受害者，开普敦还把城市划分为不同的水压区，并采取了一系列可被遵循的标准管理程序，这使得城市因高压引起的管道爆裂已从 63 个减少到每 100 千米 31 个（2016 年数据）。

（二）"绿色"环保综合管理

为了积极应对环境变化，以"弹性"方式应对气候变化，开普敦采取了发行绿色债券、多重维度处理污水的措施。2017 年市政公共喷泉和公共游泳池关闭，作为城市节水战略的一部分。尽管看上去的景象不怎么美丽，但确实在控制用水方面取得了一些成绩。

2017 年 7 月，开普敦开展首届"绿色债券"计划，吸引了来自投资者的 4 亿兰特，将开普敦"水危机"转为"水投资"，并借此增强人们对开普敦水资源管理及当地发展计划投资的信心。金融评级机构穆迪（Moody's）给予这次的债券发行评级为 GB1，这意味着它对该市的"绿色"凭证印象深刻。同月，开普敦撤出了对化石燃料，包括煤炭、石油和天然气等行业的所有投资，尽管此举不会对南非有影响力的化石燃料行业产生任何好处，但南非却因此成为第一个遵循这条路线的发展中国家。

该决定一经公布便引起了非政府组织"零化石燃料"（Fossil Free SA，FFSA）的极大赞扬。

迫在眉睫的危机迫使开普敦乃至南非政府采取了一系列措施。四座新的海水淡化处理厂开始兴建，新的水井正在钻探，可以重复使用废水的工厂也投入了建设，其中大部分项目已经完成了一半以上。开普敦一直是南非废水和再利用领域的领先地区，其污水处理兼具科研、市政和国际利益的综合效能，集开发项目和水资源再利用一体，在污水处理的同时还兼具多重功能。比如开普敦大学与斯泰伦博斯市政府和西开普省政府合作，在弗朗斯胡克开发了一个实验性的水中心，该中心通过重修废弃的污水处理厂，使其兼具产水点、培训中心和娱乐场所等多种功能，成为非常成功的科研、民用、商用共同获益的项目。

西开普省总理海伦（Helen Zille）曾在水务部门专家的国际会议上讲述了开普敦的成就。她说，有证据表明开普敦实行的是一种"新水经济"。在开普敦，因为消费者对水的看法不同，所以人们可以更加尊重地使用水资源，更重视水资源再利用技术和雨水实践。

（三）社交媒体引导改变居民生活习惯

社交媒体在提升民众节水意识、引导新的民众用水习惯方面起到了积极的作用。开普敦地方当局有针对性地对城市高速公路沿线的电子广告牌进行广泛的、提升水意识的宣传活动，并引导居民们了解市政网站，而该网站每天都会向公众分享有关城市"水危机"状况的信息。官员和政治反复重申开普敦的地表水供应已降至24%，专家们则警告说只剩下129天的供水，并说服民众将城市的日常消费量降至700米/天以下。

2016年，在开普敦宣布三级水限制之前不久，一个匿名小组启动了一个名为"西开普水衰退"（Water Shedding Western Cape）的脸书（Face Book）页面。事实证明，这是一个让居民发泄愤怒、互相欢呼，甚至就重要用水规划交换意见的良好平台。随着市政水资源三级限制开始，开普敦居民的用水量下降。当地零售商纷纷涌向水箱、泳池盖及抗旱植物和本土的耐寒植物。房地产营销专家还敦促开普敦的居民和企业通过采取积极措施节约用水来应对紧急危机。在脸书上，当地零售商和企业宣传各种消费品以应对危机，还通过转帖居民大卫（Dave Gale）的帖子等，提供了不少节水策略。广播电台节目通过直播向居民传授节水秘诀：不要吃水煮的食物，多用烤箱；用保鲜膜给盘子铺底，饭后剥掉，就能省去洗盘子的水；沐浴时用塑料盆接水；在每个水槽里放个碗，把洗手的水收集起来就能洗衣服，洗完衣服的水还能用来冲厕所。当地艺术家录制了一首《两分钟淋浴歌》，鼓励人们加快洗澡速度，厨师们则比拼无水烹饪技术。随着开普敦的"水危机"加深，居民自发地在家庭环境中进行水资源再利用，比如将淋浴水储存在水池中，然后用它冲洗厕所等。

2017年3月，来自社会各界的大量人士回应西开普省穆斯林司法委员会呼吁在"Lansdowne"的一座清真寺祈雨时，明显指出了"水危机"的强度。一年后，当地著名的基督教传道者安格斯·巴肯（Angus Buchan）在米切尔平原（Cape Flats, Mitchell's Plain）讲道，和数千人一起祈祷下雨。聚会人员不仅包括开普敦市民，还包括地方和国家政治领导人以及外国人。仪式显示了为信仰团体及其文化领袖携手努力应对"水危机"的努力，并让人联想起殖民时代之前的南部非洲文化传统，一度再次成为世界的关注。

开普敦在"水危机"中的节水取得了实质性的进展。据美国国家公共广播电台（NPR）报道，开普敦每日总用水量从实施节水措施前的6亿升下降到了约5.2亿升，相当于居民日常用水量减至2015年的一半。最初预测2018年4月16日到来的"零日"

已被推迟至 8 月 27 日，甚至有希望被避免。据美国广播公司（ABC）报道，开普敦官员乐观地表示，经过严格的用水限制，2018 年开普敦有可能不会断水。而实际上的结果也非常理想，7 月开始，开普敦经历了几场冬季降水，水库水量得到了很大的恢复。

三、开普敦有争议的节水策略

开普敦来势汹汹的"水危机"不仅在当地气象史上较为罕见，对当地的政治、社会、经济等诸多领域也是一个全新的挑战，其间也有一些仍在争议的话题。

（一）当局不佳的节水规划

农业是开普敦城市经济发展的重要行业，也是用水大户。2015 年，西开普的供水系统中农业配额约为 40％，城市占 60％。但水和卫生部错误判断了开普敦的"水危机"形势，不仅没有采取任何措施来减少 2015 年和 2016 年的农业配水，还增加了对西开普农业的水量，消耗了开普敦市 2.8 万兆升的备用储量。

继 1994 年南非实行了新的民主分配制度后，南非的国家、省和市级水利部门都遵循《南非国家水资源政策白皮书》，强调国家政府是国家水资源的委托人，省、市再依次进行水资源管理。鉴于 2015 年降雨较低，在水库库存还有 75％时，西开普省政府采取了前瞻性的行动，向国家申请 3 500 万兰特用于钻孔打井和循环用水，但这一申请被中央政府拒绝。2015 年 11 月，随着冬季降雨量创历史低点，西开普省政府希望国家灾害管理中心（NMDC）宣布西开普为旱灾区，这样省政府可以获得修建紧急增水基础设施的资金，但申请也被拒绝了。2016 年 2 月开普敦市直接向国家水利和卫生局申请成为旱灾区，仍被拒绝，理由是开普敦"未到达危机水平"。直至 2017 年 11 月，西开普省旱区救助点中只接收到了部分抗旱资金。据民间社会组织（南非水核心小组）宣称，中央政府不愿释放抗旱救灾资金是源于中央水和卫生部的债务上升，管理不善和腐败。这一说法得到了国家审计长的确认，2017—2018 年中央财政的"不正常，无果而浪费的开支"已经超过前一年度的 20 亿兰特（1.48 亿美元），中央没有预留资金分配给西开普的干旱救济。

（二）为提高水费修订水法

2017 年 2 月底，开普敦有 19 个地区（包括富裕的郊区和贫困地区）被分别列举出用水量和水费标准，在用水量之外浪费的水将被收取 500—2 000 兰特的罚款。2017

年 3 月，开普敦根据《灾害管理法》第 55 条，正式颁布了"水危机"的灾难状态宣言。市财政委员会通知媒体，该市在新的财政年度打算将水费提高 19.25%。政府宣称，南非 2017—2018 年的预算草案将严格审查政府为贫困家庭免费提供的 6 千升饮用水和每月的卫生设施情况，但根据新的预算计划，只有价值低于 4 万兰特的房屋才有权获得免费的基本用水，使用超过 6 千升的不负责任的消费者将为水支付最多。

因此，2015 年开普敦修改水法不久，在 2017 年 12 月中旬，开普敦市再次宣称要将对该城市水法进行修正提升水费时，作为南非最昂贵的市政用水之地的开普敦市民开始出现不满情绪。当有人开始从公共水域取水时，就发生了暴力事件甚至"水盗窃"的事件，这曾被媒体错误地解释为"水战"事件，但真正的根源却是水费。尽管不能避免这样的媒体争议是一种精心策划的干预措施，以"平衡富人与穷人之间以及不同种族群体之间的竞争环境"。但市议会并未完全"体谅"到这些民情，2018 年 1 月 1 日，该市的六级水限制生效，人均消费量仍然限制在 87 米/天，消费量超过 10 500 米/天的家庭成为执法措施的目标。市政府鼓励用非饮用水冲洗厕所；不鼓励从市区钻孔或井点灌溉，以节省当地的地下水资源。2018 年 1 月 4 日，西开普省的平均水坝水位为 29.02%，较 2017 年的 45% 仍在下降，市政应对"水危机"的"治理"成果似乎并不明显。

（三）围绕市政财务的政治斗争

市长里尔（Patriciade Lille）在构建开普敦"水弹性城市"中出力不少，她不仅与该市商界的领导人进行了沟通，并要求他们在前所未有的稀缺条件下帮助节约用水，还敦促在 2016 年达成了巴黎协议的 COP21 峰会履行其在气候变化方面的承诺。里尔宣称将推动综合水项目的实施，以提升城市的气候变化战略。其中包括：采购电动公交车；建筑节能；水管理举措，如基础设施的安装和更换以及对水压的控制和沿海建筑的修复等等。

2017 年 7 月，里尔表示开普敦的每日消费目标（600 米/天）是可行度 66 米/天的近 10 倍，还是应该加强"水危机"的应对。但很快，8 月，"水危机"在开普敦市议会会议上变成政治危机。南非工会大会的省委书记通尼（Cosatu: Tony Ehrenreich）警告说，如果城市的供水干涸，穷人的损失最大。非洲人国民大会议员批评执政的发展议程没有让人们了解有关城市水资源的真实情况，反对党 DA 则计划引入一项耗巨资的 3.3 亿兰特的项目，增加供水 500 米/天。2017 年 10 月初，De Lille 在《开普敦时报》撰写了一篇文章，解释了如何实施"新常态"计划以防止城市干涸。她顺便指出，当局知道有 55 000 户家庭和仍然不顾危机情况的人。里尔认为要继续实行"水危机"的"灾难应急计划"，如果当前的极端水配给仍无法应对"水危机"，则将采取部分供水的计划，将居民用水限制在有限的人均日供水量中，这意味着所有居民都必须排队以收集他们的日常供水。2017 年 11 月的最后一周，有传言说里尔通过贪腐获得了 43 亿卢比，但里尔试图将这些信息保密。很快，2018 年 1 月，里尔的职务被质疑。2 月中旬，南非总统雅各布·祖马（2009—2018 年）被迫辞去总统职务，反对派在腐败治理和"国家能力"方面得到了公众的大力支持。5 月，里尔的市政职务被解除。

四、"水危机"解除？

2018 年中期开普敦的"水危机"忽然又展现出新的形势。随着新一轮降雨，开普敦的地表水资源恢复至 50% 以上，开普敦的水资源储量得以大幅恢复；具有巧合意义的是，开普敦的当地政治局势已经平静下来。开普敦的"水危机"于是就如此出其不意地到来，又似乎出其不意地结束了。

不过，各方还在积极地寻求更多有效解决"水危机"的方案，其中之一就是寻求基于自然的解决方案。2018 年 11 月 16 日，大自然保护协会（TNC）在开普敦设立水基金，希望通过基于自然的解决方案帮助开普敦缓解"水危机"。开普敦拥有非洲 20% 以上的植物物种，其中 70% 属于特有物种。如果外来入侵植物不受到严控，将会很快取代当地的乡土物种，还会改变当地土壤生态，增加野火发生的频率和危险，威胁生态系统的稳定性。该协会认为，在大开普敦地区，由于引种和管理不当，金合欢、松树和桉树等外来入侵物种在本来就缺水的地区消耗了大量水资源，让开普敦"水危机"愈演愈烈。开普敦地区的外来入侵植物每年消耗水资源大概为 554 亿升（150 亿加仑），这些水本来可以满足开普敦及其周边地区 2 个月的需求。这对于惜水如金的开普敦，无疑是巨大的损失。而修复集水区和清理外来入侵植物，每年可以释放 500 多亿升水资源。这还仅仅是在目前情况下得出的数字。由于外来入侵植物扩张非常快，所消耗的水量会持续生长，因此实际上清除外来入侵植物可能释放的水资源不止这个数字。大自然保护协会认为，到 2045 年，经过近 30 年持续维护及阻止新的外来入侵植物生长，额外释放的水量可能会增加到 1 000 亿升，相当于当前开普敦年供水量的 1/3。通过建立"灰色"基础设施解决水问题的成本，是上述自然解决方案的 5—12 倍，而且没有一种"灰色"方案可以释放如此多的水量，这还不包括通过生态环境改善所增加的水源。

2019 年以来，开普敦的节水措施还在不断深化。一方面，开普敦的用水量每天减少 1 500 万升，另一方面，天公作美近期的降雨持续，开普省目前的大坝水位已基本恢复到 59.8％。根据南非官媒"24 小时"（News 24）7 月 8 日的最新统计数据，开普省的四个主要水库水量都得到了提升。其中，燕窝（Voëlvlei）大坝本周收益率为 65.1％（2018 年 52.2％；上周 59.4％）；山河（Bergriver）大坝本周收益率为 89.2％（2018 年 82.7％；上周 78.2％）；西沃特斯克洛夫大坝本周为 50％（2018 年 38.5％；上周 44.5％）；克兰威廉（Clanwilliam）大坝本周为 34.2％（2018 年 98.2％；上周 18.9％）。水资源限制仍然存在，但民众似乎已经形成的"克制"的节水态度更令人敬佩。综合考量开普敦"水危机"中的各方策略，以更多元的视角分析开普敦节水措施的成败，毫无疑问地可以提供一个全球城市化时代更好地理解社会生态系统以及气候变化的视角，提醒人们如何在气候变化时代更审慎地进行水资源管理的政策制定、实施和完善。

第二节　非洲水治理的路径探索

非洲国家越来越重视水资源管理，但由于自身经验、能力和资金等方面的不足，通常无法凭借一己之力解决问题。国际社会越来越多地参与其中，并提出了"水治理"（water governance）的概念，将市场、社会组织等多元主体的作用予以凸显，包括地方（local）、社会（society）、次国家（sub-national）、国家（national）、次区域（sub-regional）、全球（global）等诸多层次，显示出水治理的不同特质，甚至变成可以映射任何事物的"流行词语"。①非洲是否可以通过水资源治理来解决困境？满足非洲人民基本需求的水资源与非洲需要进行经济发展同水系统生态可持续的目标，似乎仍然有数不清的冲突。如何进行可持续用水，如何设计适当的水资源政策以促进水资源治理，已成为非洲水资源理论和实践的关键点。②

---

① 关于治理理论的综述性研究，参见王刚、宋锴业："治理理论的本质及其实现逻辑"，《求实》，2017 年第 3 期；杨光斌："关于国家治理能力的一般理论：探索世界政治（比较政治）研究的新范式"，《教学与研究》，2017 年第 1 期；田凯、黄金："国外治理理论研究：进程与争鸣"，《政治学研究》，2015 年第 6 期；郑杭生、邵占鹏："治理理论的适用性、本土化与国际化"，《社会学评论》，2015 年第 2 期。

② 张瑾："非洲水问题的历史变迁与治理选择"，《环境社会学》，2023 年第 1 期。

（一）非洲国家层面的水治理

非洲亟待发展的行业，大多是依赖水资源的相关行业：社会服务行业、农业、渔业、酒店业、制造业、建筑业、自然资源开采行业（包括采矿业）和能源生产行业（包括石油和天然气），这些行业要么依赖水资源要素发展，要么就是与水资源的相关性极高。水资源的可获得性和可靠性产生的联动效应，甚至会影响短期就业，继而对持续的水资源供应造成负面影响。同时，近年来频繁的气候波动、旱涝灾害等，对主要农业生产部门产生了直接而重大的影响，也必然影响非洲大多数国家的经济发展。

非洲各国都采取了一系列治理行动，但经费始终是个难题。从投入和产出的比例来看，建设水利基础设施显然无法与发展矿产等能源行业相媲美。但基础设施迟迟得不到改善，必然会减慢国民经济发展的步伐。以加纳为例，2011 年，加纳首次生产石油时，经济同比增长 14%，但到 2015 年加纳经济增长率只有 3.9%。尽管其中值得深究的原因很多，但基础设施，尤其是基本的水和能源基础设施无法满足国家经济快速增长的需要，成了未来发展的重要掣肘。加纳主要依靠伏尔塔河的阿克苏博水电站供电。近年来，由于降雨减少，河流自然流量受限，水电站仅能在半数时间正常运作，且需要 24 小时关闭一次，无力满足经济发展所需的电力和生活需要。2021 年 10 月，根据加纳国家发展计划委员会专家的意见，由于生活污水和非法采金问题一直未能妥善处理，加纳平均每人每年可获取 1 700 吨的水资源，但平均每人拥有的水量由 2013 年的 1 916 吨下降至 2020 年的 1 900 吨，且下降趋势仍然明显。2022 年 9 月 1 日，加纳宣布上调水费和电费以应对宏观经济指标恶化带来的经济衰退。

在水资源、环境卫生和个人卫生项目的资金上，非洲国家普遍面临巨大缺口。尽管多方努力，撒哈拉以南非洲地区水环境卫生水平达标的区域只占 30%，即自 1990 年以来仅增长了 4%。加之持续增长的人口数量，尤其是贫穷国家或者城市贫民区的人口增长更加迅速，非洲水资源退化速度正在加快。2022 年 3 月 22 日，联合国儿童基金会和世界卫生组织联合在塞内加尔达喀尔举行了"世界水论坛"，再次呼吁非洲大陆采取紧急行动，因为缺水和卫生设施薄弱会威胁世界和平与发展。

世界卫生组织和联合国儿童基金会联合促进监测环境卫生和个人卫生计划（JMP）2022 年的报告显示，2000—2020 年，非洲人口从 8 亿人增加到 13 亿人，其中，约 5 亿人获得了基本饮用水，2.9 亿人获得了基本卫生服务，仍有 4.2 亿人缺乏基本的饮用水服务，8.4 亿人缺乏基本的卫生服务（其中的 2.1 亿人完全没有条件使用厕所）。这份报告同时认为，要在非洲实现可持续发展目标，需要将安全饮用水项目的进展速度提高 12 倍，水卫生设施建设的进展速度提高 20 倍，基本卫生服务项目的进展速度提高 42 倍。

近年来，随着气候议题成为非洲各国关注的热点，如何寻找和利用可再生能源，是否与水资源需求形成矛盾，各国如何找到可持续发展之路，成为各国关注的重中之重。2021 年 11 月，非洲开发银行董事会审议通过了《2021—2025 年水资源发展战略》，旨在保护非洲水资源安全，进而推动经济社会可持续、绿色、包容性增长。2022 年 9 月 27 日，第十八届非洲部长级环境会议在塞内加尔召开，各方通过了一系列旨在应对气候变化、自然灾害及环境污染的决议，希望能加强多方协调，共创美好未来。

（二）国际组织倡导的非洲水治理

非洲水资源的分散性、跨国性、气候年际变化明显，非洲国家自身没有能力应对所有危机，国际组织在非洲水资源治理中的协调和管理作用也值得关注。

2007 年，联合国推出《水机制十年能力发展方案》，针对世界各国不同的水能力发展做了清晰的界定，将关于非洲区域水资源的研讨会放在非洲本地开展，包括：新闻工作者培训（埃及开罗，2009 年）、针对农业用水效率而开发的水作物软件的应用培训（非洲布基纳法索瓦加杜吉，2009 年 7 月；南非布隆方丹，2010 年 3 月）、中东和北非区域政策制定者的培训（三个研讨会，2009 年 10—12 月）、为水资源管理者开办的区域性应用水损失减少研讨会（摩洛哥拉巴特，2010 年 1 月）及第一届 G-WADI 网络研讨会（塞内加尔达喀尔，2010 年 4 月）。2011 年 3 月，开普敦针对非洲水资源减少举办活动。2012 年摩洛哥和南非就"农业废水的安全使用"举办了区域性研讨会。

2010 年，联合国在"千年发展目标"中专门制定目标，将提升安全用水的人口比例作为基本人权的实现手段。

从非洲具体的实施效果来看，非洲的水治理水平有所提升。2015 年，城市 80% 以上区域的改善水从 1990 年的 26% 上升到 2010 年的 38%，农村 80% 以上区域的改善水从 1990 年的 5% 上升到 2010 年的 10%。已获取改良饮用水源的人数增加了 20%，共 4.27 亿人在"千年发展目标"期间获得了改良饮用水源。

（三）水和公共事务挂钩：WASH 项目

非洲大部分地区的全年气温较高，加之非洲原生态的自然环境，暑热、昆虫和污泥往往成为疾病的温床，疫情往往一发而不可收，而这些大多与水有关。尤其是撒哈拉以南非洲地区，其疟疾病例数占全球病例数的 86%。仅以西非国家加蓬为例，加蓬全年均有疟疾传播，疟疾的年均发病率为 17.5%，发病率月间有所差异，临床表现多样化。非洲民族国家独立之后，开始逐渐建立初级医疗卫生保健网络。然而，由于新成立的非洲国家大多积贫积弱，对于因水而起的灾难常常难以抵御。非洲的传染病往往随雨季到来在沿河两岸地区暴发与传播，又随雨季的结束而消失。1987 年，塞内加尔河下游暴发一场历时一个月的流行性传染病，除骆驼幸免于难外，其他人和动物皆因为发高烧等症状而很快死去，死亡人数有 300 多人。

随着当代非洲水治理的持续开展，非洲水治理的紧迫性得到越来越多的重视。研究发现，使用改善卫生设施的人口比例较低，限制了非洲城乡水治理的进程。非洲使用改善水源的人口比例提高较慢，20 年仅增长了 5%。非洲城乡卫生设施的获取不均且发展有别，但普遍很低。城市卫生设施覆盖率从 1990 年的 57% 下降至 2010 年的 54%（或可归因于城市人口中快速增长的贫民窟居民比例很高），而农村卫生设施覆盖率从 1990 年的 25% 提升到 2010 年的 31%。2015 年，联合国在"水机制十年计划"总结中，再次呼吁普及饮用水、环境卫生设施和个人卫生习惯，重视各类人群，如富人和穷人、农村和城市居民、弱势人群与普通人群之间在获取水资源方面的不平等问题，以采取有针对性的干预措施。

在不断的实践中，世界卫生组织发现，水一直在人们的生产生活中发挥关键作用，应作为优先事项，而不是将卫生推广列在首位。对水质和水量的投资，可以将腹泻造成的死亡减少 17%，并减少 36% 的水处理费用和 33% 的卫生费用。

基于对水的重要性的认识，一系列国际治水项目纷纷出现，WASH 是其中重要的代表。WASH 最早出现在 1981 年美国国际开发署发布的报告中，1988 年美国用"水、环境和卫生"的首字母缩写涵盖此项目的内涵。当时，字母"H"代表环境卫生和个人卫生（health），而不是"卫生"（hygiene）。同样，赞比亚 1987 年的一份报告使用了"WASHE"一词，代表"水卫生健康教育"。2001 年开始，在供水和卫生宣传领域活跃的国际组织，例如荷兰的供水和卫生合作理事会及国际水和卫生中心（IRC）开始使用"WASH"作为总括术语，特指水、环境卫生和个人卫生。"WASH"自此以后被广泛地用作国际发展背景下的水、环境卫生和个人卫生的缩写。尽管"WatSan"一词也使用了一段时间（特别是在应急反应部门），如红十字会与红新月会国际联合会和难民专员办事处，但最终由更受欢迎的"WASH"作为代表。由于水与卫生的密切相关性，一些国际发展机构已将 WASH 确定为具有改善健康、预期寿命、学生学习、性别平等和其他国际发展议题的重大潜力的领域。

WASH 所代表的"水和卫生"等几个相互关联的公共卫生问题，是国际发展计划特别感兴趣的问题。能否承担 WASH 的相关经费支出是一个关键的公共卫生问题，特别是对非洲地区的发展中国家而言。研究发现，缺乏安全水资源和必要的卫生设施，已导致每年大约 70 万儿童死亡，而其主要原因是腹泻。更为严重的是，缺乏必要的 WASH 设施可能会造成慢性腹泻，对儿童发展（身体和认知）产生负面影响，影响儿童受教育的质量，也增加了主要从事家务劳动的女性的负担，降低了她们的生产力。因此，WASH 不仅是可持续发展的重要目标之一，也被囊括在"联合国千年发展目标"第七条的改善目标中："到 2015 年将无法可持续获得安全饮用水和基本卫生设施的人口比例减半。"可持续发展目标第六条进一步明确"确保所有人的水和卫生设施的可用性和可持续管理"，即通过保障安全用水、附之以适当的卫生设施和适当的卫生教育，可以减少疾病和死亡，推动减贫和社会经济发展。

总之，非洲水问题折射了非洲对自身资源掌握的能力不足，反映了非洲被迫进入全球治理体系后的脆弱。非洲水问题仿佛也是非洲整体历史命运的客观写照，国家整体能力的提升是非洲水治理的必要前提，但在当今全球化的时代条件下，非洲水问题已不是单个非洲民族国家可以把握的内部事务，需要有全球视野对相关政策予以科学的考量和选择，需要和全球伙伴一起审时度势、协同治理，需要发挥非洲集体行动的力量。或许，通过借助国际组织和中国等新兴经济体的支持，实现水资源的有效治理和合理利用，非洲最终可以达到经济社会的综合与可持续发展。

第三节　SADC 共享水协议

南部非洲水资源管理采用需求管理的方式。水资源需求管理更强调水的社会经济特征，通过经济手段影响需求的来源，通过技术、教育等多种手段影响和管理水。

行政上，南部非洲实行水资源管理跨部门合作，进行一体化管理；采用自下而上的参与式方法，使当地群体和社区参与水资源管理，发挥当地社区在收集数据、经验和意见，建立信任，减少冲突等方面的作用；将水的管理从中央政府下放到流域及子流域内，使当地具体的问题受到关注；发挥私营部门在提供水服务中的作用，鼓励私营部门将技术和管理带到中央政府无法提供持续性服务的地区，弥补水服务空白。

技术上，地区内的部分国家为减少淡水需求引入了回收技术。如在纳米比亚的首都温得和克，回收的废水被用于增加饮用水供给。其他在南部非洲受到欢迎的管理技术包括水的重复使用、提高灌溉器用水的使用效率及保存，在南非等国，双供水系统得到应用。

经济上，南部非洲在水资源管理中制定水价，将水作为经济"商品"管理，发挥价格杠杆在水资源配置的作用，从而避免浪费，发挥水资源的最大效益。在给水定价的过程中考虑了其全部成本，包括取用和运输水的消耗、机会成本以及使用水的经济和环境效应。同时通过各种机制如可变税率、针对性的补贴等来确保满足基本需求。在进行充分的经济分析的前提下，考虑到社会成本和不同用途的效益，而不仅仅是单位水量的产值。

水资源是有限且脆弱的资源，经济社会的发展取决于环境的可持续性。南部非洲的水资源管理围绕可持续发展的三大支柱——经济发展、社会进步与环境保护。在水资源规划与管理中考虑生态、经济、社会因素，在满足当前需求与保护自然资源之间寻求平衡。

为实现可持续发展，南部非洲采取基于社区的水资源管理办法，尤其注重在水利基础设施规划和建设中听取位于河流下游社区的意见。

一、参与

南部非洲水资源发展和管理基于参与式方法，使水的使用者、规划者、政策制定者全方位地参与其中，尤其关注女性和弱势群体的参与。

（一）女性的参与

南部非洲女性在收集家庭和农业用水中扮演了重要角色，承担起家庭用水和卫生的责任。作为水的提供者和使用者以及生活环境的守护者，女性的作用和地位应在水资源发展与管理的制度安排中得到体现。女人取水，男人喝茶已成为过去，男性与女性共同承担着水资源管理与使用的责任。

参与式管理和能力建设是女性参与水资源管理的重点。南部非洲通过积极的政策强调女性的特殊需求，授予女性参与水资源管理的权利，提高参与的能力，使女性参与水资源管理被广泛接受和落实。更重要的是，这种参与是全方位的参与，包括参与决策和参与实施。此外，在水资源的分配过程中运用性别分析提高分配效率，以满足女性、男性与边缘群体的不同需要。

除了政策上的努力，南部非洲在增加女性参与水资源管理的过程中还运用了媒体的力量。通过媒体关注性别平等，记录劳动、无偿劳动、获取报酬、做出决定、承担成本，获得收益的人是谁，发挥媒体在水资源管理中的作用。

（二）弱势群体的参与

弱势群体主要包括孤儿、老人、感染 HIV 病毒的人、艾滋病人、女性或者孩子当家的家庭等。南部非洲在水资源管理中关注弱势群体的参与，尤其注重加强他们参与水资源管理的能力。通过培训和面向贫困人口的发展政策等手段，建设弱势群体参与水资源管理的能力，落实全方位参与。

二、文化价值

水是人性、社会公平和公正的象征，是人类与文化遗产的联结之一。南部非洲许多传统做法和基于信仰的庆典都表明水具有文化价值。忽视水的文化价值会使当地民众认为水资源管理机制没有认识到水资源对他们的重要性，甚至导致参与减少。赞比西河对当地通加人民而言有浓厚的精神和文化价值，20 世纪 50 年代，为建造卡里巴大坝，通加人被迫从赞比西河肥沃的洪泛区搬迁到较高海拔的不肥沃地区。这些举动没有与河神协商，因此激怒了他。通加人认为在大坝开始建造后当地频繁发生的地颤就是由河神造成的。1957 年，赞比西河有史以来最严重的洪水冲毁了部分建造好的大坝和重型装备，造成了许多工人死亡。通加人将这次天灾"归功"于河神，认为这是河神为了他们能回到曾经的家园所做。

在南部非洲，许多传统做法致力于保护水，他们将这些传统智慧应用到国家政策框架中，提高水资源管理。

三、流域合作

流域为水资源综合规划和管理提供了自然框架，因此被认为是进行水资源管理的最佳单位。南部非洲有 15 个跨界流域，在水资源管理中采用流域方式，重视流域内合作，通过协商建立公正合理的水资源分配和使用机制。以一体化的方式规划与落实流域发展，使利益相关者参与其中，实现水资源公正有效的利用。

（一）法律法规

南部非洲签署了一系列国际协议和公约以约束水及相关资源的管理和使用，其中包括 SADC 水道共享协议等旨在促进和落实流域合作的协议。

1995 年，SADC 水道共享协议签署，旨在确保河流的管理能使流域内所有国家和所有人民受益，为流域内各国合作努力提供了总体框架。其目标在于促进共享水道明智的可持续的协调地管理、保护和使用，推动区域一体化和减少贫困的议程。此项协议推动了相关体制机制的建立。

（二）建立流域管理机构

由于共享水道切断了政治管辖，涵盖了数个社会经济状况不尽相同、水权复杂的国家，因此如果无法得到协调、综合、公正的管理，很可能成为冲突的潜在源头。与此同时，也可能成为区域合作以及经济一体化的潜在源头。

南部非洲在林波波河、尼罗河、赞比西河等多个流域建立了共享水道机构及其委员会，为水资源的可持续发展和公平利用出谋划策。机构内政策方针层面的决策由各国达成一致，通过委员会共同规划水资源发展，承担水资源基础设施的发展和运作。此外，鼓励机构与流域内非政府组织和民间组织发展合作关系。南部非洲计划建立更多的流域管理机构，监督区域内 15 个跨界流域资源的协调可持续利用。

（三）利益共享

利益共享是从水资源综合管理框架中衍生出的概念，它强调在跨界流域内共享环境和社会经济利益而不仅仅是水资源的分配，通过水力发电、环境管理、旅游业、农业和其他社会经济领域的发展促进区域合作。

结　语

一、遗产：水域的边界问题

　　如今非洲国家的领土边界是殖民遗产最直观的注脚。非洲大陆国家44%的边境和领土是沿着经度和纬度划分的，30%沿着直线或弧线机械划分，只有26%沿着河流、湖泊、山脉和山谷的自然地理边界进行划分。用苏联学者安纳托利·葛罗米柯的话来说："非洲边界的父亲是殖民主义，目前是柏林会议。"联合国前秘书长布特罗斯·加利在其所著的《非洲边界争端》中，概括介绍了非洲边界争端的产生和非洲"边界不可变更原则"的理论问题。卡尔古斯塔·威德斯兰德等人发现，许多边界冲突往往发生在重要资源集聚区（如牧场和水井）附近，即便当地经济水平较低，这些地理因素仍会影响国家政府对边界问题的态度。当代非洲国家就是在这样的殖民"遗产"的影响下，开始独立、建国和发展的。

　　前文所述，尽管近年来非洲各国正在努力联合，致力于推进更加团结和公平的水资源共享。但现实却是——受殖民主义遗留和民族国家建构惯性影响，围绕水资源的争端仍频繁发生。尤其是在非洲这块宝地上的水域中不断发现新的矿产或者油气资源之后，围绕水域资源开发的争端也日益突出。这些争端不仅涉及传统的水权划分，更牵扯到水体生态保护、跨界流域的资源共享以及由新发现资源带来的区域战略调整。在全书的结语部分，我们不得不重新面对现实。

　　殖民时期人为划分界线的荒诞性在马拉维湖争端中展现得淋漓尽致。马拉维湖（亦称尼亚萨湖）是世界上第九大湖，非洲地区第三大自然历程最持久的湖泊、第二深湖，长560—580千米，最深处约75千米，水域面积29 600平方千米。1965年，马拉维将其改名为马拉维湖，但坦桑尼亚仍沿用"尼亚萨湖"的称谓。

　　马拉维与坦桑尼亚长期在马拉维湖东北部湖面的归属问题上存在争议，最早的争端可追溯至 1890 年英国与德国签署的《赫里格兰条约》（Heligoland Treaty）。该条约的第 1 条第 2 款中详细地描绘了两国在马拉维湖东北部的殖民边界应沿湖岸划定。但在随后的实际划分中，英国与德国的地图显示，边界有时沿着湖岸，有时取湖中线，甚至不明确。第一次世界大战后，德国战败，英国接管了马拉维湖的管辖权，从 1922 年起，马拉维湖便成为英国托管的德属东非的一部分。1923 年，经国际联盟同意，英国政府将边界从坦桑尼亚海岸移至马拉维湖中部。1961 年，坦桑尼亚独立后，其与马拉维之间关于湖区的行政边界仅为便于管理而设，缺乏政治意义；而在坦桑尼亚统治时期，官方地图中边界标注亦多次变更（如 1924—1934 年取湖中线，1935—1938 年则以东岸为界），显示出划界的混乱。实际上，殖民前该湖域属于当地原住民族，殖民时期完全由英国掌控，精确划分湖界并无现实意义。

1964 年，马拉维刚刚宣布独立，总统海斯廷斯·班达就对整个马拉维湖宣示了主权。1967 年 5 月 31 日，坦桑尼亚总统朱利尤斯公开主张修改边界的意愿，声称不接受以湖岸作为两国边界，并告知马拉维：坦桑尼亚主张以中间线为界，因为这是唯一合法的边界线。值得一提的是，中南部非洲的政治背景此时也已发生了改变。1963 年，英属中非联邦解体，1964 年南罗德西亚组建了白人政府，1965 年南罗德西亚总理伊恩·史密斯（Ian Smith）单方面宣布脱离英国独立。1964 年马拉维成立伊始，第一届非洲统一组织国家和政府首脑会议就通过了"关于非洲国家之间边界争端的决议"。该决议确立了解决非洲国家边界争端问题的基本原则，即所有成员国必须尊重非洲国家独立时业已形成的边界，不得进行领土变更。两国同属非洲统一组织的成员国，自然要受到该决议的法律约束。但很明显，马拉维认为白人政权的存在将会是长期的过程，因此只有接触和谈判，才是解决问题的关键。

马拉维从"现实主义"的外交路线出发，一方面倡导非盟的"泛非主义"外交路线，另一方面又站在西方阵营与社会主义国家对抗。马拉维断定周边非洲国家对于马拉维湖的边界要求是借此问题争夺该湖湖底的油气资源，这是马拉维所不能接受的。1968 年 9 月，在执政的马拉维大会党召开会议时，总统班达更加明确地宣称，马拉维的真正边界应是向北距松圭（Songwe）至少 100 英里，南抵赞比西河，西达卢安瓜河，东到印度洋，简言之，班达就是要恢复古代马拉维王国时期的领土疆域。这种领土扩张主义引起赞比亚、坦桑尼亚、莫桑比克三个邻国的坚决反对，1968 年 9 月 27 日，坦桑尼亚和赞比亚两国总统决定要共同应对马拉维的扩张主义，从而形成公开、激烈的边界争端。

当代国际法中有不少可以为非洲边界援引作为支持的划分方式。《联合国海洋法公约》规定，如果国与国之间有接壤的水体（海或湖），那么它们以水体的中间线为界。因此，坦桑尼亚认为本国的领土诉求有历史事实和国际法依据；同时，坦桑尼亚反对马拉维在 1965 年将尼亚萨湖更名为马拉维湖，认为此举会误导国际社会，使其误以为湖区全属马拉维。同时，坦桑尼亚也提出并不排斥通过和谈的方法解决该问题。

1978 年以来，本着睦邻友好的合作精神，两国官员和专家就边界问题举行过多次磋商和实地勘测，打开了边界谈判的良好局面；直到 20 世纪 80 年代末至 90 年代初，马拉维与坦桑尼亚保持了良好的双边关系。尽管两国在渔业资源和自由航行等方面时常发生摩擦，但两国未发生过军事冲突，2010 年两国就此问题成立了技术专家联合委员会，希望制定推进双边边界谈判的路线图和法律文本。然而，两国很快进入了油气资源的争夺战中。2011 年，马拉维授权英国石油公司在马拉维湖东北部的争议地区进行勘探开采，引发坦桑尼亚强烈抗议，双方边界争端进一步恶化。2012 年 10 月，两国曾试图寻找第三方（SADC 峰会）调解两国争端，但即使在 2013 年 6 月 SADC 制定路线图方案后，莫桑比克和南非领导人们还进行了"穿梭外交"，进行外交斡旋和协调，但双方迄今仍未能在 SADC 框架下取得共识。这场持续百年的湖权之争，似乎显示出了非洲后殖民国家在主权想象与现实利益间的艰难平衡。

二、现状：切实提升非洲用水能力

在漫长的历史发展之后，非洲在提供安全饮用水与基本卫生服务方面仍显不足，且一直落后于世界平均水平。世界卫生组织和联合国儿童基金会联合进行的一份监测报告显示，全球有 89% 的人口能够获得清洁水源，而在撒哈拉以南非洲的比例只有 31%；全球有 64% 的人有机会获得体面的卫生服务，但在撒哈拉以南非洲只有 24%，而水卫生（家中有肥皂和水等洗手设施）的比例只有 23%。①但实际上，撒哈拉以南非洲的淡水储量占全非的 63%，非洲水资源管理正陷入"丰水贫困"的结构性悖论。

这种缺乏可能是致命性的，特别是对儿童而言。缺乏清洁饮用水和基本卫生设施是非洲 5 岁以下儿童死亡的主要原因之一，也给非洲女性造成了沉重的负担，她们必须长途跋涉才能从溪流、池塘和水井中采集水。整个非洲社会在水资源问题中的困顿，不仅引发了严重的公共卫生危机，还深刻地制约了经济发展与社会进步，加剧了贫困和不平等的恶性循环。

---

① 联合国 2022 年对撒哈拉以南非洲水数据统计，https://sdg6data.org/en/region/Sub-Saharan%20Africa。

从整体非洲的"水资源地图"来看,非洲水资源匮乏遵循着一种复杂的、多样化的空间格局,非洲经济最发达的国家往往是水资源最缺乏的国家,这些地区主要位于非洲北部和南部,包括利比亚、阿尔及利亚、突尼斯和南非。水资源丰富但收入较低的国家主要集中在撒哈拉以南地区,如加蓬、中非共和国和刚果。南非水资源研究员安东尼·特顿(Anthony Turton)博士创造了"水荒"这个词来描述那些无法解决水资源短缺的社会问题,但这似乎仍无法描述刚果河流域年降水量达 2 000 毫米,金沙萨贫民窟却仍有 45% 的居民依赖污染严重的刚果河支流取水的现实。生态和环境经济学家卡罗琳·沙利文(Caroline Sullivan)教授于 2002 年创制了"水贫困指数"(WPI)用以对水的压力和稀缺性进行综合评估,将水资源的实际估计与反映贫困的社会经济变量联系起来。人们普遍认为该指数是有用和可靠的,但它的指标也不适用于所有情况。一套可在非洲范围内应用的指标,包括一个国家降雨的季节变化率、国家对水投资,以及农业和工业中用水的效率就显得很有必要。另外,是否需要结合非洲国家的人类发展指数,综合考虑诸如预期寿命、教育和平均收入等因素也值得深入思考,因为这可以更全面地描绘非洲的水资源贫困状况,从而更好地了解非洲大陆国家之间的差异。

通过一套相关的数据,为水问题的决策者、政府和组织提供了公共分析,使其可以利用指数中的信息来评估干预措施的利弊。同时可以借此了解影响不同非洲国家水资源管理政策的社会经济因素,而不是将整个非洲大陆视为一个整体。比如,目前新构建的非洲水资源贫困指数整合了 22 个变量中的 15 个关键指标,涵盖"资源""获取""能力""使用"和"环境"五个组成部分,这些指标更多元地描绘了非洲国家水资源的个体情况。那么如果可以结合联合国粮农组织(FAO)和联合国水机制(UN-Water)在《可持续发展目标六指标报告》中提供的数据①,充分利用开放存取遥感衍生数据监测水分生产率门户网站(WaPOR)和卫星数据,各国就可以监测自己的农业水分生产率,查明水分生产率差距并找到解决办法,提高农业用水效率。

非洲国家也在水资源提升方面充分考虑了世界先进经验。2022 年 3 月第九届"世界水论坛"首次在撒哈拉以南非洲国家(塞内加尔)举办,主题为"水安全促进和平与发展",非洲国家踊跃参与并互通有无。另外,通过节能技术促进废水再利用,以科技助力农业发展是其中的两个主要特色。

埃及是废水再利用的先驱之一,有许多工厂运营或在建。苏伊士运河公司、阿联

---

① FAO AQUASTAT, https://www.fao.org/aquastat/zh/.

酋公司、埃及工程公司等，都是废水再利用项目的科技研发和应用公司。2019 年，摩洛哥修订了共享水资源卫生计划，旨在重新利用处理过的废水以应对水资源压力，并改善环境卫生，保护流域免受污染。苏伊士运河公司的废水处理厂于 2017 年投入使用，用多种融资手段开展公私合作伙伴关系（PPP）项目。在南部非洲国家，废水循环使用已实践了 50 多年，纳米比亚废水循环利用公司为温得和克市提供超过 1/3 的饮用水。其工厂使用了最先进的"多屏障"技术，在纳米比亚的多个城镇开展，确保了饮用水的质量符合最高标准，也助推纳米比亚成为非洲唯一一个将处理后的废水直接作为饮用水使用的国家。

在中东部非洲，基于太阳能供电的小型移动水站正在推广，许多初创企业正在提供以水科技为基础的解决方案。斯威士兰的非洲水亭公司为肯尼亚、坦桑尼亚等国的百余所学校、医院和村庄安装简易太阳能系统，建造或翻新卫生设施、绿水灌溉等项目。此外，不少域外的水科技公司也加入到非洲水资源基础设施和科技发展的行列。德国柏林的北极光公司，设计和制造了太阳能海水淡化系统，从高盐和污染水资源中提供各类卫生饮用水、灌溉、养鱼场和卫生用水，并实现完全由太阳能供电。德国的格里诺水公司通过"赋权非洲"和"卢旺达水通道项目"等，为非洲相关国家提供饮用水、农业和工业用水分类净化和处理；通过开发一种由可再生能源驱动的新型水净化解决方案，建立离网无电池全自动海水淡化和净化系统。

尽管非洲很多国家有提升水资源的能力，有加强水资源基础设施建设的意愿和行动，但国际国内的形势仍不乐观。2021—2022 年的干旱持续时间过长，宏观经济形势恶化，以及乌克兰战争导致的食品和商品价格上涨，加剧了包括粮食和谷类价格在内的主食成本大幅度上涨以及全球贸易负面波动影响。此外，区域武装冲突、洪涝灾害、新冠疫情和沙漠蝗虫不时侵袭，非洲大多数家庭面对的生存压力越来越大，水资源的惠及面还远远不够。

因此，近年来，提高非洲水资源普及性、利用率和洁净度的实用技术水平，得到了各方关注和发展。水处理技术是安全用水和水卫生各项事务中的重点技术，尤其是如何通过技术创新不断减少净化过程中的水浪费，解决水源存储及运输的问题，是当前水资源处理中的焦点和难点。现代水资源技术结合太阳能地面泵和 3D 打印过滤器等技术，极大推进了水资源市场的创新及水处理的技术能力。利用传感器和人工智能技术使精准农业取得重大进步，尤其是对于滴灌技术而言，农场的传感器可针对不同环境进行调整。

非洲很早就有传统灌溉系统，在塞内加尔，灌溉系统在没有水压的情况下依靠重力来完成灌溉。在新的传感器和人工智能的助益下，灌溉可以得到更进一步完善。GPS（全球定位系统）、GIS（地理信息系统）和遥感等地理空间技术为管理社区、工业和农场提供了新的方法。滴灌系统的流量进一步得到控制，使得干旱地区的农户能够每年收获多种作物，并尝试种植更高价值的作物。

值得肯定的是，2022 年，首届非洲科技大奖赛开始宣传推广有利于环境保护的新科技，非洲也已连续举办了 8 次非洲气候变化和发展会议，非洲国家不仅分享了研究成果，提出应对各类挑战的创新解决方案，还在每年《气候公约》缔约方会议召开之前，就非洲主要优先事项达成共识。

三、未来：水电哺育的全球"新南方"

在全球可持续发展和能源转型的大背景下，水电作为一种成熟且清洁的可再生能源，正逐步成为推动全球"新南方"崛起的重要力量。所谓"新南方"，不仅代表着传统发展中国家在经济、社会和环境治理上取得的新进展，也象征着这些国家在全球能源治理和绿色经济领域崭露头角的新角色。

水电利用水的自然流动和落差发电，具有无污染、成本低廉和可持续性强的特点。近年来，随着数字化技术、遥感监测和智能调度系统的发展，水电站的运行效率和环境管理能力大幅提升。在许多非洲、拉丁美洲和亚洲的"新南方"国家中，水电项目往往成为基础设施建设的龙头工程。它们在改善交通、供水、农业灌溉等方面发挥了多重效益，从而带动了区域经济的整体提升。水电开发为发展中国家提供了稳定、廉价的电力供应，助力其工业化进程。2024 年 9 月，乌干达正式启用了由中国资助的卡鲁玛水电站（Karuma Hydropower Project），该项目总装机容量达 600 兆瓦，是乌干达最大的电力生产设施。这一项目的投产使乌干达的总发电能力提升至 2 000 兆瓦以上，不仅满足了国内需求，还为向邻国出口电力创造了条件。此外，水电项目的建设还带动了当地基础设施的发展。以卡鲁玛水电站为例，项目建设期间修建了 248 千米的 400千伏输电线路，增强了区域电网的互联互通能力。同时，乌干达计划建设一条价值 1.8亿美元的输电线路，以便向电力短缺的南苏丹出口电力。

作为 2018 年中非合作论坛北京峰会"八大行动计划"的重点项目之一，中国-卢旺达那巴龙格河水电站项目位于全长 351 千米的那巴龙格河上，是一项大型多功能综合水利水电工程。项目除了满足电力和防洪需求外，还可将下游约 200 平方千米的沼泽地转变为优质农田，从而改善当地农业结构和粮食安全。项目在施工中采用 BIM 三维建模技术，实现了直观展示与精细管理，并成功应对了 2024 年的特大洪水等挑战。与此同时，项目预计在高峰期创造逾千个就业岗位，并大力推动属地化人才培养，与卢旺达高校合作为 110 余名学生提供现场参观和实习机会。此外，中方建设团队还积极开展公益活动，如参与"全民卫生日"、修整当地道路和学校设施等惠民举措，切实提升了当地居民的生活条件。该项目不仅标志着卢旺达绿色能源产业的发展，也为中卢经贸合作和区域经济社会可持续发展注入了强劲动力。

类似的中国-非洲水电绿色合作案例不胜枚举。水电项目在规划和建设过程中，中非都日益注重环境影响评估和生态补偿机制，确保在满足能源需求的同时保护水生态系统。未来跨国合作机制和绿色金融工具的引入，在充分论证和区域试点后，或许还可以为实现水资源管理的环境正义提供新的路径。但毋庸置疑，这些基于水电的经济增长模式，不仅能为当地创造大量就业机会，还能吸引外资和技术转移，形成以绿色能源为核心的新型区域经济增长极，推动全球"新南方"在国际经济格局中的崛起。

四、理想：水利益共享与非洲振兴

现在，恢复殖民前水资源"共享"状态已不现实。非洲当代大城市的空间分布、经济发展中心的存在，已然区别于之前历史的形态，脱离传统的河流、湖泊或海滨模式，而往往出现在利益和经济供给的"分水岭"上：南非的豪登省（拥有约翰内斯堡和比勒陀利亚两城）坐落在奥兰治州和林波波河盆地之间的分水岭，其经济生产占整个非洲大陆经济产出的 10%，有 25% 的南非公民在此工作；水资源供给几乎完全依赖于跨流域水资源供给。南部非洲的其他城市如哈拉雷、布拉瓦约、哈博罗内、弗朗西斯顿、温得和克则都横跨或接近主要分水岭，而高度依赖于输水管道从河流中的分水。

然而，非洲水资源变化的实际情况却远远比在几个社区运行项目要复杂。除了地理和区位的原因外，人们没有意识到无限制用水的危害，大多数灌溉用水都依赖于公共投资的配水机制，而大多数人都在为享用更多的水而沾沾自喜。在非洲当前的发展条件下，一方面，人们还普遍认为水是一种公共物品，不应该被视为商品；另一方面，由于大型供水系统的建设投资很高，回报很低，很少国家有能力完成足够的投资和兴建。由政府掌握的灌溉系统往往无法测量或性能欠佳，而且维护不到位，漏损量大。即使有许可证的发放和监管，往往由于缺乏对水体排污的管理而形同虚设。即使有少数私营企业接管供水系统，也往往会出现一些针对水价上涨，或者设备维护欠佳的社会抗议，在这样的情况下，就更谈不上区域间不同的水资源调度了。

非洲多为季节性河流，河流流量从一个季节到另一个季节可能会急剧变化。同时，随着气候变化，河流与降水不确定的可变性持续增加。这样再加入非洲的地理条件因素，就需要为非洲水资源发展树立新标准：一方面，通过提升水的可利用度——例如，推广高效水储存设施、引入先进的污水回收技术以及实施海水淡化工程——可有效稳定供水；另一方面，通过优化农业灌溉管理、应用精准灌溉技术，以及在必要时通过进口食品来缓解本地水资源压力，能从根本上降低需求增长对水资源的冲击。此外，借助大数据、遥感监测和绿色金融工具，各国可实现水资源动态管理和精准投资，为非洲构建一个综合且可持续的水安全保障体系提供有力支撑。

当 21 世纪到来时，发达国家都带着不完备的水资源体系和水资源数据进入了新时代。发展中国家则没有机遇和资源来投资所需的监测系统，因此也一直存在数据缺乏的情况。虽然水资源的测量和检测是一项费时且昂贵的活动，但技术的发展一直在降低其中的成本和难度。数据库和地下水位重大变化等得以监测，从而为降雨响应、季节性流量变化等提供重要信息来源。但令人沮丧的是，大多数的国家和政府都认为水资源数据有很高的国家安全价值，视为机密材料，不愿意公开或与科学组织共享水资源资料，尤其是随着水力发电变得越来越重要，发电部门也会关注可用水量和泄洪量的数据信息。一旦当他们需要争夺供电市场的时候，更会格外保护流量信息。无法测量就无法管理，非洲如何进行自然环境和水治理改革，振兴农业用水，妥善进行城市和工业需水管理，使贫困人口和女性能够参与水资源管理？这是未来发展的根本难题。

SADC 等区域组织始终倡导"利益共享"的宗旨，但要实现水资源利益共享，必须充分考虑历史、地理与政治的具体因素。传统模式将水视为一种原料，通过固定分配解决国与国之间的纠纷；而实际上，水最显著的特性在于其流动性与循环性，这正是利益共享模式的核心。必须再次强调，流域、水体都具有整体性，只是在假设有"人造"创作不受该系统的"天然"流的影响的前提下，跨界水资源管理问题才可以被提出和讨论。因此，跨界水管理的定义应该是在天然水力流动路线与人为划分的界线相交时出现的、可以通过管理等方式解决的问题。流域作为大自然的一部分，具有"天然"的特性，人为将"国界"和利益加诸其上，形成所谓"跨界水域"才是问题产生的根本原因。采取更符合整个社会、自然发展趋势的做法是将这份"天然"还给它，才可以在整体上和理论上重新思考超越国家本身的利益分享。

未来的"利益共享"，在非洲是一个既涉及殖民史、泛非史，又涉及解放史的复杂议题。当代非洲国家特别珍惜来之不易的主权独立，但往往在实际的操作中，采取模糊的妥协立场允许"合理和公平地使用"国际水域。但一旦有新能源被发现,友谊的小船就需要成熟而富有智慧的领导人来把舵了。20世纪60年代非洲独立浪潮之后,涉及水资源的争端相对较少。还有不少比较成功的案例,包括库内内河(Cunene)、厄立特里亚和尼罗河上游的水资源分配等,这些案例都有一些共同的特征,比如基本采用了"共享水域"的概念,基于历史的使用量,用"平等份额"方法,假设每个沿岸国家对水进行同等投资,将水权益分为50:50,对未来的"水需求"再进行分配等。但重点是,我们似乎应该对非洲的政治智慧有所信心。

后 记

2012 年我完成博士论文答辩后，心底好像充盈了一个隐泉。

之前在南部非洲发展共同体（SADC）做访谈时，我问："什么是让南部非洲人民联结起来的主要动力？"多位访谈对象答："当然是水。"

当我到赞比西河流域中心做调研和访谈的时候，大家完全不似在 SADC 总部那般拘谨，各种话题像是溪流汇聚，每一次交流都为我心底的隐泉注入新的活力。

回到国内，在昆明见到郑晓云教授，有点疑惑地向他请教是不是该转向这个"过于"跨学科的研究，他说："当然好啊，我们做水历史的最有趣了！"

果然，结缘的所有与水有关的学者都充满妙趣：

2015 年，美国明尼苏达大学和密歇根大学在全球遴选了 10 位左右与"水"有关的各界人士，全程资助我们进行了一个超级跨学科的"与水链接"研讨会。我们每个人的主题截然不同，有历史学者、工程师、建筑家、船长、摄影师、人类学家等等。到印第安学者时，他们竟然着盛装，叮叮当当演示了一套传统部落里的祈雨仪式。在这个研讨会过程中，我们看影展，巡着密西西比河做"田野"，边游边聊，聊历史、聊环保、聊大坝、聊人文，素昧平生，没有特定的主题，就一群人基于水的话题，居然也能敞开了聊，真的是水缘妙不可言！

2016 年，南非教授约翰南·坦普洛夫（Johnan Temploff）一家子热情地欢迎了我[此后在他家居住的每一次，约翰南都负责煮咖啡，夫人伊丽斯（Ellise）手作饼干配餐]。每天早上五点左右，我们一起进入工作状态；每天晚上八点左右，我们一起练习瑜伽，聊天。约翰南教授除了是我的课题组专家成员外，更像是我真正水历史的导师，他不仅鼓励我正视殖民主义的各种存留问题，还启发我重启了南非历史的写作

（2023年我出版了专著《南非史话》）。伊丽斯是著名的环保新闻记者，总是忽略我是中国人而批评：中国人要更关注环境和动物权益！约翰南家的两位公子颇具艺术气质，他们关于肤色、等级、安全和幸福的观念，改变了我局促的、教科书式的南非历史理解。我们"一大家子"一起在海边，就着海浪吹着海风弹着吉他唱着歌，美好的时光如涓流注入心中，成就了我美好的非洲记忆。

2017年，我结识了芬兰教授彼得里·朱蒂（Petri Juuti）夫妇。那时，我们都在南非做"田野"。他们和约翰南是老朋友了，早上晨练就跑步来会面，然后两位男教授开始边用早餐边讨论厕所问题，女士们则开始说游泳和桑拿……好吧，都和水有关……那时，彼得里教授已经是联合国教科文组织水历史的轮值主席，他热情邀请我去芬兰开启访问学者之旅，然而，直到今天我还在失约中……

感谢国家社科基金本课题项目经费的资助，同时也感谢我老东家浙江师大非洲研究院和学校的多方支持，我因此有机会在2016—2018年连续三年主办"中非水文明国际研讨会"，2018年参与金砖青年科学家峰会，见识到更广阔和美妙的水世界及其中有趣的人们。

感谢一直无条件支持我的父母和家人，感谢助我深耕非洲的我的硕士导师和博士生导师刘鸿武教授、舒运国教授，感谢我学界的好朋友们总是予以我温暖的鼓励，与你们同在，总是那么愉快。挂一漏万，不成敬意！

感谢一直期待泉涌的陈恒教授，感谢一直相信溪流可以汇聚成海的郑晓云教授，感谢欣然赐序的张志会研究员。

感谢梁子老师，不仅仅是因为您缋赠的本书封面原图，更感谢您如水般既洒脱奔涌又深沉包容的生命姿态，三十余年来一直让我看到非洲的不同、多元和精彩。

2018年，我在地理学年会中的讲演涉及"南部非洲国际河流的历史考察"部分内容，得到了当时葛岳静教授等专家的认可，并推荐给时任商务印书馆地理编辑室的李娟主任，签署了出版的意向合同。次年结题后，李主任还告诉我：你慢慢改，不着急。我呢，就以各种忙的理由将其束之高阁。直到2025年新年伊始，收到顾江主任的电联，我才不得不正视雪藏的稿件，在新年里开始将其重新解冻。感谢顾江主任一次次的鼓励，感谢陈思宏编辑不厌其烦地帮我调整格式。没有商务印书馆的慧眼与匠心，这潭非洲小泉难以奔向更广阔的天地。

时光荏苒，逝者如斯。时光不断加深着我的感恩，感恩那些一路支持我进行非洲研究和水历史研究的人们，感谢你们带来的和风细雨、甘泉溪流，让我心底的隐泉终成涌泉，汩汩流淌。

我知道，这隐泉虽初现泉涌，难免会面对冷暖变化，但它有自然母亲的深爱，有善意的阳光雨露滋养，终会奔流向前，汇聚更多的江河湖海朋友们，一同前行，见证更广阔的天地，我因此，满心欢喜。

作者

2025 年 3 月 3 日于尼日利亚阿布贾